模袋法尾矿堆坝技术

周汉民　著

北　京
冶　金　工　业　出　版　社
2015

内 容 提 要

本书总结了近年来我国，特别是北京矿冶研究总院，在尾矿模袋法堆坝技术方面所取得的部分研究成果，同时对该技术在国际相关领域的研究应用现状及进展做了较为系统的梳理与归纳。本书共分为两篇9章，上篇为理论篇，分为6章，分别介绍了细粒尾矿存在的问题、模袋法堆坝技术的发展历史、模袋法堆坝细观作用机理、模袋充灌试验及现场堆坝试验、模袋充填体的特性试验以及相关力学模型、模袋坝体的稳定性评价方法等内容；下篇为工程应用篇，分为3章，详细介绍了3个相关的应用案例。

本书可供尾矿库相关专业的科研、工程技术人员学习参考，也可供高等院校相关专业的教师和研究生教学使用；对河道疏浚、淤泥固化、软基处理、边坡治理、固废的环保治理等领域的相关科技人员也具有参考价值。

图书在版编目(CIP)数据

模袋法尾矿堆坝技术/周汉民著．—北京：冶金工业出版社，2015.11

ISBN 978-7-5024-7110-1

Ⅰ.①模…　Ⅱ.①周…　Ⅲ.①尾矿—堆石坝—研究
Ⅳ.①TD926.4

中国版本图书馆CIP数据核字(2015)第269673号

出 版 人　谭学余
地　　址　北京市东城区嵩祝院北巷39号　邮编　100009　电话　(010)64027926
网　　址　www.cnmip.com.cn　电子信箱　yjcbs@cnmip.com.cn
责任编辑　徐银河　美术编辑　彭子赫　版式设计　孙跃红
责任校对　卿文春　责任印制　李玉山
ISBN 978-7-5024-7110-1
冶金工业出版社出版发行；各地新华书店经销；固安华明印业有限公司印刷
2015年11月第1版，2015年11月第1次印刷
169mm×239mm；12.25印张；237千字；185页
56.00元

冶金工业出版社　投稿电话　(010)64027932　投稿信箱　tougao@cnmip.com.cn
冶金工业出版社营销中心　电话　(010)64044283　传真　(010)64027893
冶金书店　地址　北京市东四西大街46号(100010)　电话　(010)65289081(兼传真)
冶金工业出版社天猫旗舰店　yjgycbs.tmall.com
(本书如有印装质量问题，本社营销中心负责退换)

前　言

模袋法堆坝技术是一项以土工合成材料作为包裹物，将分散的细粒料、土石料聚拢成体积大小不等及不同形状的块体，并使用这些块体堆筑坝体的新型技术。目前该技术广泛应用于水利、港口、交通、环保及矿山等领域，尤其是在细粒级固体颗粒的快速固化上效果显著。北京矿冶研究总院在国内最先将该技术吸收消化并改进后应用于矿山尾矿坝的堆坝领域。应用该技术堆筑尾矿坝后具有场地适应性强、坝体固结速度快、压实度高、抗地震液化性能强等优点，近年来相继在云南、山西、江西等地开展了相关工程应用，并取得了较好的成果。

随着我国矿产资源的大范围开发利用，以及矿物加工水平的日益提高，细粒尾矿的产生量越来越大，如何安全有效地堆存这些细粒尾矿是当前面临的一个技术难题。北京矿冶研究总院通过多年的探索与实践，研发出了细粒尾矿模袋法堆坝技术，较好地解决了细粒尾矿堆坝的难题，为细粒尾矿的堆存提供了一种新的思路与方法。

本书总结了近年来我国，特别是北京矿冶研究总院，在尾矿模袋法堆坝技术方面所取得的部分研究成果，同时对该技术在国际相关领域的研究应用现状及进展做了较为系统的梳理与归纳。作为该技术的实施单位，江苏昌泰建设工程有限公司具有丰富的模袋法堆坝施工经验，为该技术的顺利实施提供了施工保障。

本书共分为两篇，上篇为理论篇，共6章，第1章绪论介绍了细粒尾矿产生的原因、存在的问题及当前解决现状，并引申介绍了模袋法尾矿堆坝技术思路的产生背景；第2章介绍了模袋法堆坝技术的发展以及在尾矿库领域的各种应用方式；第3章介绍了细粒尾矿模袋法堆坝作用机理；第 4 章介绍了细粒尾矿模袋充灌试验及现场堆坝试验；第 5 章从模袋体力学特性的角度介绍了细粒尾矿模袋充填体的特性试验以及相关力学模型；第 6 章围绕模袋体特性试验研究成果，并结合现有稳定性评价方法，开展了适用于模袋坝体的稳定性评价方法，并最终建立模袋法堆坝的质量、强度及稳定性评价体系。下篇为工程应用篇，共3 章，第 7 章介绍了模袋法堆坝技术在云南某铜多金属矿尾矿库中的应用；第 8 章介绍了该技术在拜耳法赤泥固化堆存中的应用；第 9 章介绍了该技术在某傍山型尾矿库细粒尾矿堆坝中的应用。本书内容丰富，理论联系实际，可供相关专业的科技工作者与高等院校师生阅读参考。

本书写作过程中，多次进行了研讨和现场调研，得到过很多朋友和同事的帮助，他们对本书的内容提出了宝贵意见和建议，特别是崔旋、董威信对第 1 章、第 6 章，刘晓非、翟文龙对第 2 章，甘海阔、郄永波、李彦礼对第 3 章，韩亚兵、董威信对第 4 章，韩亚兵、王新岩、张树茂对第 5 章，刘晓非、戴先庆等对下篇的编撰提出了大量的建设性意见。崔旋、董威信和戴先庆对全书进行了审阅，作者表示衷心感谢！

由于作者水平所限，书中的不妥之处，敬请广大读者和同仁批评指正。

作 者

2015 年 9 月

目　录

上篇　理 论 篇

下篇　工程应用篇

上篇 理论篇

1 绪 论

1.1 尾矿与细粒尾矿

金属和非金属矿山开采出的矿石，经选矿厂破碎和选别，选出大部分有价值的精矿以后，剩下泥、砂状的“废渣”，称作尾矿。它一般以矿浆状态排出，以堆存方式进行处理。这些尾矿每年以亿吨计算，不仅数量大，而且有些尾矿中还含有因技术原因暂时未能回收的有用成分，若随意排放，不仅会造成资源流失，更重要的是有可能会大面积覆没农田、淤塞河道，造成严重的环境污染。因此，必须将尾矿加以妥善处理。

尾矿堆存是一个动态的工程，从矿山的开采开始到开采终结，尾矿坝一直在变化，即面积和高度都不断增加，造成了占用土地和安全性两个大问题。由于我国人口众多、居住密集，70%的尾矿坝下游有人居住或有生产活动，一旦发生溃坝，将直接危及人民生命财产的安全，损失之巨、影响之大，备受社会和政府的关注。尾矿坝已列为安全生产的9个重大危险源之一。

根据矿物分选时的机理不同，选矿方法可分为重选、磁选、浮选、电选、光电选、化学选矿等。矿山所采出的原生矿石中，除极少数呈致密块状外，一般都是由矿石矿物和脉石矿物镶嵌分布、共同组成的，且脉石矿物含量往往远远高于矿石矿物含量。为了实现矿石矿物与脉石矿物的分离，无论何种选矿方法，第一道工序都是磨矿。不同的磨矿工艺所得到的尾矿，在颗粒分布特征上是有区别的。根据矿石的结构构造不同，磨矿工序可采用一段磨矿工艺与多段磨矿工艺，一段磨矿是直接将矿石磨至矿物分离粒度，因此尾矿的颗粒一般较粗，并且分布均匀；多段磨矿是逐级将矿石磨至分离粒度，中间插入多次分级和选别工序，因此尾矿呈现多粒级混杂，并符合一定颗粒级配的分布。对于不同类型矿石，因其结构构造的不同以及选矿精度的要求不同，其尾矿的颗粒组成差别是很大的，有的尾矿砂呈碎石状，有的则是一些比水泥还细的细粉。

为了更好地了解尾矿的属性，有必要搞清尾矿的分类。由于尾矿来源于矿石，不同种类和不同结构构造的矿石，需要不同的选矿工艺流程，而不同的选矿工艺流程所产生的尾矿，在工艺性质上，尤其在颗粒形态和颗粒级配上，往往存在一定的差异。所以到目前为止，尾矿还没有一个通用明确的分类。例如按照矿石性质来分类[1]，见表1-1，按照选矿工艺流程的不同对尾矿进行分类[2]，见表1-2，按照尾矿的粒度组成来分类[3]，见表1-3。

表1-1　按矿石性质的尾矿分类

类　别	尾　矿	一 般 特 性
软岩尾矿	细煤废渣 天然碱不溶物 钾	包含砂和粉砂质矿泥，因粉砂质矿泥中黏土的存在，可能控制总体性质
硬岩尾矿	铅-锌 铜 金-银 钼 镍（硫化物）	可包含砂和粉砂质矿泥，但粉砂质矿泥常为低塑性或无塑性，砂通常控制总体性质
细尾矿	磷酸盐黏土 铝土矿红泥 铁细尾矿 沥青矿尾矿泥	一般很少或无砂粒级，尾矿的性态，特别是沉淀-固结特性受粉砂级或黏土级颗粒控制，可能造成排放容积问题
粗尾矿	沥青砂尾矿 铀尾矿 铁粗尾矿 磷酸盐矿 石膏尾矿	主要为砂或无塑性粉砂级颗粒，显示出似砂性态及有利于工程的特性

表1-2　按选矿工艺流程的尾矿分类

类　别	粒度情况	一 般 特 性
手选尾矿	废石状（100～500mm）； 碎石状（20～100mm）	主要适用于结构致密、品位高、与脉石界限明显的金属或非金属矿石
重选尾矿	重介质选矿尾矿＞2mm； 摇床选矿尾矿、溜槽选矿尾矿＜2mm	利用有用矿物与脉石矿物的密度差和粒度差选别矿石，尾矿的粒度组成范围比较宽
磁选尾矿	0.05～0.5mm	主要用于选别磁性较强的铁锰矿石
浮选尾矿	＜0.5mm，且小于0.074mm的细粒级占绝大部分	有色金属矿产最常用的选矿方法，尾矿的典型特点是粒级较细
化学选矿尾矿		化学药液在浸出有用元素的同时，也对尾矿颗粒产生一定程度的腐蚀或改变其表面状态
电选及光电选尾矿	＜1mm	目前这种选矿方法用得较少，通常用于分选砂矿床或尾矿中的贵重金属

表 1-3 按粒度组成和塑性指数的尾矿分类（GB 50863—2013）

类 别	名 称	分 类 标 准
砂性尾矿	尾砾砂	粒径大于 2mm 的颗粒质量占总质量的 25%～50%
	尾粗砂	粒径大于 0.5mm 的颗粒质量超过总质量的 50%
	尾中砂	粒径大于 0.25mm 的颗粒质量超过总质量的 50%
	尾细砂	粒径大于 0.075mm 的颗粒质量超过总质量的 85%
	尾粉砂	粒径大于 0.075mm 的颗粒质量超过总质量的 50%
粉性尾矿	尾粉土	粒径大于 0.075mm 的颗粒质量不超过总质量的 50%，且塑性指数不大于 10
黏性尾矿	尾粉质黏土	塑性指数大于 10，且不大于 17
	尾黏土	塑性指数大于 17

从上述分类来看，按照尾矿的粒径来分类比较科学实用。从尾矿中划分出粗粒尾矿和细粒尾矿，对于工程应用来说，更具有实际意义。根据尾矿粒度的不同，尾矿浆在进入尾矿库后表现出不一样的沉积规律，根据调研资料、试验数据和工程实践经验发现，尾矿的各种粒组在“水力充填—沉积”过程中，都有一定的沉积位置和沉积量。一般来说，各种粒组分类如下：

（1）沉砂组（>0.037mm）。在动水中沉积较快，尾矿浆单管放矿流量 $q<20$L/s 时，在 100m 以内几乎全部沉积形成沉积滩；$q>20$L/s 时，100m 以内沉积 50% 以上，在水边线前一点及入水后几乎全部沉淀下来，是形成冲积滩的主要部分。

（2）中粉粒组（0.037～0.019mm）。为推移质，在动水中沉积较慢。尾矿浆单管放矿流量 $q>20$L/s 时，100m 以内沉积量小于 50%；$q<20$L/s 时，100m 以内沉积量超过 50%。两种情况在入水前后都会沉积下来，是形成冲积滩的次要部分，水下沉积坡的主要部分。

（3）细粉粒组（0.019～0.005mm）。在静水中沉积很慢，$q>20$L/s 时，100m 以内很少或几乎不沉积，沉积者也是裹挟下沉的。$q<20$L/s 时，100m 以内沉积量小于 50%，入水后下沉，是水下沉积坡或矿泥组成部分。

（4）黏粒组（<0.005mm）。在静水中亦很不容易沉积，形成水中悬浮物。

尾矿坝沉积示意图如图 1-1 所示。

1.1.1 细粒尾矿定义及其特性

目前对于细粒尾矿没有严格的定义。资料介绍，尾矿细度可根据平均粒径或某粒径所占百分数分类[4]，具体见表 1-4 和表 1-5。

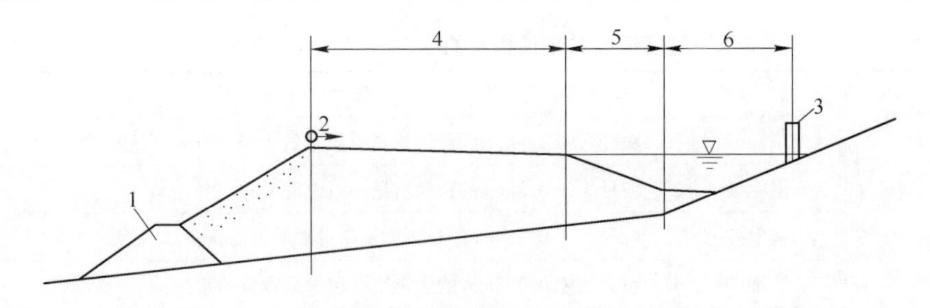

图 1-1 尾矿坝沉积示意图

1—初期坝；2—原尾矿；3—排水井；4—冲积滩；5—沉积坡；6—矿泥区

表 1-4 按平均粒径 d_p 分类

分类	粗		中		细	
	极粗	粗	中粗	中细	细	极细
d_p/mm	>0.25	>0.074	0.074 ~0.037	0.037 ~0.03	0.03 ~0.019	<0.019

表 1-5 按某粒级所占百分数分类

分类	粗		中		细	
粒级/mm	+0.074	-0.019	+0.074	-0.019	+0.074	-0.019
所占比例/%	>40	<20	20 ~40	20 ~50	<20	>50

现行尾矿设施设计规范及尾矿堆积坝工程地质勘察规程对细粒尾矿也无明确规定，有一种观点认为：“细粒尾矿是指平均粒径 $d_p \leqslant 0.03$mm，其中 -0.019mm 含量一般大于 50%、+0.074mm 含量小于 10% 和 +0.037mm 含量不小于 30% 的尾矿”[4]。分析其产生的原因主要包括：（1）由选矿厂排出的全尾砂本身就属于细粒尾矿，如部分黄金矿山为提高金的回收率，选矿厂排出的尾矿粒度很细，一般 -0.074mm（-200 目）占 95% 左右，-0.037mm（-400 目）达到 70% 左右；（2）选矿厂排出的全尾砂虽不属于细粒尾矿，但由于生产上采用了分级尾砂充填工艺，全尾砂经过分级处理后，其较粗部分用于井下充填，余下较细部分为细粒尾矿被排放到尾矿库堆坝。

根据国内筑坝实践及试验认为：+0.037mm 的尾矿颗粒一般在小流量分散放矿时形成冲积滩，-0.037 ~ +0.019mm 的颗粒可在水下沉积。而 -0.019mm 的颗粒除个别被裹挟而沉积在滩面外，一般不易沉积，呈流动和悬浮状态。根据试验，-0.019mm 颗粒不易沉积。悬液浓度 5%~10%，潜流速度超过 10cm/s 时，可能发生异重流。因此，一般把 0.02mm 颗粒的特性作为细粒尾矿的特性指标，具体如下：

（1）入库全颗粒尾矿中 -0.02mm 含量占 70% 以上时，有效筑坝颗粒量小于 30%，由于有效筑坝颗粒量太少，故利用尾矿筑坝的可能性很小。例如，云锡新

冠选厂原尾矿 -0.02mm 含量为 75%~79%，未筑坝。

（2）入库全颗粒尾矿中 -0.02mm 含量占 60%~70% 时，有效筑坝颗粒量为 40%~30%，有可能筑坝，但筑坝高度有限。此时，应根据有效筑坝颗粒量的总体积，结合具体地形条件、坝轴线长短、筑坝上升速度、坝体尾矿排水固结条件和筑坝工艺等，确定有效滩长、外坡坡度和筑坝高度等参数。如云锡老厂背阴山冲和卡房犀牛矿，-0.02mm 含量分别为 69.86% 和 66.86%，采用渠槽法、旋流器分级等方法后，尾矿堆积坝高度为 10~20m。

（3）入库全颗粒尾矿中 -0.02mm 含量占 40%~60% 时，有效筑坝量为 60%~40%，在坝轴线不长、筑坝上升速度不快的情况下，采用一些有效筑坝工艺和相应辅助措施后，可利用尾矿来筑坝。五龙金矿和东风矿的尾矿坝就是具有代表性的例子。五龙矿尾矿坝已堆高至 20 余米，东风矿已堆高 30 余米（1979 年统计）。

（4）入库全颗粒尾矿中 -0.02mm 含量小于 40% 时，有效筑坝颗粒量大于 60%，在坝轴线不太长、筑坝上升速度不太快的情况下，尾矿筑坝，甚至是筑高坝是可行的。如金堆城木子沟尾矿坝利用上游法筑坝，设计坝高 142m，已堆至设计标高。

1.1.2　偏细粒尾矿的提出

根据上述分析，当尾矿粒度为《中国有色金属尾矿库概论》及《尾矿设施设计参考资料》中给出的细粒尾矿范围 +0.074mm <10%、+0.037≤30%、-0.019mm >50%，平均粒径小于 0.03mm 时，采用尾矿直接堆坝的可能性不大，一般采用一次建坝，分期建设的方式堆存，该方法坝体安全性能高，但基建投资过大。而相对应的较粗粒尾矿，国内通常认为 -0.074mm <80% 时，可采用常规上游法筑坝，这种筑坝方法简单易行，筑坝费用低。但就尾矿粒径来看，+0.074mm 位于 10%~20% 时尚难以确定是否采用上游法、一次建坝或其他方式堆存。

随着矿产资源综合利用水平的提高，一方面细粒尾矿坝的数量本身在增多；另一方面选矿工艺水平的提高，导致原本粗颗粒尾矿向细颗粒尾矿转化。由于我国土地资源稀缺以及矿产资源回收率的提高，超细尾矿、高堆尾矿坝快速增多成为必然趋势。细粒尾矿的堆存问题是尾矿处理技术遇到的难题之一。根据对我国多个矿山的尾矿粒度统计数据来看（见表 1-6），目前广泛存在于我国铜矿、铅锌矿、氧化铝矿、磷矿等多领域的尾矿粒度大多介于细粒尾矿与传统可堆坝尾矿之间。这些矿山的细粒尾矿堆存问题，是一个生产实践中迫切需要解决的难题。

表 1-6 国内部分矿山尾矿粒度统计

尾矿库名称	+0.074mm	0.074~0.037mm	0.037~0.019mm	-0.019mm
云南某尾矿库	15.32%	11.99%	15.96%	56.73%
云南某铜尾矿库	16.5%	16.3%	30.9%	36.3%
甘肃某铅锌矿	11.2%	34.8%	21.2%	32.8%
赤泥库	14.6%	9.2%	9.1%	67.1%

为此，结合以往成果及工程实践，本书提出偏细粒尾矿的概念。具体是指：-0.02mm 颗粒含量小于60%，+0.074mm 含量介于10%~20%，-0.037mm 颗粒含量小于70%的尾矿。该部分尾矿一方面存在一定量可用于堆坝的+0.037mm 尾矿，另一方面含有大量不易在静水中沉积的-0.02mm 尾矿。一般来说，偏细粒尾矿堆坝与一般尾矿堆坝相比，主要有以下几方面难点：

(1) 偏细粒尾矿堆积坝的稳定性较差。从土力学角度考虑，土颗粒愈细其力学性质愈差，造成坝体稳定性较差。

(2) 偏细粒尾矿透水性差、固结速度慢，造成坝体上升速度不能满足选矿厂尾砂入库排放量。

(3) 偏细粒尾矿堆积坝的干滩面坡度比较缓，一般都小于1%，粗颗粒与细颗粒沉积不规则，防洪库容和安全超高不能满足要求，给防洪度汛带来很大困难。

(4) 偏细粒尾矿堆积坝的浸润线普遍偏高，对坝体的稳定性极为不利。

(5) 子坝堆筑取砂难，沉积滩坡度缓，只有靠近坝顶很近一段距离是干硬的，可以取砂堆子坝，而滩面其他部位往往比较稀软。

(6) 粗颗粒少，上游式尾矿坝在其下游坡面有一个颗粒较粗的“坝壳”，偏细粒尾矿筑坝其“坝壳”较薄，而由更细尾矿组成的软土层则相对变厚，它不易排水固结，超孔隙水压力难以消散，对尾矿坝稳定不利。

1.2 尾矿的堆存处置

根据尾矿粒度分析、沉积规律及工程地质地形条件，即可开展相关尾矿堆存处置方案的比较与确定。一般来说，尾矿堆存形式有干式堆存和湿式堆存。目前，普遍采用的是湿式堆存的形式，即采用尾矿库的形式贮存尾矿。按照尾矿库地形的不同，有山谷型、傍山型、平地型和截河型四种方式；按照尾矿堆积方式的不同，可分为上游法、中线法、下游法、高浓度尾矿堆积法和水库式尾矿堆积法（一次建坝）五种主要形式。其中，上游法堆坝由于工艺简单、便于管理、经济合理而被广泛采用，我国有90%以上的尾矿库采用该法堆坝。

1.2.1 尾矿库及其分类

尾矿库是筑坝拦截谷口或围地构成的，用以贮存金属非金属矿山进行选矿后排出尾矿或其他工业废渣的场所。

尾矿库通常有下列几种类型：

（1）山谷型尾矿库。山谷型尾矿库是在山谷谷口处筑坝形成的尾矿库，如图1-2所示。它的特点是：初期坝相对较短，坝体工程量较小，后期尾矿堆坝相对较易管理维护，当堆坝较高时，可获得较大的库容；库区纵深较长，尾矿水澄清距离及干滩长度易于满足设计要求；汇水面积较大时，排洪设施工程量相对较大。我国现有的大中型尾矿库大多属于这种类型。

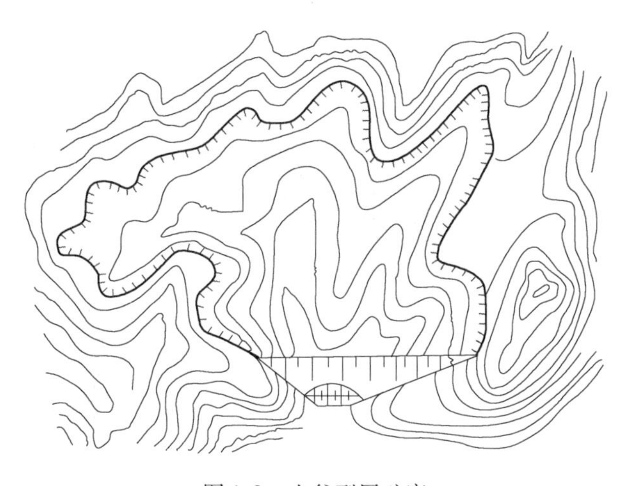

图1-2 山谷型尾矿库

（2）傍山型尾矿库。傍山型尾矿库是在山坡脚下依山筑坝所围成的尾矿库，如图1-3所示。它的特点是：初期坝相对较长，初期坝和后期尾矿堆坝工程量较大；由于库区纵深较短，尾矿水澄清距离及干滩长度受到限制，后期坝堆积高度一般不太高，故库容较小；汇水面积虽小，但调洪能力较低，排洪设施的进水构筑物较大；由于尾矿水的澄清条件和防洪控制条件较差，管理、维护相对比较复杂。国内丘陵地区中小矿山常选用这种类型尾矿库。

（3）平地型尾矿库。平地型尾矿库是在平缓地形周边筑坝围成的尾矿库，如图1-4所示。其特点是：初期坝和后期尾矿堆坝工程量大，维护管理比较麻烦；由于周边堆坝，库区面积越来越小，尾矿沉积滩坡度越来越缓，因而澄清距离、干滩长度以及调洪能力都随之减少，堆坝高度受到限制，一般不高；汇水面积小，排水构筑物相对较小。国内平原或沙漠戈壁地区常采用这类尾矿库，例如金川、包钢和山东省一些金矿的尾矿库。

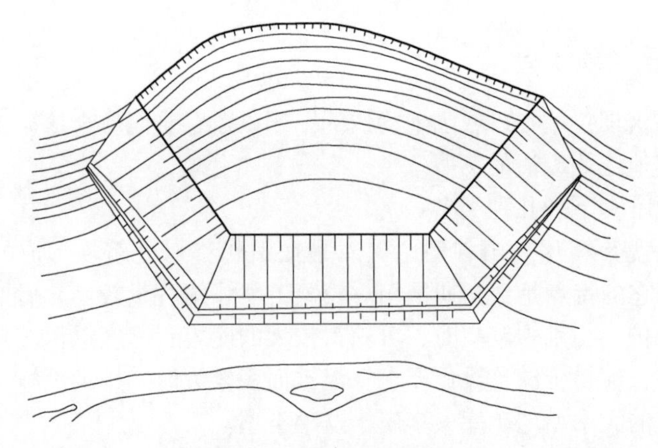

图 1-3　傍山型尾矿库

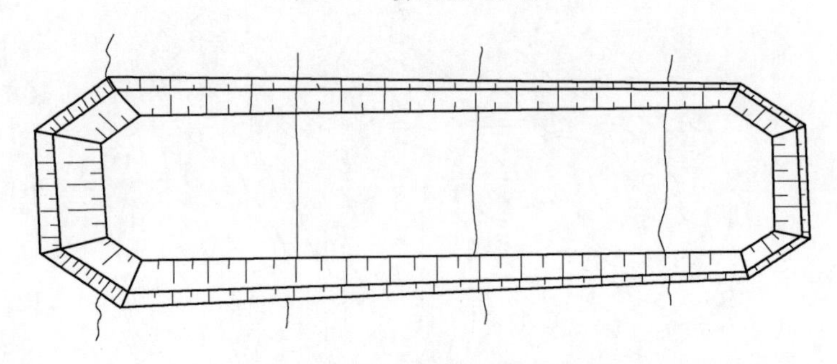

图 1-4　平地型尾矿库

（4）截河型尾矿库。截河型尾矿库是截取一段河床，在其上、下游两端分别筑坝形成的尾矿库，如图 1-5 所示。有的在宽浅式河床上留出一定的流水宽

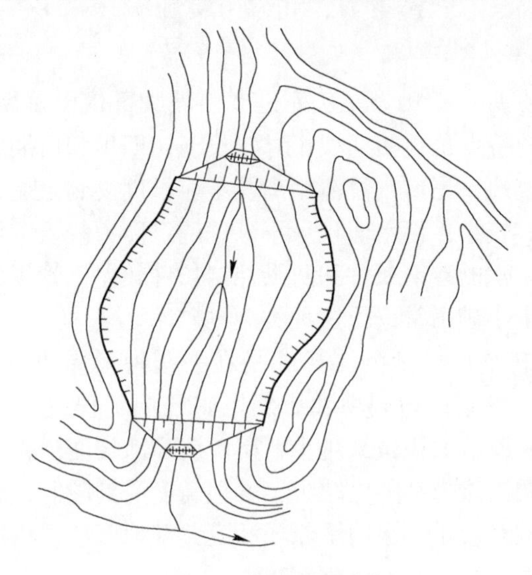

图 1-5　截河型尾矿库

度，三面筑坝围成尾矿库，也属此类。它的特点是：不占农田；库区汇水面积不太大，但尾矿库上游的洪水面积通常很大，库内和库上游都要设置排水系统，配置较复杂，规模庞大。这种类型的尾矿库维护管理比较复杂，国内采用的不多。

1.2.2 尾矿堆积坝的形式

1.2.2.1 上游式堆坝法

据统计，我国矿山尾矿库有90%是采用上游式堆坝方法筑坝，如图1-6所示。该方法筑坝工艺比较简单，一般在沉积干滩面上，取库区内粗粒尾砂堆筑高度为1～3m左右的子坝，将放矿支管分散放置在子坝上进行分散放矿，待库内充填尾砂与子坝坝面平齐时，再在新形成的尾矿干滩面上，按设计堆坝外坡向内移一定距离再堆筑子坝，同时，再将放矿管移至新的子坝上继续放矿，如此循环，一层一层往上堆筑。如果遇见尾矿粒度较细时，可采用水力旋流器进行分级堆坝，或用池填法、渠槽法等方法筑坝。

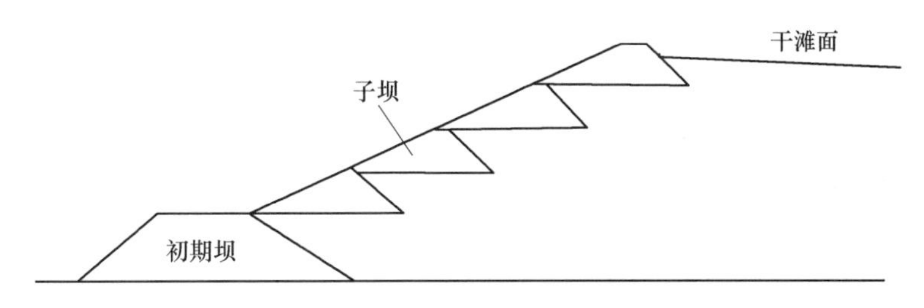

图1-6 上游式尾矿堆积坝工艺图

上游式工艺比较简单，是我国目前普遍采用的方法。但坝型受排矿方式的影响，往往含细粒夹层较多，渗透性能较差，浸润线位置高，故坝体稳定性较差。但其具有筑坝工艺简单、管理方便、运营费用较低等突出特点，所以国内外均普遍采用。

1.2.2.2 下游式堆坝法

尾矿堆积坝在初期坝下游方向移动和升高，而不是坐落在松软细粒的尾砂沉积物上，基础较好，尾矿排放堆积易于控制。采用水力旋流器分出浓度高的粗粒尾矿堆坝，粗颗粒（$d>0.074$mm）含量不宜小于75%，否则应进行筑坝试验。坝体可以分层碾压，根据需要设置排渗，渗流控制比较容易，将饱和尾矿区限制在一定的范围。坝体稳定性较好，容易满足抗震和其他要求。下游式尾矿堆积坝如图1-7所示。

该方法的坝体基础较好，尾矿排放堆积易于控制。由于坝体尾矿颗粒粗、抗剪强度高、渗透性能好、浸润线位置低，坝体稳定性较好。下游式堆坝法的主要缺点是需要大量的粗粒尾矿筑坝，在使用初期存在粗粒尾矿量不足的问题。该方法管理复杂、运行成本高，适合用于颗粒较粗的尾矿以及比较狭窄的坝址地形条件。

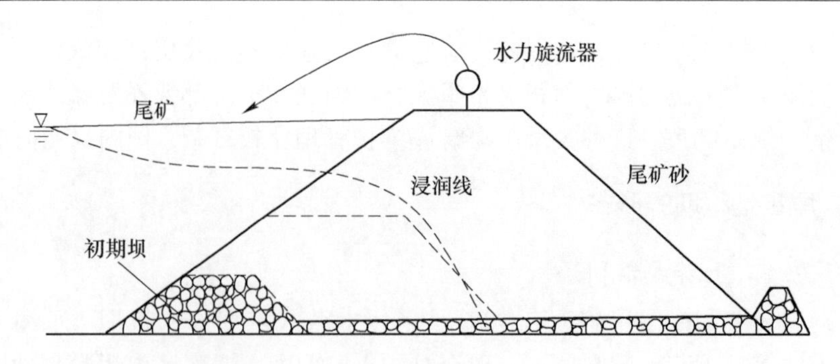

图 1-7 下游式尾矿堆积坝工艺图

1.2.2.3 中线式堆坝法

中线式筑坝实质上是介于上游法和下游法之间的一种坝型，其特点是在筑坝过程中坝顶沿轴线垂直升高，堆坝尾矿仍采用水力旋流器分级，和下游筑坝法基本相似，但与下游法相比，坝体上升速度快，筑坝所需材料少，坝体的稳定性基本上具有下游法的优点，而其筑坝费用比下游法低。因坝坡面一直在变动，使得坝面水土流失严重。中线式堆坝法如图 1-8 所示。我国德兴铜矿 4 号尾矿库就是采用这种坝型。

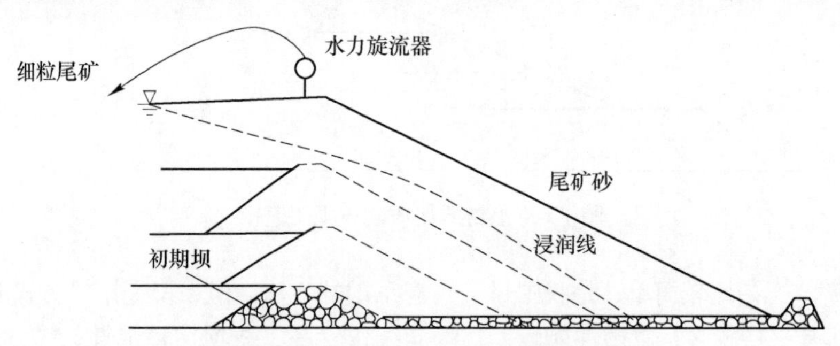

图 1-8 中线法尾矿堆坝工艺示意图

1.2.2.4 高浓度尾矿堆积法

我国的膏体排放技术是由 20 世纪 90 年代兴起的黄金尾矿干堆技术演变而来的。尾矿干堆的工艺流程主要是：尾矿经过压滤机过滤后形成滤饼，经皮带或汽车运输到堆场进行堆存，滤饼的含水率约 20%。比起传统湿排，尾矿干堆技术可大幅度减少输送量，提高回水利用率，减少尾矿坝溃坝等安全事故的发生。另外，制作滤饼使得尾矿中的含水率降低到最低极限，对于尾矿浆中含有一些有毒有害物质（比如氰根离子、砷离子）的矿山，可以将尾矿水收集后统一处理，从而消除对环境的影响。

尾矿膏体排放技术和尾矿干堆技术都属于高浓度排放的范畴，不同的是膏体排放所输送的物料——膏体，是可以通过管道进行泵送的。尾矿经过脱水后可分为可泵送和不可泵送两类，如图 1-9 所示。膏体为尾矿浆直接浓缩得到，是一种泵送的临界状态。采用过滤机或压滤机脱水时，得到的滤饼含水率较低，尾砂就会失去流动性，无法泵送，进而开展干式堆存。

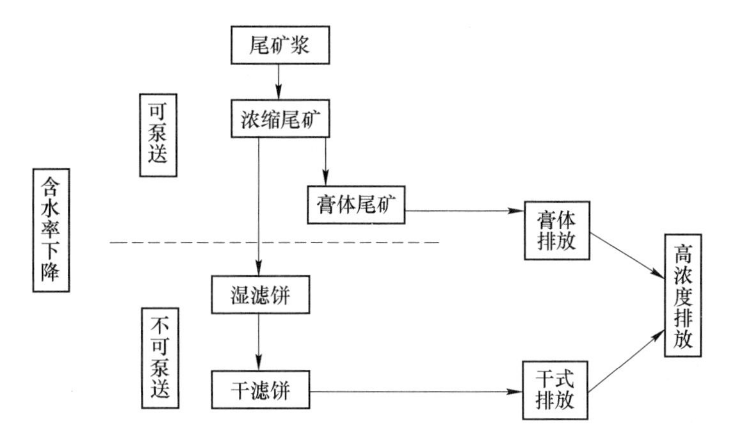

图 1-9　高浓度尾矿脱水分类示意图

膏体排放的主要技术特点是将选矿厂的尾矿经浓缩制成不离析、不脱水、高浓度的膏体，采用泵送或自流的方式将其输送到尾矿库，通过一定的排放方式进行沉积。通过蒸发、固结等作用将含水率降到最低，从而在很大程度上提高了尾矿坝的稳定性。考虑到膏体尾矿的特殊性，目前膏体尾矿的堆放基本上有以下几类堆放方式，如图 1-10 所示。

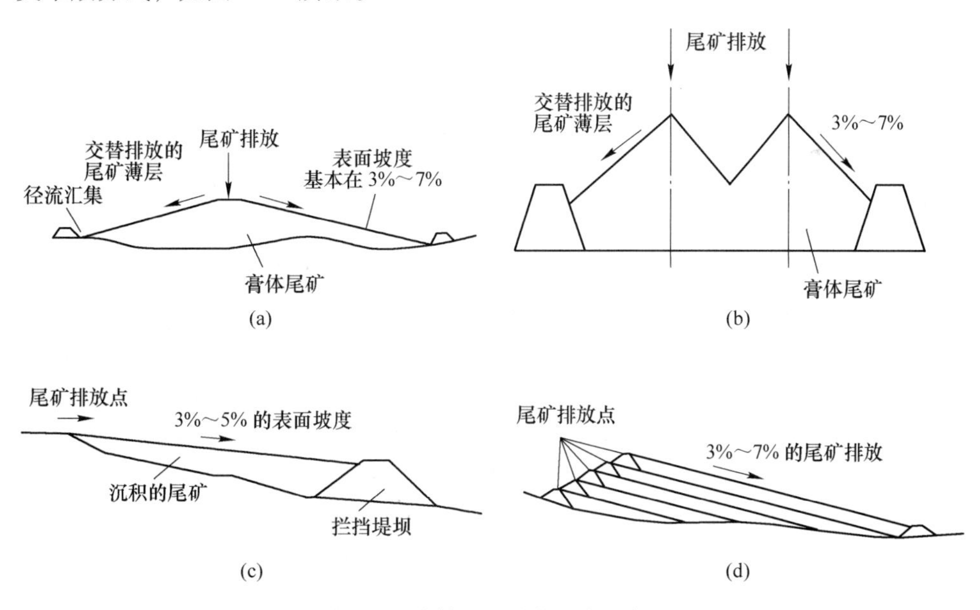

图 1-10　膏体尾矿堆存方式示意图

(a) 膏体尾矿中心排放法；(b) 膏体尾矿排放中心多点式放矿法；(c) 膏体尾矿沟谷堆放法；(d) 膏体尾矿逐级加高法堆放

与传统湿式直排技术相比，膏体堆存技术在环境保护、提高金属回收率、降低药剂消耗等方面具有一定的优越性，但是前期设备投入较大，生产运营成本较高，且不适用于多雨地区，矿浆浓缩和高浓度浆体的输送问题亦有待解决。

1.2.2.5　一次建坝

该法不用尾矿堆坝，而是用其他材料像修水库那样修建大坝。例如，贵州汞矿修了一个 54m 高的三心圆拱坝（库容 200 万立方米，服务年限 10 年）即是一例。湖南锡矿山用南选厂废石场的分选废石也堆筑了一座这样的尾矿库（反滤层用河床砾石、全尾石、河沙、重介质选矿的尾砂铺成），坝高 68m，坝体堆石 77.92 万立方米，总容积 343 万立方米，全尾砂经旋流器分级，粗颗粒尾砂作井下充填料，小于 0.07mm 占 98% 的细尾砂进入尾矿库。安徽宣城铜钼矿修了一座 18m 高的均质土坝作为尾矿库拦挡坝，用于储存井下充填的剩余细粒尾砂。这种尾矿库和一般蓄水的水库工作条件基本相同，但坝前水位升降变化幅度较小，尾矿堆积是逐步推进的。

水库式尾矿库基建投资一般较高，多采用当地土石料或废石建坝。当尾矿粒度过细，不宜用尾矿修坝或有其他特殊原因时才用该法建坝。

1.2.3　尾矿库安全现状

1.2.3.1　我国尾矿库的基本现状

尾矿库是一种特殊的人工建造工业建筑物，用于堆置矿产资源开采过程中产生的大量废石、废渣、废水等。作为矿山三大控制性工程之一，尾矿库能否正常运营，不仅关系到矿山企业的经济效益，而且还影响到库区下游居民生命财产的安全及周围生态环境的稳定。尾矿坝作为尾矿库的主体工程，是一个具有高势能泥石流的巨大危险源，存在溃坝的危险。因此，尾矿坝稳定与否是保证矿山企业正常生产的关键因素之一。

自 1830 年 Brent 尾矿坝建成以来[5]，虽然人们对尾矿坝的安全稳定给予了高度重视，但在世界各地仍出现了众多灾难性尾矿坝溃坝事故。西班牙 Aznalcollar 尾矿坝于 1998 年溃坝，致使下游 46km^2 区域受到污染[6]；1995 年圭亚那 Omai 金矿尾矿坝遭受破坏后，900 名圭亚那人因饮用氰化物污染水而死亡[7]；1994 年 California 地震引起的 TaoCanyon 尾矿坝溃坝，带来了巨大的经济损失和环境污染[8]；1950 年 SodaButte 河因附近一座尾矿坝溃坝而受到严重污染[9]。

我国是一个矿业大国，每年选矿产生尾矿约 3 亿吨，除小部分作为矿山充填或综合利用外，绝大部分要堆存于尾矿库。根据《关于全国尾矿库专项整治行动 2008 年工作总结和 2009 年重点工作安排的意见》可知，截至 2008 年年底，我国有尾矿坝 12655 座，其中有危坝 613 座，险坝 1265 座，病坝 3032 座。通过两年多的整治工作，截至 2010 年年底，我国的危、险、病坝为 1477 座，危、险、病坝大幅减少，但由于尾矿坝的特殊性，运行条件的恶化，将导致正常坝向危、险、病坝转化。另外，随着矿业不断发展，我国尾矿坝的数量还以每年200余座的速度递增。这些危、病、险尾矿坝一般建在厂区及生活区附近，靠近公路、铁路、河流，一旦溃坝，将造成大量的人员伤亡，且对环境造成灾难性的、不可修复的破坏。美国克拉克大学公害评定小组的研究表明，尾矿坝事故的危害，在世界93种事故、公害隐患中，居地震、洪水、核爆炸和核辐射等灾害之后，名列第18位。比航空失事、火灾等其他灾害还要严重。表1-7为部分国内外尾矿坝重大灾害事故数据。

表1-7 国内外尾矿坝部分重大灾害事故统计

死亡人数	矿石类型	事故原因	地 点	日 期
28	银岩锡矿	特大暴雨引发泥石流，引发尾矿坝溃坝	中国广东	2010-09-21
277	铁 矿	排放大量尾矿，导致尾矿坝溃坝	中国山西	2008-09-08
15	铁 矿	坝体超高、边坡过陡，导致坝体失稳	中国辽宁	2007-11-25
17	金 矿	擅自加高坝体，严重超储	中国陕西	2006-04-30
28	锌铜矿	选厂尾矿坝垮塌	广西南丹	2000-10-18
28	铜 矿	溃坝	湖北大冶	1994-07-13
20	钼 矿	泄洪道堵塞，导致库容激增坝体开裂	中国陕西	1988-04-30
19	铁 矿	渗流破坏引起尾矿坝溃坝	中国安徽	1986-04-30
49	有色金属矿	牛角垄尾矿坝溃坝	湖南柿竹园	1985-08-25
171	锡 矿	尾矿坝溃坝	云南锡业公司	1962-09-26
近1000	金 矿	尾矿坝溃坝	圭亚那	1995-08-19
17	金 矿	暴雨引起坝体开裂	南 非	1994-02-22
14	铁 矿	发生山体滑坡导致尾矿坝溃坝	福建潘洛	1993-06-13
12	钼 矿	排洪洞破坏，导致库区塌陷	河南栾川	1992-05-24
89	铜 矿	尾矿液化导致井下泥石流	赞比亚	1970-11-25
488	多金属矿	暴雨引起尾矿坝溃坝	保加利亚	1966-05-01
210	铜 矿	地震引起溃坝	智 利	1965-03-28

当前，我国尾矿坝的特点是：（1）具有数量多、规模小、分布广的特点；（2）我国多数尾矿坝库区下游是人口稠密的城镇与村庄，尾矿坝的存在，尤其那些病险尾矿坝犹如一个个“炸弹”，随时威胁着库区下游这些城镇和村落居民生命与财产安全，形势非常堪忧；（3）我国85%以上尾矿坝都采用上游式筑坝方式建造的，而上游式尾矿坝具有坝体结构复杂、细粒夹层，渗透性差、浸润线高等缺陷，近年来发生的尾矿坝溃坝事故也多为上游式筑坝的尾矿坝。

1.2.3.2 我国尾矿库的特点

相对国外的尾矿库来说，我国尾矿库从安全的角度分析有一些很明显的特点。

（1）坝的分等标准高。我国尾矿库从设计规范上规定，坝高低于30m的为五等库，即最小的一类库，低于60m的为四等库，低于100m的为三等库，高于100m的为二等库。而苏联的尾矿库标准是，坝高低于25m的为小型库，坝高低于50m的为中型库，坝高高于50m的为大型库。在南非，坝高小于12m的为小型库，坝高小于30m的为中型库，坝高高于30m的为大型库。

由于我国土地资源紧张，征地很困难，20世纪60年代以来建造的尾矿库大都已处于中后期，在没有新的接替尾矿库情况下，老坝加高改造已是一种迫不得已的措施。如山西峨口铁矿在堆积到原设计坝高160m后，改为中线法堆坝，而在加拿大，用同样方法筑坝一般只有50～60m高。

（2）上游法堆坝多。在尾矿坝的堆筑方法中，上游法动力稳定性相对较差，所以国外多发展下游法和中线法筑坝，较高的坝一般是用下游法和中线法筑坝。而鉴于上游法工艺简单、便于管理、适用性高的特点，我国90%以上的尾矿坝都是用上游法堆筑。

（3）筑坝尾矿粒度细。为了充分利用矿产资源，我国对一些品位低的矿体也进行开采，而且相对国外的某些产矿大国，我国的矿石品位也较低，所以在选矿时磨得很细，尾矿的产出量不但多，而且粒度普遍较细。粒度细的尾矿强度低，透水性差，不易固结，筑坝速度和坝高受到限制。尽管如此，有些矿山企业还要最大限度地挖掘矿产资源，对较粗一些的尾砂加以综合利用（如作建材等）。这样，能用于堆坝的尾矿粒度就更细，筑坝更加困难。

（4）尾矿坝坝坡稳定性安全系数标准低。我国尾矿坝坝坡稳定性安全系数规定得比国外标准低些（如果提高安全系数，坝体的造价就要提高很多，绝大多数矿山是难于承受的）。我国设计标准规定，用瑞典圆弧法计算时，4、5级尾矿坝在正常运行条件下的稳定安全系数是1.15；而美国的标准规定用毕肖普法计算时，安全系数为1.5（一般情况下毕肖普法计算结果仅比瑞典圆弧法高10%）。

（5）尾矿库位置很难避开居民区。尾矿库应选在偏僻的地方，这一点在人口少、地域辽阔的国外较易做到，如在澳大利亚尾矿库一般建在荒无人烟的地方，而在我国，则很难做到。人口密集、可利用土地少是我国的特点，如本钢南芬铁矿位于沈丹铁路和公路交通要道，坝下城镇居民稠密；云南的牛坝荒尾矿库，库容三千多万立方米，处于个旧市的头顶之上，垂直落差250m，时刻威胁下游十多万人民的安全。

1.3 我国细粒尾矿堆存现状

1.3.1 细粒尾矿堆坝特征与不利因素分析

我国矿产资源大体呈现贫矿多、富矿少、共伴生矿产多、单一矿产少的特点。随着经济高速发展，我国对矿产资源需求量不断增加，特别是贫矿、复杂难选矿的大量开发，大多数矿山要求尽可能多地提取矿石中的有价元素，导致选矿阶段矿石越磨越细，产生的尾矿粒度也相应变细。细粒尾矿的堆存问题很早就受到重视，早在1995年原中国有色金属工业总公司将细粒尾矿堆积高坝列为尾矿技术发展方向之一，其后的20年内，细粒尾矿堆存问题越来越突出，解决方法却依旧有限。从土力学角度看，土粒愈细其力学性质也愈差。排放到尾矿库的细粒尾矿浆体初始含水量很高，相当于不易排水固结的淤泥。用这种材料堆坝当然很难，要堆高坝就更难。从国内多座细粒尾矿堆坝的运行情况来看，细粒尾矿堆坝主要有下列不利因素。

（1）沉积滩形态不利于尾矿坝安全。

典型的砂类尾矿可以形成数百米长的尾砂沉积滩，且沉积滩坡度一般均在2%以上，一般来说砂类尾矿上游法筑坝，只要管理得好，通常都能满足设计规范的相关要求。而细粒尾矿筑坝情况就大不同了，细泥类尾矿往往仅能形成数十米的软弱滩面，沉积滩坡度一般均小于1%。尹光志等人[10]通过室内小比例堆坝模型试验和现场实测，指出细粒尾矿自身渗透性差，易淤堵排渗设施，极易引起坝坡渗透破坏，堆积形成的干滩面坡度比较平缓，为0.3%~0.9%。

由于沉积滩坡度缓，一方面尾矿库要保持一定的防洪库容和安全超高，沉积滩就要求较长；而另一方面细粒尾矿难以沉积，又必须保证足够的澄清距离。这在很多库区地形条件下是难以做到的。同时，由于沉积滩坡度缓，尾矿堆坝的上升速度慢，往往在汛期前不能使坝顶堆到满足防洪要求的高程，给防洪度汛带来很大困难。

（2）坝体结构不利于尾矿坝的稳定。

图1-11为上游法砂类尾矿筑坝和细粒尾矿筑坝形成的坝体结构的对比。从图1-11可以看出，二者在坝体结构上有明显的差别。砂类尾矿在坝顶均匀分散排放条件下，重力作用使尾矿颗粒由粗到细依次向库区分布，整个堆积坝坝体大体上由尾砂、尾粉砂（或尾亚砂）和尾矿泥三部分构成。尾砂层和尾粉砂（或尾亚砂）层厚度较大，抗剪强度高，这两层土加在一起形成一个很厚的坝壳，使整个坝体具有较高的静力稳定性，如果通过排渗降水使浸润线降到一定深度，还可具备较好的动力稳定性。但在细粒尾矿筑坝条件下，一方面，粗细颗粒分选效果不好，沉积“千层饼”现象很突出，亦即粉砂中夹矿泥、矿泥中夹粉砂的紊乱沉积规律很明显；另一方面砂粒和粉粒含量本身也不很高。两方面因素加起来只能形成薄而软的坝壳，坝体中大部分位置被尾亚黏和尾矿泥组成的软泥所占据。坝体浸润线不易降低，对振动荷载非常敏感，且软泥层中可能存在较高的超孔隙水压力，抗剪强度很低，致使静力稳定性分析算得的安全系数也较低。

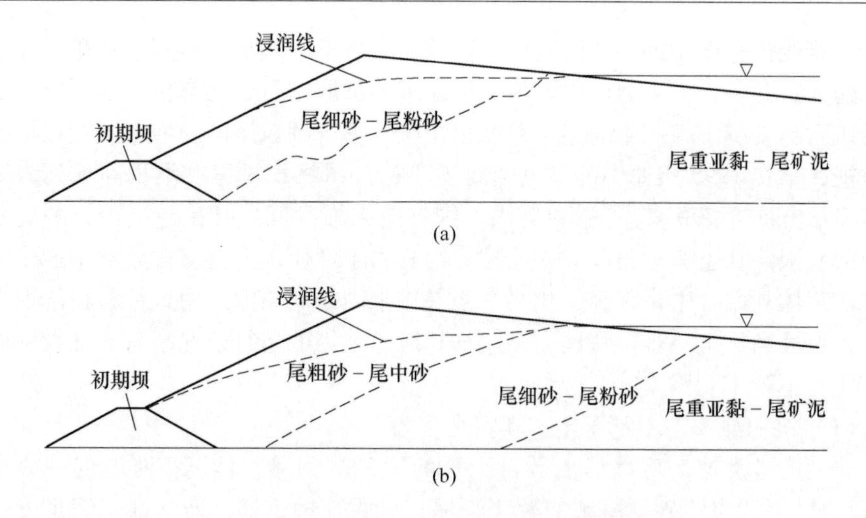

图 1-11　砂类尾矿与细粒尾矿筑坝典型断面对比
(a) 细粒尾矿堆积坝；(b) 一般砂性尾矿堆积坝

(3) 渗透系数低不利于固结排水。

浸润线位置的高低对于尾矿坝的稳定性影响甚大，粗略地讲，浸润线每下降1m常可使静力稳定性安全系数增加0.05左右甚至更多一些。徐宏达[11]对上游法堆积尾矿及含特细粒组尾矿的沉积规律进行研究，指出库内停止分选和宏观流动的尾矿，仍然不断改变自身的密度和含水量，其强度特性应按含水量的不同分别确定。浸润线偏高是细粒尾矿坝比较普遍的隐患。砂性尾矿筑坝可以形成厚的砂坝壳，其渗透系数一般不低于 10^{-4}cm/s，所以排渗设施容易收到明显效果。细粒尾矿筑坝不会形成厚的砂坝壳，坝体平均渗透系数低，其数量级在 10^{-6} ~ 10^{-5}cm/s，甚至低达 10^{-7}cm/s。采用通常的排渗降水设施，效果不一定明显，浸润线如果降不下来，对尾矿坝的稳定性是非常不利的。

(4) 滩面湿软不利于取砂堆坝。

一方面是细粒尾矿本身包含的可堆子坝的相对较粗尾矿量较少；另一方面细泥类尾矿筑坝时沉积滩坡面平缓而湿软，人站在滩上取砂很不安全。子坝跟前的滩面虽然干硬一些，但也不允许集中在那里取砂，否则会形成许多取砂坑槽，容易成为下次放矿时矿泥淤积之处，不利于坝体稳定性。

就细粒尾矿研究而言，因其尾矿颗粒细，力学性质较一般尾矿差，给筑坝带来更大的困难，增加了坝体滑坡，液化失稳的危险性[12]。一直到20世纪90年代，细粒尾矿筑坝还一直被视为禁区，人们往往把细粒尾矿筑坝与溃坝联想在一起，我国云锡新冠选矿厂火谷都尾矿坝垮坝事故、安徽黄梅山铁矿尾矿坝垮坝事故等至今谈起来还使人心有余悸。所以，细粒尾矿堆坝一直是上游法尾矿坝工程的重要研究课题。而对细粒尾矿堆积坝稳定性研究只有部分文献作了一些初步探索。陈守义[13]分析了细粒尾矿堆坝的不利因素，认为细粒尾矿堆成的坝体，静、动力稳定性都较差。陈守义[14]对细粒泥层内超静孔隙水压力的积累和消散过程进行了分析，在一维固结、小应变及土性参数不随有效应力水平变化等前提下，得到了坝坡段、干滩段和人工湖段的超静孔隙水压力的计算公式。张千贵等人[15]研究尾矿粗细颗粒分层结构体的力学特性，得到尾矿粗细颗粒分层结构体的黏聚力和内摩擦角随细粒尾矿百分比变化的规律。

当前，我国细粒尾矿直接堆坝高度未超过30m，如云南锡业公司的大多数尾矿属于细粒尾矿，并用它堆积了一批尾矿坝，堆坝高均在20m左右。针对国内外细粒尾矿难堆坝，更难于堆高坝的现状，不少学者开展了细粒尾矿堆坝工艺的研究。赵晖[12]结合国内外堆坝实践，提出采用土工布（加筋处理）堆坝技术来增加细粒尾矿坝体抗滑力。魏作安等人[16]对细粒尾矿堆坝提出了以加筋法为主的综合加固方案；郭友谦[17]提出了将水力旋流器筑坝工艺应用在细粒尾矿筑坝中，并与分散放矿相结合；然而，孙国文[18]指出目前细粒尾矿堆坝在我国成功的实例还不多，堆积坝高均在20m左右，坝体继续升高无成功经验可供借鉴。因此，通过引进“新材料、新技术、新工艺”，开发安全高效的细粒尾矿堆存技术，已成为国内外矿业界追求的目标。

1.3.2 国内细粒尾矿筑坝经验

近年来，随着矿产资源综合利用水平及选矿工艺技术水平的日益提高，入库尾矿粒径越来越细。细粒尾矿的堆存方式逐渐成为工程技术人员研究的重点，目前针对细粒尾矿的堆存方式研究主要集中在废石与尾砂混合堆筑、膏体堆存、干式堆存、一次性筑坝等。

1.3.2.1 废石与尾砂分级筑坝

废石与尾砂分级筑坝仍采用上游式后期堆坝的坝型，由于尾矿颗粒较细，宜采用分级冲积筑坝法，每级子坝筑坝材料采用废石，其工艺如图1-12所示。

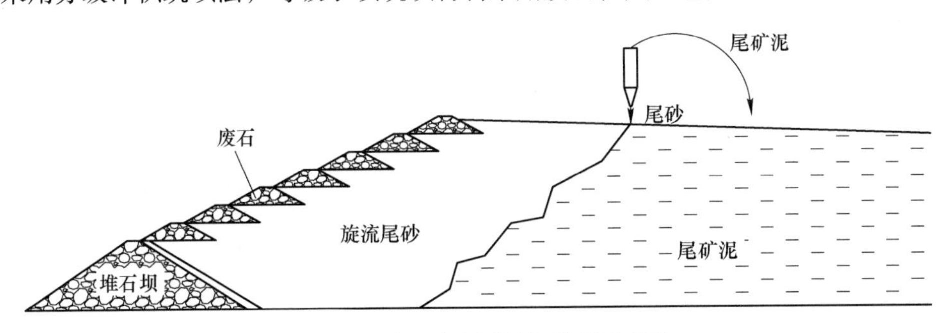

图1-12 废石与尾砂分级筑坝示意图

1.3.2.2 膏体堆存

膏体是尾矿大量脱水形成的不离析、不沉淀、不脱水、可流动的非牛顿塑性流体，在泵送时不存在临界流速。尾矿膏体排放堆存的特点：没有表面水，没有水渗透，对地下水影响小，水分蒸发后成为密实土。膏体堆存相比传统堆坝方式稳定性高，同时节约大量生产用水。

1972 年，膏体尾矿堆坝首次应用到加拿大 Kidd Creek 矿，堆放直径 32m，高度 20m[19]。据 2008 年统计数据，世界上现已投入运行的大规模膏体尾矿堆存项目有 32 个，其中 19 个在澳大利亚。我国首次将膏体尾矿堆坝技术应用到乌努格吐山铜钼矿，解决了当地水资源匮乏、气候干燥、易起扬尘不易堆坝的问题。

膏体尾矿堆存多适用于平原空旷地区，该技术也有其一定的局限性，不适用于多雨地区，且整体运行成本偏高。

1.3.2.3　干式堆存

尾矿干式堆存是将尾矿压滤或过滤至低含水率滤饼状态并以胶带运输机或汽车等运输方式运至尾矿堆场排放的尾矿处置方式[20]。该方式比膏体脱水率更高，通常含水量小于20%，尾矿贮存稳定，无需坝，又被称为“干栈”。

20 世纪 90 年代，山东归来庄金矿首次将压滤设备用于尾矿压滤，并对尾矿进行干式堆存。其后，辽宁排山楼金矿、敖汉旗撰山子金矿、赤峰柴胡栏子金矿、山东金岭铁矿、河北迁安金岭铁矿等，先后实施了尾矿干堆并获得成功。

干式堆存尾矿对于缺水地区有重要意义，废水不入库大大降低了溃坝等安全风险，提高了环保效益，并且适用于缺少按传统方法筑坝材料的地区。但存在设备投资大、应用条件受限制、处理能力小、维护相对复杂等局限性。

1.3.2.4　一次性筑坝

一次性筑坝是利用一次或分期建好的初期坝所形成的库容来堆存尾砂而不需要尾砂堆坝的筑坝方式。该筑坝方式可解决尾矿粒度较细难以堆坝、库纵深较短或冰冻期长等条件下的尾矿库建设难题，具有抗震稳定性好、尾矿库管理简便、安全性高等优点，但筑坝材料需求量大，基建投资过高。

对比以上几类方法，其适用范围、各自的优点及缺点概括见表 1-8。

表 1-8　几种细粒尾矿堆存方式特点对比

堆存方式	适用范围	优　点	缺　点
废石与尾砂分级筑坝	尾矿粒度偏细，难以用传统冲积法堆坝	可解决细粒尾矿多、粗尾砂量少、筑坝材料不足的问题，并且可改善坝体排渗效果	筑坝过程复杂，施工难度大，形成的坝体结构复杂，尾矿泥夹层多
膏体、干堆	少雨、缺水地区	回水利用率高，尾矿库利用率高	不适用于多雨地区，设备投资大，经济处理量有限
一次性筑坝	尾砂粒度过细，完全无法堆坝	不涉及后期尾砂筑坝，坝安全性高，管理方便	筑坝材料用量多，前期基建投资过高

综上所述，废石与尾砂分级筑坝、膏体堆存、干式堆存及一次性筑坝能在一定程度上缓解细粒尾矿堆存的矛盾，但也存在着投资过高、适用性窄等缺点。为

彻底解决细粒尾矿堆存的难题，亟待找到一套符合我国国情且适合矿山企业可持续发展的尾矿堆存处置技术。

1.4 模袋法堆坝技术的提出

国内通常认为 -0.074mm（-200 目）含量可作为判别堆积坝能否用尾矿筑坝的依据。一般来说：当 -0.074mm 小于 80% 时，可采用常规上游法筑坝。这种筑坝方法简单易行，便于管理，适应性强，筑坝费用低；当 +0.074mm 小于 10%，且 -0.019mm 大于 50%，平均粒径小于 0.03mm 时，一般采用一次建坝、分期建设的方式堆存。该方法坝体安全性能高，但基建投资过大；干堆、膏体堆存。该方法最大特点是尾矿入库的水分很少或者没有，库内不存积水，但其尾矿运行成本过高，细粒尾矿压滤效率低，且不适用于多雨地区，矿浆浓缩和高浓度浆体的输送问题亦有待解决。综上，各种方法均有其适用范围，但就目前来看广泛存在于我国铜矿、铅锌矿、氧化铝矿、磷矿等多领域尾矿粒径 -0.074mm 在 80%~90% 的细粒尾矿堆存，尚难以确定是否采用上游法、一次建坝或干堆等方式。

近年来，随着土工合成材料在工程建设领域中的大量应用，周汉民等人[21]提出将水利土工管袋技术改进并引入细粒尾矿筑坝中。该技术起源于地基加固、河堤修筑以及淤泥处理等领域，如天津国际生态城 400 万立方米污泥处理、昆明滇池污泥治理以及武汉外沙湖底泥疏浚工程等均采用土工管袋脱水固化法处理。该技术引入尾矿筑坝后具有场地适应性强、坝体固结速度快、压实度高、抗地震液化性能强等优点，并相继在云南、山西、江西等地开展了相关工程应用。然而迄今为止，对于细粒尾矿模袋法堆坝的研究成果还非常少。近两年国内已有企业尝试将模袋堆坝技术引入到矿山尾矿堆坝中来，并取得了一些有意义的成果，但相对于传统筑坝方式，模袋法堆坝的作用机理、强度特性、破坏形式以及稳定性评价体系等还没有见到任何报道，缺乏系统的理论基础和应用研究。

在我国矿产资源持续高速发展、尾矿堆存矛盾非常突出的情况下，经济合理和安全高效地处置细粒尾矿非常必要，意义重大。模袋法堆坝技术就是针对细粒尾矿堆坝而开发的，主要目标是低成本、安全高效解决细粒尾矿堆坝难题。对此深入研究，将有助于明确模袋体结构作用机理，揭示模袋坝体破坏规律，并最终能够建立模袋法堆坝的质量、强度及稳定性评价体系。该技术的大面积推广应用将使我国大量细粒尾矿采用低成本、安全可靠的尾矿堆坝成为可能，对推动尾矿库行业技术进步意义重大。

参 考 文 献

[1] 祝玉学，戚国庆，等. 尾矿库工程分析与管理 [M]. 北京：冶金工业出版社，1999.

[2] 王汉强，沈楼燕，吴国高．固体废物处置堆存场环境岩土技术［M］．北京：科学出版社，2007.
[3] 中华人民共和国国家标准．GB50863—2013 尾矿设施设计规范［S］．北京：中国计划出版社，2013.
[4] 尾矿设施设计参考资料编写组．尾矿设施设计参考资料［M］．北京：冶金工业出版社，1980.
[5] Babaeyan Koopaei K, Valentine E M, Ervine D A. Case study on hydraulic performance of brent reservoir siphon spillway［J］. Journal of Hydraulic Engineering, 2002, 128（6）: 562-567.
[6] Kemper T, Sommer S. Estimate of heavy metal contamination in soils after a mining accident using reflectance spectroscopy［J］. Environmental Science and Technology, 2002, 36（12）: 2742-2747.
[7] Vick S G. Tailings dam failure at Omai in Guyana［J］. Mining Engineering, 1996, 48（11）: 34-37.
[8] Jr H L F, Stewart J P. Failure of Tapo Canyon tailings dam［J］. Journal of Performance of Constructed Facilities, 1996, 10（3）: 109-114.
[9] Marcus W A, Meyer G A, Nimmo D R. Geomorphic control of persistent mine impacts in a Yellowstone Park stream and implications for the recovery of fluvial systems［J］. Geology, 2001, 29（4）: 355-358.
[10] 尹光志，敬小非，魏作安，等．粗、细尾砂筑坝渗流特性模型试验及现场实测研究［J］．岩石力学与工程学报，2010，29（增2）：3710-3718.
[11] 徐宏达．细粒尾矿充填筑坝的沉积规律初探［J］．中国矿山工程，2004，33（1）：39-42.
[12] 赵晖．细颗粒尾矿筑坝技术的探索［J］．黄金，1990，11（12）：27-31.
[13] 陈守义．浅议上游法细粒尾矿堆积坝问题［J］．岩土力学，1995，16（3）：70-76.
[14] 陈守义．尾矿坝细粒泥层内超静孔隙水压力的近似估算方法［J］．岩土力学，1991，12（1）：45-55.
[15] 张千贵，尹光志，周永昆，等．尾矿粗细颗粒分层结构体的力学特性分析［J］．重庆大学学报，2012，35（5）：97-102.
[16] 魏作安，尹光志，万玲，等．细粒尾矿堆积坝加固设计与研究［J］．金属矿山，2003，8：54-60.
[17] 郭友谦．应用水力旋流器进行细粒尾矿堆坝的工艺研究［J］．矿冶工程，2004，24（4）：36-37.
[18] 孙国文，余果，尹光志．影响细粒尾矿坝安全稳定性因素及对策［J］．矿业安全与环保，2006，33（1）：63-65.
[19] R J Jewell, A B Fourie. Paste and Thickened Tailings-A Guide, second ed［M］. The University of Western Australia, Nedlands, 2012.
[20] 周汉民．尾矿库建设与安全管理技术［M］．北京：化学工业出版社，2012.
[21] 周汉民．偏细粒尾矿堆坝中的新技术及其发展方向［J］．有色金属（矿山部分），2011，63(5)．

2 模袋法堆坝技术

“模袋”，又称土工袋，顾名思义，即将土装入袋子形成的土袋。在抗洪抢险的新闻报道里，模袋被经常用来加固堤防、封堵管涌等。其实，模袋的应用历史很长，模袋的应用最早出现在埃及时代，主要用于构建临时建筑物，来抵御尼罗河的洪水，需要经常性地进行修补或替代。20 世纪中期以后，随着工程经验的积累、技术的进步和许多难关的攻克，模袋的优点逐渐被人们发现，陆续推广应用到水利、交通、环保等领域，形成工程领域中的一种新方法——模袋法，该方法是一项跨学科的重要技术革新，并取得了很大的成功。

2.1 模袋的特性和国内外应用

近年来的研究表明，模袋具有很多特性，如具有很高的抗压强度，能大幅度提高地基承载力同时具有减震效果，透水保土抗冲刷性强，充填材料来源广，施工简单高效，环保（无污染、无噪声），成本低等。模袋的大规模工程应用发源于欧美和日本，在海河堤岸治理、交通路基处理和生态环保领域取得了很大的成功，而后被引入我国多领域的工程应用中。

2.1.1 堤岸、河道治理

模袋首先被应用到水利工程的河海岸坡和闸坝底脚的防护中。模袋在水利工程领域应用最早、最多，已被广泛应用在江、海的堤岸治理加固和航道的整治中。模袋用于堤岸、航道的治理，主要可起到以下作用。

2.1.1.1 透水保土、抗冲刷性强

模袋透水保土性能好，可有效地保护地基土不被冲刷，提高护底工程的稳定性和可靠性。在国内外的江、海堤岸加固和河道整治工程中，模袋应用工程案例很多，如图 2-1 所示。

荷兰三角洲计划（Delta Project）是一个采用土工袋整治海岸的典型案例[1,2]。1953 年 1 月底，一场强烈风暴海啸冲垮了鹿特丹以南地区的海坝，这场灾难促使荷兰政府下决心实施三角洲工程，彻底消除由风暴潮引起的洪水威胁，批准了这项世界上规模最大的利用土工布充砂袋技术的防波堤工程计划（见图 2-2）。该工程从 1955 年开工，投资总额达 40 亿美元，花费了 30 多年时间才全

图 2-1　模袋用于堤岸加固

图 2-2　荷兰三角洲防波堤

部完工。三角洲工程使荷兰犹如建在土工布之上，建成后有效地抵御了多次风暴海啸的冲击。

澳大利亚和德国也有一些模袋（土工管袋）的成功应用[3,4]，其中包括澳大利亚的拉塞尔头防波堤、斯托克顿海滩护岸、Narrowneck 海礁和 Maroocydore 防波堤等，德国位于艾德港（Eider storm surgebarrier）的堤防工程和 Muara Karangsong 防波堤。另外在日本、美国也有一些应用[5,6]。1959 年日本将有纺织物砂袋以及合成材料片成功应用在伊势海岸线修复工程中。1966 年，美国采用模袋混凝土进行水利工程的岸坡防护试验，为模袋法的基本工法原理和应用要点给出了初步依据。

随着模袋法在国外的成功应用，这种堤岸和河道治理的新方法逐渐被引入到我国的相关领域。1998 年我国遭受特大洪水灾害后，在防洪抢险和修复堤坝等水利工程中大量采用了模袋，并取得良好的效果（见图 2-3）。2001 ~ 2003 年，中国水利水电科学研究院自主创新的纯水泥浆模袋为溶洞防渗及堵漏处理提供了新方式，在西南水电开发中解决了电站坝基与厂房基坑的大量涌水难题，先后荣获水利部和国家科技进步奖。

图 2-3 模袋用于防洪抢险

福建省木兰溪河道整治工程的裁弯取直工程难度大，新开河道在流塑状的淤泥地基上无法自然立帮，且取直后河床及边坡防冲刷也是一个难题。最后综合应用模袋混凝土和充泥管袋，取得了良好的效果[7]。

长江口深水航道治理工程[8]是新中国成立以来最大的航道治理工程，本工程施工水深达 4 ~6m，施工作业受风、浪、流的影响很大，这样的工况条件下进行施工必须采用新工艺和新设备。经过长时间的技术攻关，并通过太仓围堤工程和长江口试验段进行的实船试验，先后研制 3 艘袋装砂充灌专用船，攻克了袋装砂堤心水下充灌以及铺设等难题。

2.1.1.2 整体性好、强度高

模袋整体性好、强度高和抵抗变形能力强，相当于一种高性能的柔性模板，可以在软弱地基上快速筑坝，也可以充填淤泥或者建筑垃圾，是一种非常便捷的筑堤方法。

2005 年韩国为修建连接新建的仁川机场和南部大陆的仁川大桥[9]，在靠近大陆的位置计划用模袋修筑一个大型的人工岛，以便修建高速公路高架桥和收费站等相关设施。该人工岛场地地基极其软弱。基于这些考虑，最终决定采用模袋修筑围堤，管袋充填料就地取材，用当地土料水力充填，图 2-4 为模袋施工现场。该围堤共填筑三层模袋，最下面一层两个模袋，第二层一个模袋，然后在其上充填最后一个模袋以达到设计高度。

图2-4　模袋施工

珠海市磨刀门主干道一期整治工程位于磨刀门出海水道，主要工程内容为河道疏浚、抛泥区围堰和二次吹填。其中，软土地基上筑堤成为限制工程进度的关键问题，工程最后采用土工织物袋充填砂得以在软土地基上快速成堤[10]。

2.1.1.3　加快施工速度、降低成本

模袋施工方便，可操作性强，既能人力施工，也能进行机械化施工，灵活性大。另外，模袋材料本身单价便宜，充填模袋的材料可就地取材，既可节约材料购买成本又可节省运输费用，与其他工程措施相比，整体造价大大降低。

美国密西西比河流域由于1973年的一场大洪水，河堤委员会计划增高密西西比河的防波堤。按照计划，长达488km的防波堤必须在2029年前增高0.6～2.7m。然而，截至1997年，只完成了134km。因此，缓慢的工程建设进度和较大的经济压力已成为增高防波堤的主要困难。利用模袋砂技术可以较好地解决这些问题，该技术利用河底的淤泥，省去了取土区的费用，施工方便快速；每千米投资约合96万美元，预计节约3.68亿美元，并可缩短一半的工期[11]。

图2-5是一个导流堤工程，单个模袋尺寸（长×宽×高）为：1m×1m×(0.2～0.3)m，总长度436m。导流堤采用模袋构筑，充填材料为火山爆发流下的泥石材料，变废物为建筑材料，工程造价仅相当于常规堤坝造价的30%。

黄骅神华港一期工程引堤和回填造陆工程[12]，需从其他地区运送大量砂石料和回填土，费用较高。工程最终采用土工织物充填袋筑堤结构，取用引堤和回填造陆工程所处滩涂地带的亚砂土，在节省投资的同时加快了施工进度。

图 2-5 土工袋修筑导流堤

2.1.2 地基处理

模袋又是一种古老的软弱地基处理方法。将土工袋以适当的方式排列放置在房屋基础下，由于土袋本身具有很高的强度，在来自上部房屋结构的竖向荷载作用下，由于土袋具有足够的承载能力，土袋本身不会发生破坏，土袋成为房屋基础的一部分，上部应力通过土袋以 45°左右的角度向下部土层扩散。因此，土袋起到了增加基础深度与宽度的作用，从而大大提高了基础地基的承载力（一般为 5~10 倍）；土工袋放置在道路路基下，具有相当大压缩强度的土袋组合体在路基中形成了一个硬壳层，不仅提高了路基的承载力，而且能够有效地限制土体的侧向变形。模袋在地基处理中的优点如下。

2.1.2.1 提高承载力

模袋具有很高的承载力，理论与试验证明一个 40cm×40cm×10cm 的普通土袋的承载力在 20t 以上，相当于混凝土块强度的 1/10~1/5。模袋材料本身具有很高的力学强度，模袋组合体放置在道路路基下，形成具有相当大压缩强度的硬壳层，不仅可提高路基的承载力，而且能有效地限制土体的侧向变形。基于模袋的这些特点，模袋法在交通、房建领域得到了广泛应用，如图 2-6 和图 2-7 所示。

1930 年美国北卡罗来纳州第一次应用棉纺织品加固路基土；1963 年模袋在日本国营铁道的土建工程之中正式应用，后期被扩展应用到新干线路基沉降控制中；2001~2003 年间德国利用土工袋装砂桩对汉堡空客飞机制造厂的填海围垦海堤地基进行处理，整个项目仅用 8 个月就完成，而最初地基处理方案设计使用钢桩防渗墙，地基基础需 3 年时间固结；2008 年，蒂森克虏伯钢铁公司在巴西海岸低地建造炼铁厂，其中包括一个面积为 38000m^2 的堆煤场，该地区地下由 20m 深厚的极软弱土层组成，地下水位接近地表，工程采用土工织物袋包裹砂桩来进行地基处理，土工袋桩在循环荷载作用下刚度更大，成功解决了地基处理的难题[13]。

图 2-6　模袋用于道路路基处理

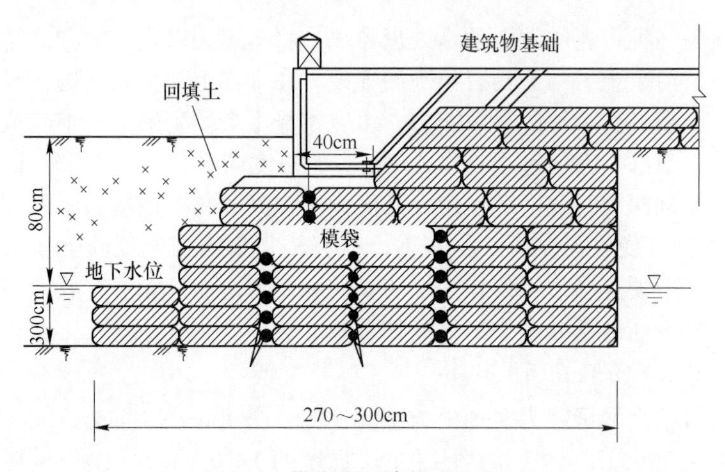

图 2-7　模袋用于建筑地基处理

相比以上模袋技术先进国家，模袋在我国地基处理工程领域的发展起步较晚，但发展很快。20 世纪 80 年代，从国外引进的许多生产设备以及技术资料大大推动了我国模袋的生产与应用。江苏在沪宁高速公路拓宽工程中部分加宽路段利用土工织物的加筋作用，铺设于新旧路基接茬处，以减少路基不均匀沉降，通过公路使用 2 ~ 3 年后的观测，有较好的效果；在汾灌高速公路中，利用模袋替代传统模板，充灌混凝土或砂浆，形成浆砌石防护、混凝土板块防护成功解决了沿河路基临水边坡防护工作；广西北海市将模袋应用到高速公路工程中，成功解决了软弱基础、地基沉降大的困难。2006 年，河海大学的高明军、刘汉龙[14]提出了用竖向管式格栅加筋碎石桩的思路，并对此项技术申请了专利。此后，土工袋装桩复合地基在国内一些高速公路地基等工程上得到很好的应用。

我国西北地区盐渍土壤，变形大强度低、工程性能差、腐蚀性强，传统的地基处理方式在该地区处理效果均不理想。青海盐湖集团综合利用项目地基处理工程位于青海省格尔木市察尔汗盐湖达布逊南岸，其表层土为流塑状态，压缩性高，强度低（$C_u<20\text{kPa}$），为强-超盐渍软土。工程选用土工袋装桩进行地基处理，用土工布袋包裹碎石桩，提高了碎石桩的强度，改善和提高了桩周盐渍土对桩体的径向支撑力，土工布袋包裹桩复合地基承载力比碎石桩法承载力提高30%~80%[15]。

2.1.2.2 减少振动

模袋减振的原因可归结为：（1）土工袋与周围软土组成不同刚度的复合地基，减少了振动的输入；（2）土工袋在受到荷载作用下，袋子产生伸缩变形，袋子的伸缩变形将消耗一部分振动能量；（3）土工袋内部的土颗粒之间摩擦也会消耗一部分能量；（4）因为土工袋与土工袋之间不连续接触，振动不会传到隔壁的土工袋。图2-8为采用模袋进行道路基础施工的例子。道路工程施工后与施工前相比，振动减少了5~8dB。施工完1年3个月后，振动水平仍保持在施工后的同样水平[16]。

图2-8 模袋用于道路基础施工

2.1.2.3 消除冻胀

在寒冷地区，土体的冻融冻胀是一个非常严重的工程问题。冻融冻胀现象发生的前提条件之一是由于毛细管的作用，地下水上升，补给地表面的土体。假如土工袋内装的是粗颗粒的土石子，由于粗颗粒材料的空隙较大，土壤中的水不能因毛细管的作用而上升。因此，装有粗颗粒的土工袋不仅能增大土体的强度，而且还有抑制冻融功能。我国的松干护岸工程中采用化纤模袋，起到很好的抗冻胀效果，而且降低了工程费用[17]。哈达山水利枢纽工程中的输水干渠有近64km的渠底岩性为黄土状壤土、黏土和极细砂，为解决该渠段衬砌的冻胀、稳定及渗漏等问题，选择了丙纶模袋混凝土护坡的衬砌形式。通过三年的正常运行，渠道的混凝土模袋运行良好，在工程的经济性、可靠性、安全性上都是可行的[18]。

2.1.3 环保治理

模袋材料本身无毒无害，抗化学腐蚀和微生物侵蚀，施工时不像打桩过程中存在噪声影响，在降噪、绿化、过滤疏浚泥和砂、垃圾处理、污水处理等方面起到环境保护的作用。此外，土袋加固地基不用任何化学药剂，不会污染地基。目前，国内外对环境保护工作比较重视，模袋作为一种新型的治理材料也得到了多方面的应用。

在日本，二氧芑（又称二噁英）土壤污染引起了人们的重视，日本政府为此颁布了反二氧芑的具体措施法。模袋砂技术被用于处理二氧芑污染土的围护系统。为检验其适用性，专家们进行了大量的试验研究，结果表明：模袋砂技术是一种处理二氧芑污染土的积极有效的方法，该方法能过滤高含水量的二氧芑污染土中的水分，而保留二氧芑在其内[19]。1977 年，法国将轻型模袋类材料覆盖在桩、绳框架上，减小内部施工的噪声对居民的影响；1985 年前后，英国、德国用模袋类材料建筑加筋土陡坡堤，其上植草或灌木，作为防噪声污染的屏障，以减小公路边居民受噪声的危害；1997 年前后，美国利用模袋可过滤疏浚泥、砂及城市污水的粉砂颗粒等特性，成功地解决了密西西比河流域城市污水难处理的问题，将城市污水导入土工编织袋中过滤和固结，有效地过滤城市污水的粉砂颗粒，达到污水处理的目的。在我国云南滇池草海污染底泥疏浚工程的一次生产性试验中，土工管袋被用来充灌污染底泥形成闭合围埝，然后向围埝内吹填淤泥。考察其适应性、经济技术指标和环境保护效果等，土工管袋为环保和疏浚等工程开辟了新领域[20]。

2.1.4 膨胀土处理

膨胀土中富含以蒙脱石为主的亲水矿物，吸水时产生较大的体积扩胀和较高的膨胀力，失水时又产生较大的收缩变形。反复胀缩的结果使得土岩体结构发生破坏，力学强度随之降低。由于土工袋张力的约束作用，土工袋技术可以有效地用于膨胀土的处理。

目前，土工袋技术在我国南水北调中线膨胀土地基处理中得到了应用和深入研究[21]，如图 2-9 所示。南水北调中线工程输水总干渠在南阳、沙河及邯郸等地带分布有膨胀土，累计长度为 335.9km，约占总干渠总长（1266.5km）的 27%。将开挖出来的膨胀土约束在土工袋中，当膨胀土吸水膨胀时，袋子的周长会伸长，从而在袋子中产生一个张力。袋子的张力反过来限制膨胀土的进一步膨胀；当袋子中的膨胀土失水收缩时，干缩引起的裂缝发生在土袋内部，不可能产生基础土体的贯穿性裂隙，对整个基础来说影响不会很大。而且，由于袋子的作用，整个袋子连其内部的土体将作为一个整体承受外荷载，不会因为土体内部的裂隙而影响其承载力或抗剪强度。所以土工袋既可以限制膨胀土体吸水膨胀又可以避免其失水产生贯穿性裂隙而使其承载力或抗剪强度降低。土工袋处理膨胀土的一个突出优点是膨胀土地段渠道开挖出来的土料可以直接装入土工袋，就地取材，克服了大量弃土外运、占用土地等换土方案带来的问题。

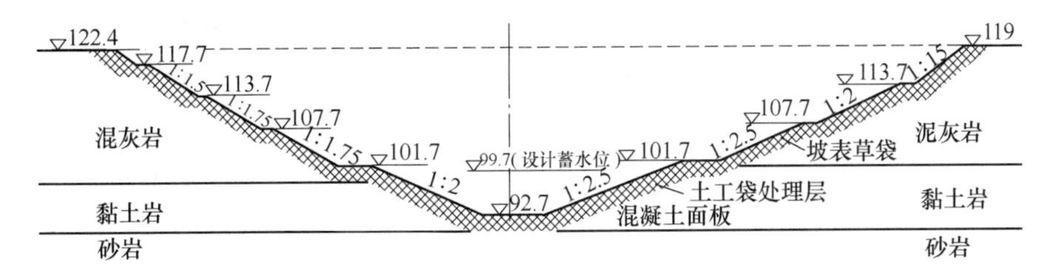

图 2-9　南水北调中线河南潞王坟段模袋处理剖面

2.2　模袋法堆坝技术

模袋作为一种新型的工程应用技术，在水利工程中的河道治理、堤岸加固，交通工程中的路基处理以及环保工程中的污水处理等领域得到了广泛应用，并取得了很好的效果。如天津国际生态城 400 万立方米污泥处理、武汉外沙湖底泥疏浚工程等均采用土工管袋脱水固化法处理。目前，尾矿堆坝领域遇到的细粒尾矿堆坝难题和上述模袋应用领域存在一些共性，如强度低、固结慢等，严重限制了筑坝速度甚至矿山整体生产进度。

当前，矿山资源开采利用正蓬勃发展。选矿工艺水平和回收率的提高，使得尾矿入库量逐年增多，而尾矿粒径越来越细。细粒径尾矿进入尾矿库后透水性差、固结时间长、力学强度低、超孔隙水压力难以消散。尾矿堆坝浸润线位置的高低是影响坝体渗透稳定和抗滑稳定的重要因素。偏细粒尾矿堆积坝普遍存在浸润线偏高的问题，这对坝体的稳定性极为不利。偏细粒尾矿堆积坝与一般尾矿堆积坝相比，其难点主要体现在提高强度及排渗上。对于偏细粒尾矿物理力学性质、堆坝稳定性等相关研究较少，其尾矿堆积坝也鲜有高坝的例子，其根本原因都是由于上游法细粒尾矿堆积坝是尾矿处理技术遇到的难题之一，种种不利条件使偏细粒尾矿堆积高坝成为尾矿技术发展的一个难题，至今没有取得实质性进展。

如何解决偏细粒尾矿的堆存问题成为了当前矿山企业迫切需要解决的问题。而模袋法技术在水利、交通、生态环保等领域体现出其抗冲刷、高强度、对充填材料限制少、滤水固砂等优势，具备解决偏细粒尾矿堆存难题的特性。经过不断的尝试和探索，周汉民等人[22]从模袋材料性能、模袋大小及堆排方式等进行逐步改进，形成了能解决偏细粒尾矿堆存问题的模袋法尾矿堆坝技术，具体是指采用高强度、透水性土工织物制作大面积连续模袋，通过向模袋内充灌尾砂并经压力排水形成固结充填体，利用充填体连续交错堆筑子坝并辅助相应加筋与排渗措施而形成的一种堆坝方法。

模袋法施工在我国最早应用于水利堤防工程中，取得了较好的效果。其主要优点是利用模袋布的透水不透浆特性，排水固结速度快，有利于快速筑坝，且筑坝强度高，使尾砂形成一个整体。采用模袋堆筑子坝能较好地解决细粒尾矿筑坝取砂难、透水性差、不宜固结的难题，如将模袋堆筑子坝尺寸放大也可较好地解决“坝壳”较薄的问题。近两年国内已有企业尝试了将模袋筑坝技术引入到矿山尾矿堆坝中来，并取得了一些有意义的成果，在偏细粒尾矿堆坝中较好地解决了筑坝上升速度和稳定性问题。实践证明，模袋法筑坝是解决细颗粒尾矿筑坝的一种有效方法，主要体现为：（1）在排水压力作用下，加速尾砂的挤压排水固结，从而实现细颗粒尾矿的快速筑坝，满足生产要求的坝体上升速度；（2）干滩长度增加，浸润线降低，“坝壳”增厚，整体性增强，坝体稳定性提高；（3）通过选取合适的模袋孔径可更多地利用细粒尾砂筑坝，提高尾砂筑坝利用率；（4）施工工艺简单，场地适应性强，可边生产边筑坝，施工可靠性高。

2.3　模袋法堆坝工艺

模袋法快速固结堆坝，采用砂模袋法，充灌材料选择尾矿砂。根据尾矿砂的粒度级配特性，可选择相应的模袋法堆坝工艺。

2.3.1　水力充填法工艺

根据坝体充填料的土力学指标，选择不同材料、不同规格的土工布。根据其颗粒级配及现场试验，提出土工织物模袋空袋厚度、充填厚度、充砂袋芯、袋编织布等相应的要求，以选择某种有效孔径，使一部分黏粉粒能排除而又尽可能多的保留砂料，以提高充袋效果，使做成的模袋充砂达到较好的渗水固砂效果，尽量缩短尾矿砂的固结时间。水力充填法筑坝的关键工艺为泵送灌浆。泵灌应做到“润滑”、“有序”、“送压与速度合宜”并贯穿全过程。

水力充填法工艺实施流程为：模袋制作—模袋铺放—造浆充灌—排水固结—模袋体交错堆坝，如图 2-10 所示。具体如下：

（1）模袋制作。模袋缝制前，应根据坝体尺寸规划模袋的尺寸和形状。模袋缝制要求：普通模袋缝制时，每道缝不少于两道（先缝一道，折叠后再缝制一道或两道），针脚间距不大于 5mm，确保袋体的接缝牢固；当采用高强模袋时，为保证品质的稳定性，高强模袋须在工厂预制好，将成品运送到现场，不允许现场缝制。

(a)　(b)　(c)　(d)

图 2-10　水力充填法工艺实施流程

（a）模袋铺放；（b）造浆充灌；（c）排水固结；（d）交错堆坝

（2）模袋铺放。模袋材料进场后应存放在通风遮光处，远离火源。充灌袖口宜沿模袋顶部中心线布置，铺设时应注意袖口向上。采用人工铺设时，要严格按照模袋控制线铺设，同层模袋之间及上、下两层模袋必须错缝铺设，错缝宽度横向不得小于模袋横向尺寸的 1/3，纵向不得小于模袋纵向尺寸的 1/5 且不得小于 3m。模袋铺设应平整，不褶皱，模袋与模袋的横向搭接不小于 1m，纵向搭接时预留升高系数 0. 2m。

（3）造浆充灌。采用库内取粗尾砂充灌时，应满足以下要求：1）在尾砂干滩区进行制浆作业时，应远离干滩滩顶，保证安全距离，满足坝体渗流稳定要求；2）制浆开挖坑深度和开挖边坡满足内边坡稳定要求。

充灌模袋时，宜对模袋体进行固定，防止袋体在充灌过程中受力不均而移位变形。相邻模袋横向搭接长度不应小于 1m，纵向搭接长度不应小于 0. 3m；可能发生位移处应缝接；不平地、松软土铺设时，搭接宽度应适当增大。

充灌用尾矿的浓度及粒度组成应符合设计要求。充灌模袋时应按充灌、屏浆、再次充灌的顺序多次进行：1）当采用普通模袋时，充灌速度宜控制为10～15m^3/h，充灌压力以设计为准，一次充满度宜为85%，待泌水基本停止时再次充灌；2）当采用高强模袋充灌时，充灌速度、压力及一次充满度可由材料厂商提供，并能满足设计要求。

为保证充填效果，模袋的袖口宽度应与充填管相匹配；袖口间距宜控制在4～6m，梅花形布置。当尾矿粒度过粗或过细时，应以现场试验为准。

（4）排水固结。模袋充灌尾矿浆后，逐步失水固结，其高度逐渐降低。模袋固结后的稳定高度应进行估算，需满足工程设计要求。

模袋固结排水时，宜在袋体两侧采用固定措施。充灌过程中，可采用相应措施加快模袋的排水固结。待整个砂袋达到屏浆阶段，可适当减少充灌机械或停止充灌，以防布袋爆裂，并留有一定固结脱水时间。上、下层模袋充灌施工的间隔时间应根据袋内尾砂的固结状况确定，袋体固结达到一定强度时，再进行上一层模袋充灌。模袋子坝坡脚处应设置集水设施收集污水并泵送至尾矿库内。

（5）交错堆坝。在实际堆坝过程中，模袋体堆坝区域与取砂区相互轮换（见图2-11）。按照一定的施工组织顺序，在堆坝区域堆置相应高度之后，转而在堆坝区域前的干滩区域取砂堆坝，在原取砂区域通过逐步放矿找平之后继续铺设模袋进行尾砂充灌堆坝。

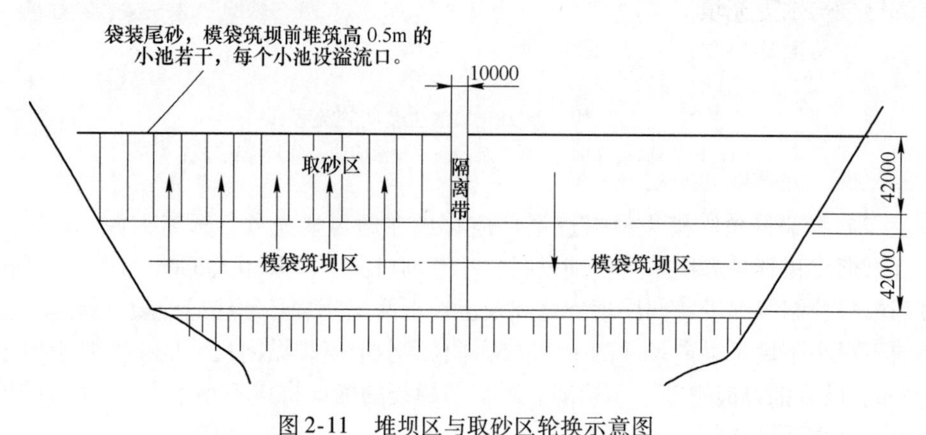

图2-11　堆坝区与取砂区轮换示意图

2.3.2 粒径分级充灌法工艺

水力充填法工艺采用沿自然沉积滩面取砂堆坝方式，在尾砂滩面产生取砂坑，一定程度上导致后续排入的尾矿难以在取砂坑内实现自然分级，且需要通过人工放矿再次回填；而且水力充填法工艺中由于存在造浆和充灌环节等需要消耗大量的人力、电力、材料等资源，以上因素增加了人工成本同时也限制了开展大规模灌袋堆坝的功效。而粒径分级充灌法采用旋流器对尾矿浆进行分级，选取较粗颗粒进行重力自动灌浆，省去了人工造浆等环节，一定程度上可提高模袋充灌筑坝的效率。

当采用分级尾矿充灌模袋堆坝时，应满足以下基本要求：

（1）模袋子坝的坝顶宽度应满足旋流设备的布置、管道安装及交通的要求。

（2）应对模袋法堆坝全部运行期内的堆坝尾矿量与库内堆存量应按高度进行平衡计算，坝顶上升速度应满足库内沉积滩面的上升速度和防洪安全的需要，并由此确定各阶段需要的堆坝尾矿产率。

（3）所选设备和分级工艺的最终成品堆坝尾砂的产率不宜小于各堆坝阶段需要的最大堆坝尾矿产率的1.2倍。

（4）分级设备的选型、工作压力和设备参数宜根据设计确定的沉砂粒度、产率和浓度要求由设备厂商提供，并应经试验复核。

具备以上条件后，水力充填法工艺可按照以下流程实施：制袋—铺设—分级尾矿输送与灌袋—模袋的挤水固结—模袋体交错堆坝。其中，除去分级尾矿输送与灌袋外，其他工艺环节与水力充填法相同。

尾矿浆粒径分级输送：经旋流器分级的底流尾矿进入高位矿浆池，确保高位矿浆池与坝体顶端有足够的高差。高位矿浆池底部连接主放矿管，经分管连接到模袋进行自流灌袋，旋流器溢流尾矿通过放矿管排放至尾矿库内。具体模袋的制袋和铺设与水力充填法相似，需要指出的是，采用粒径分级充灌法时每个模袋设有多个矿浆灌注口与放矿管连通，以便分散一次矿浆总量，实现多条放矿管同时灌浆。

尾矿粒度分级是该工艺的关键工序，需要利用旋流器对入库的尾矿矿浆开展旋流试验，并获取 $d \geqslant 0.045$mm 尾矿颗粒含量不小于50%（按质量分数计）的尾矿作为模袋填充矿浆。这样的填充矿浆可以保证在放矿管路及模袋内的流动性，同时也可保证充灌固结的效果。在尾矿粒度分级工序中，旋流器溢流的尾矿颗粒和水排放至当前坝体上游方向的尾矿库内。

采用粒径分级充灌法工艺进行模袋法尾矿堆坝时，应在至少高于坝顶15～20m的高度设置高位矿浆池，并铺设放矿管路。高位矿浆池的高度可以随着当前坝体的坝顶高度上升而升高，通常情况下每堆筑完一到两级堆筑坝，调整一次高位矿浆池的高度，而放矿管路也应随高位矿浆池的高度调整而适应性调整。

2.3.3 全尾充灌工艺

采用全尾充灌工艺进行模袋法尾矿堆坝是指将不经分级后的全尾矿直接灌入模袋体内实现直接灌袋。充灌的尾矿粒径需满足 $d \geqslant 0.045$mm 尾矿颗粒含量不小于50%（按质量分数计），$d \leqslant 0.005$mm尾矿颗粒含量不大于10%（按质量分数计）。当尾矿粒径不满足上述要求时，需经专项试验研究论证后进行全尾模袋法堆坝设计。试验研究结果应包括：最佳灌袋浓度、选用灌袋尾矿粒级范围及相适合的模袋材料、脱水剂添加剂量、袋内尾矿强度指标、模袋层间摩擦系数、最佳固结时间及适宜的坝型结构。

全尾灌袋将部分全尾矿直接灌入模袋体内，另一部分全尾矿沿自然沉积滩面放矿。为保证充灌系统的稳定性和可靠性，采用全尾充灌时应设置以下设施。

（1）应设置矿浆池等供浆稳压设施，并将灌袋压力保持在合理范围内。

（2）应设置多条放矿主管路设施，以保证充灌模袋体至屏浆时充灌其他模袋体时的顺利切换工作。

（3）应设置多条充灌支管路，以达到控制每条模袋体一次充灌流量的目的。

2.4　模袋法堆坝技术在尾矿库中的应用方式

模袋法堆坝技术应用灵活，已在矿山尾矿坝领域广泛展开应用，由最初的中隔坝堆筑、闭库坝体改造逐渐发展为直接堆筑尾矿坝。综合系统的理论分析及相应的工程实践，演变出以下几种坝体堆筑方式，在工程实践中可推广运用，具体包括：宽顶子坝方式、下宽上窄方式、中线法、下游法、澄清拦挡坝、临时挡水坝等方式。

2.4.1　宽顶子坝方式

宽顶子坝方式的特点：一是模袋法工艺本身解决细粒尾矿堆坝困难问题；二是宽顶子坝采用坝前放矿，人工增加干滩长度，以满足坝体稳定及防洪需要，最后辅助加筋排渗措施，可降低坝体浸润线，提高坝体稳定性。

该方式在云南某铜多金属矿尾矿库模袋法加高方案中得到了成功应用，运行效果良好。其典型剖面图如图2-12所示。

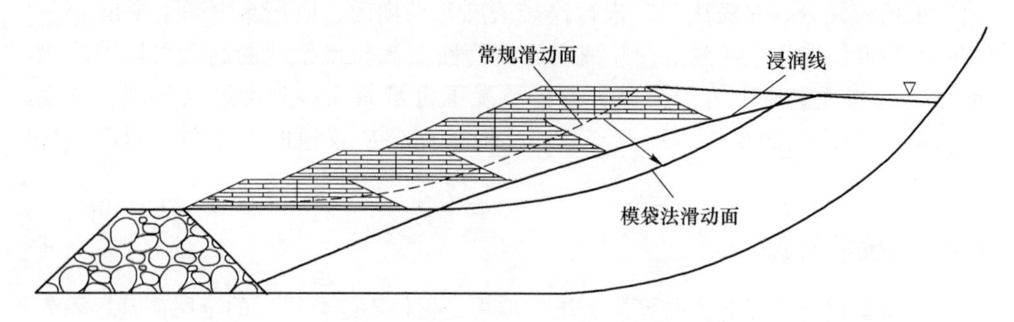

图2-12　宽顶子坝方式典型剖面图

2.4.2 下宽上窄方式

模袋坝下宽上窄方式，即在堆坝布置上采用了下部宽厚模袋体，自下而上逐步缩减的方式。该方式既可以控制整体堆坝工程量，缩减了投资成本，又可起到加固坝体稳定性计算中滑弧滑出点区域作用，提高坝体稳定性。

在尾矿坝运行加高过程中，通过模袋体与模袋体之间的抗滑力来满足坝体抗剪应力需要，从而实现坝脚处宽厚模袋体对整个坝体起支撑作用。其典型剖面图如图 2-13 所示。

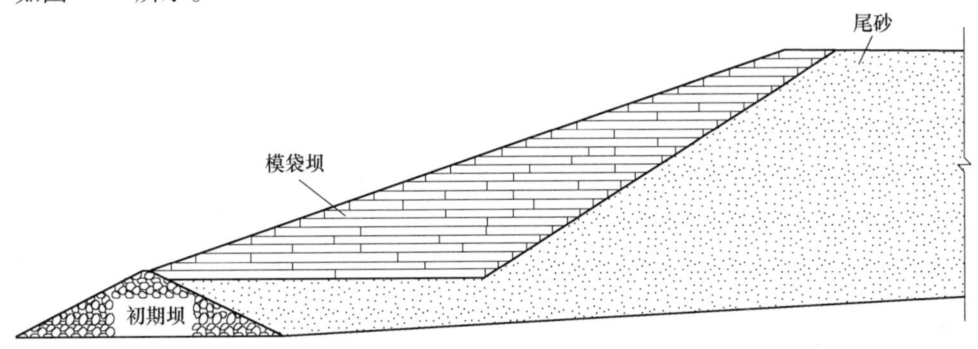

图 2-13 下宽上窄模袋堆坝方式典型剖面图

2.4.3 模袋中线法（或下游法）

模袋中线法方式可选用细粒级尾砂进行灌袋形成模袋体，解决传统中线法尾砂堆坝过程中易出现砂量不足的问题，模袋体固结后形成一个个强度较高的整体，并通过模袋体与模袋体间的交错堆筑，形成模袋中线法堆坝，如图 2-14 所示。

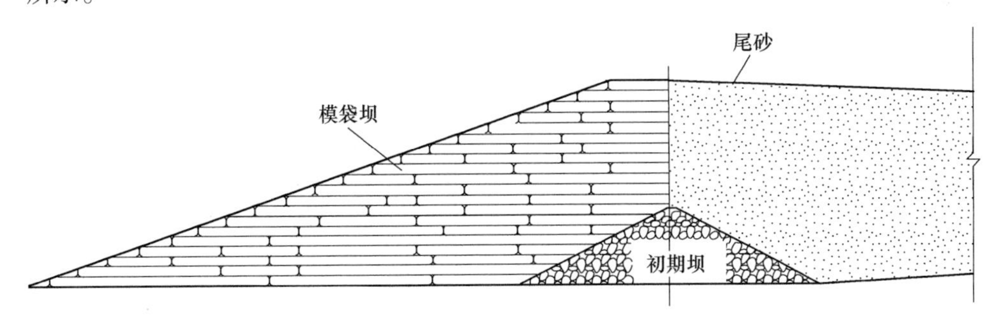

图 2-14 模袋中线法堆坝方式典型剖面图

采用模袋中线法（或下游法）堆坝的优势主要体现在：一是对堆坝尾砂粒径要求较低，可选用细粒级尾砂直接灌袋堆坝，拓宽了中线法堆坝粒径范围，从而解决砂量不足问题；二是模袋体固结后的整体材料强度较高，更利于坝体稳定性的提高，具有较好的推广应用价值。

2.4.4 澄清拦挡坝、临时挡水坝方式

模袋坝体对地基承载力要求低，且复杂地基适应性强，可在深厚软弱地基上堆筑模袋澄清拦挡坝。采用模袋法库内修建拦挡坝方式，可延长尾矿水绕流距离，增加澄清距离，满足澄清要求。

以某尾矿库加高扩容工程为例，随该尾矿库模袋子坝逐级加高，澄清区面积不断缩小，坝体距山体距离不断变短，澄清效果不理想，现场采用模袋法在库内修建临时拦挡坝，延长了尾矿水绕流距离，确保足够的澄清距离，为尾矿库的正常运行提供了保障，如图 2-15 所示。

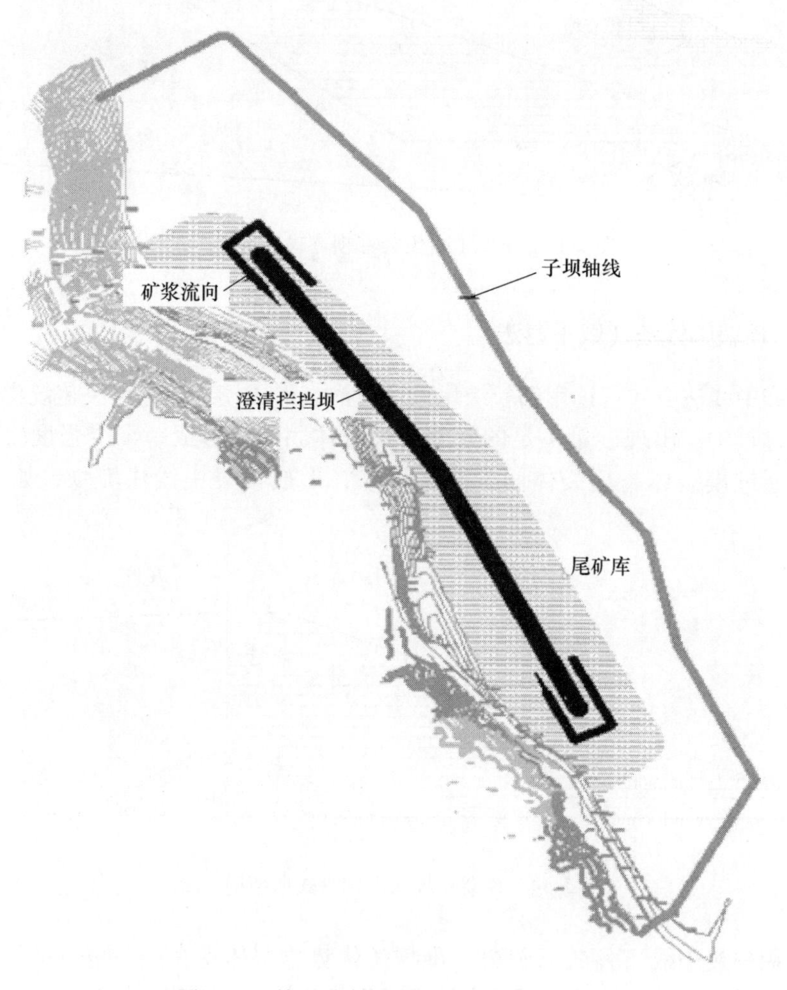

图 2-15　某尾矿库澄清拦挡坝现场示意图

2.4.5 在水坠坝中的应用

水坠坝是水力充填坝的一种，具有一定的抗震性能。引入水坠坝实践，结合模袋滤水固砂的特点，将浓缩后的尾矿充灌至模袋，扩充尾矿为坝料，采用“筑模袋边埂、充填尾矿、真空预压处理、脱水硬结”的筑坝工艺，实施模袋边梗水坠坝方式筑坝。

模袋边梗水坠坝方式可应用于平底型、傍山型、沟谷型，以及老库改造项目，典型断面如图2-16和图2-17所示。

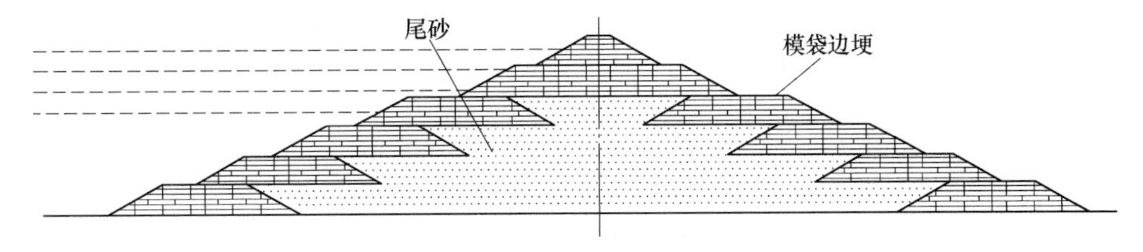

图2-16 模袋边梗水坠坝典型断面图

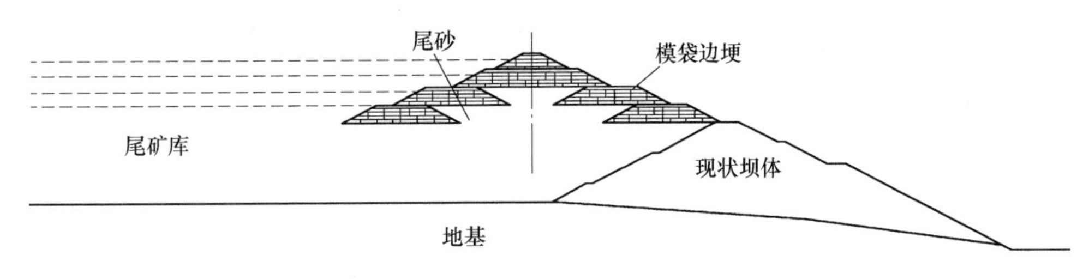

图2-17 模袋边梗老库改造的应用示意图

参考文献

[1] 张文斌，谭家华．土工布充砂袋的应用及其研究进展［J］，海洋工程，2004，22（2）：99.

[2] 钟瑚穗．防洪与环保紧密结合的荷兰三角洲工程［J］．水利水电科技进展，1998，18（1）：20-23.

[3] Restalla S J, Jacksonb L A, Heertenc G, et al. Case studies showing the growth and development of geotextile sand containers: an Australian perspective [J]. Geotextiles and Geomembranes, 2002, 20 (5): 214-342.

[4] Saathoff F, Oumeraci H, Restall S. Australian and German experiences on the use of geotextile containers [J]. Geotextiles and Geomembranes, 2007, 25 (4-5): 251-263.

[5] 张文斌，谭家华．土工布充砂袋的应用及其研究进展［J］，海洋工程，2004，22（2）：98-100.

[6] 张文斌. 土工织物充填管状袋制作、堆积中的若干问题研究［D］. 上海：上海交通大学，2006.

[7] 杨智，袁磊，李森，等. 充泥管袋和模袋混凝土在堤防中的应用［J］. 水利水电科技进展，2000，20（2）：44-46.

[8] 赵龙根，罗志宏，楼启为. 多层复合砂袋在斜坡堤结构中的开发与应用［J］. 中国港湾建设，2001（6）：16-19.

[9] Lawson C R. Geotextile containment for hydraulic and environmental engineering［J］. Geosynthetics International，2008，15（6）：384-427.

[10] 刘智光. 软基土工织物袋充填砂围堰沉降位移的处理［J］. 水运工程，2005（4）：79-81.

[11] Perrier H. Use of soil filled synthetic pillows for erosion protection［C］. Proc of 3rd Inter Conf on Geotextiles. Vienna. Austria，1986：1115-1119.

[12] 张俊平. 土工织物充填袋在黄骅神华港一期工程中的应用［J］. 中国港湾建设，2002（2）：46-48.

[13] Alexiew D，Moormann C，Jud H. Foundation of a coal/coke stockyard on soft soil with geotextile encased columns and horizontal reinforcement［C］. GEOtechniek-Special 17th ICSMGE，Alexandria，Egypt：2009.

[14] 高明军，刘汉龙. 一种竖向管式格栅加筋碎石桩：中国，CN200946265［P］. 2007. 09. 12.

[15] 吕强. 裹体桩复合型地基处理工艺在西北盐渍土地区的应用［J］. 岩土工程界，2008，11（7）：77-79.

[16] 刘斯宏，汪易森. 土工袋技术及其应用前景［J］. 水利学报，2007，10（增刊）：644-648.

[17] 王滨生，金雄杰. 化纤模袋混凝土在松干护岸中的应用［J］. 东北水利水电，1996，6：12-15.

[18] 许经宇，左明利，宁鹏飞，等. 哈达山水利枢纽工程中混凝土模袋的设计与施工［J］. 东北水利水电，2012（1）：38-39.

[19] Pilarczyk K W. Geosynthetics and Geosystems in Hydraulic and Coastal Engineering［M］. Rotterdam：A A Balkma，2000.

[20] 蓝蓉. 滇池环保疏浚工程中的新型土工管袋围埝——国内首次土工管袋围埝生产性试验工程设计［J］. 云南环境科学，2002，21（1）：39-42.

[21] 刘斯宏，汪易森. 岩土新技术在南水北调工程中的应用研究［J］. 水利水电技术，2009，40（8）：61-66.

[22] 周汉民，刘晓非，崔旋，等. 偏细粒尾矿新型快速堆坝方法［J］. 现代矿业，2011（11）：120-121.

模袋法堆坝作用机理

模袋法堆坝是一个系统工程，对其研究需了解模袋单体的工程特性、模袋体间作用、模袋体与尾矿之间的相互作用。模袋法堆坝施工工艺需要建立在对堆坝机理深入系统认识的基础上。模袋法堆坝机理包括模袋的透水滤砂作用，模袋体的固结、强度演化及破坏模式，加筋、排渗设施的作用等。

3.1　模袋布滤水作用机理

模袋布的滤水作用机理与土工材料的种类及其细微观结构紧密相关。土工材料的类型可分为机织土工织物及无纺土工织物。模袋布一般采用机织土工织物，采用不同的材料制作而成的织线，经过机器纺织，形成经纬相交的密网。图 3-1 是机织土工织物和无纺土工织物的放大形态。

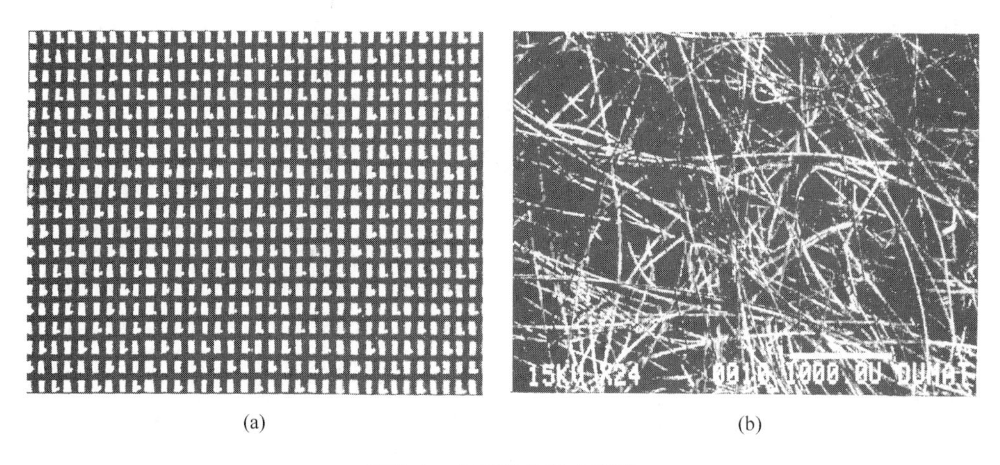

(a)　(b)

图 3-1　土工织物放大图像

（a）机织土工织物（放大 4 倍）；（b）无纺土工织物（放大 24 倍）

模袋是将不同的材料如聚丙烯（丙纶）、聚酯、聚酰胺等聚合物加工成丝或短纤维等，再制成平面结构的土工织物。模袋允许水通过，而阻止细粒土随水流失，有固砂透水的作用，属于一种滤水型土工织物。对于滤水型土工织物，其滤水效率与织物经线和纬线形成的孔径特征有直接关系，可有效表示其滤水特性的参数有过滤孔径和孔径百分比。

3.1.1　过滤孔径

模袋法主要应用其过滤特性，因此模袋法的设计要求对照其过滤孔径。过滤孔径可以通过保留土颗粒直径的特征来表示，这样的表示方法参照了土颗粒级配曲线的描述方法。例如，土体的 d_{85}，表示土颗粒的某一直径，85% 的土颗粒比这一直径小。同样，最常用的土工织物过滤孔径是 O_{95}[1]，即 95% 的孔比这一孔径小。这样，对土工织物滤层设计的典型标准可以用式（3-1）表示：

$$\frac{O_{95}}{d_{85}} \leqslant x \tag{3-1}$$

式中，x 是根据实验确定的标准比。1983 年 Carroll 提出 x 取 2/3[2]，1985 年 Christopher 和 Holtz 提出 x 取 1/2[3]。这些标准的主要目的是确保被筛选的土体能被保持在模袋内，也就是防止土中细颗粒部分的流失。x 取的越小，留在模袋内的细颗粒土越多，但细粒土尤其是黏土粒级的细颗粒土含量多易造成淤堵导致滤水效率降低。因此这一标准对于模袋法土工材料孔径的设定至关重要，一般需在设计前进行砂量平衡计算并结合实验综合确定模袋布的过滤孔径。

过滤孔径如 O_{95}，可以表示土工材料对于细颗粒土的保持作用及材料的淤堵特性，但在土工材料受到拉伸作用后，一部分小的孔径关闭，土工材料的孔径分布发生一定的变化，因此只用过滤孔径这一参数来表示土工材料的过滤特性显然是不足的。

在模袋布受到外力拉伸作用时，其滤水孔径会发生变化，其变化程度与拉伸强度、拉伸方向（单向、双向）、模袋布厚度等因素相关。这一变化可通过试验测得，如 Fourie 采用的水动力试验，试验装置通过测量拉伸后留在模袋试样上面的玻璃微珠的百分比来确定模袋布试样在单向拉伸作用下的孔径变化。玻璃微珠的粒径组成可以参考土的粒径分布，选择分别为 0.075mm、0.150mm 等多范围尺寸的直径。对于该试验，可采用美国材料与试验协会的干筛测试方法 ASTM D4751-87[4]，其规定 5% 或更少通过试样的玻璃珠直径为材料的过滤孔径。目前我国采用的土工材料孔径测试与此相同，一般采用干筛法。

由于不同材料或相同材料不同尺寸参数的土工材料试样，在拉伸作用下过滤孔径的变化特点相异，因此在模袋法的工程设计中，除需针对模袋布材料进行试验确定其过滤孔径外，仍需考虑不同大小的拉伸荷载下模袋布过滤孔径变化的试验，确定在拉伸外力作用下，模袋材料固砂作用的变化规律。

3.1.2　孔径百分比

还有学者用孔径百分比（POA-Percent Open Area）[5]、孔径分布（PSD-Pore

Size Distribution)[6]等来表示土工材料的滤水特性。唐晓武提出了土工材料孔径变化模型，并得出了在无外荷载及拉伸外荷载条件下孔径百分比的解析解[7]。图3-2是机织土工布结构的平面、剖面图以及加载方向。式（3-2）和式（3-3）给出了孔径百分比的计算公式。

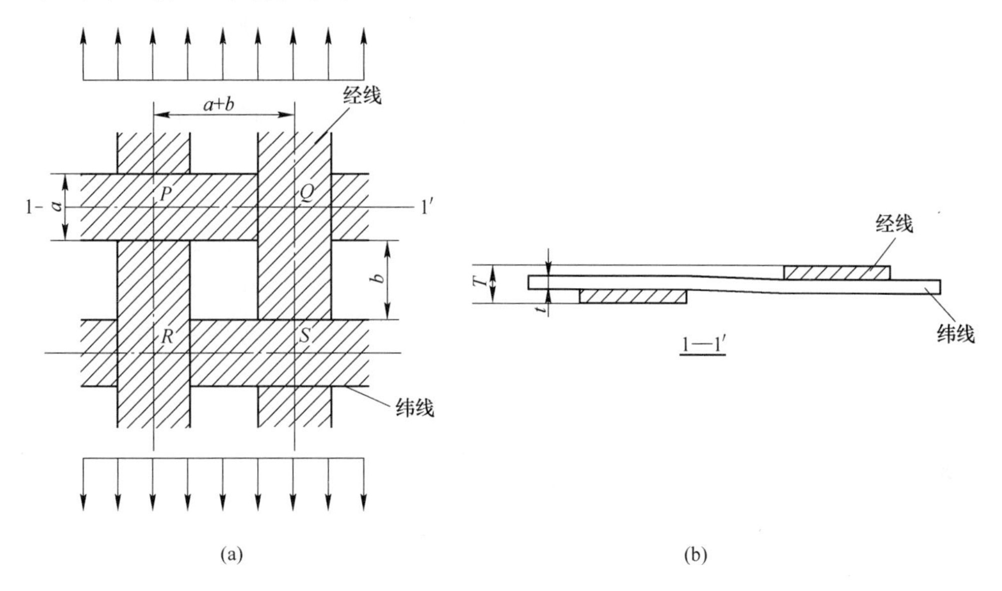

图3-2　机织土工布结构平面及剖面图

（a）平面图；（b）剖面图

$$\mu = \frac{2a(a+b)t\rho}{(a+b)^2} \Rightarrow b = \frac{2at\rho}{\mu} - a \tag{3-2}$$

$$POA = \left(\frac{2t\rho - \mu}{2t\rho}\right)^2 \tag{3-3}$$

式中　a——织物纤维的宽度，μm；

b——孔径的宽度，μm；

t——织物纤维的厚度，μm；

μ——单位面积织物的质量，g/m²；

ρ——织物纤维的密度，g/cm³。

受到拉伸后，孔径大小及经纬向纤维尺寸发生变化如图3-3所示，式（3-4）为发生一定应变后的孔径百分比。

$$POA_\varepsilon = \frac{\left(2t\rho - \frac{\mu}{\sqrt{1+\varepsilon}}\right)[2t\rho(1+\varepsilon) - \mu]}{(2t\rho)^2(1+\varepsilon)} \tag{3-4}$$

用图像处理的方法，即对土工材料拍摄高精度照片，转换成灰度图像，进行去噪处理后计算其白色孔径总面积占总面积的百分比即可认为等于土工材料的孔

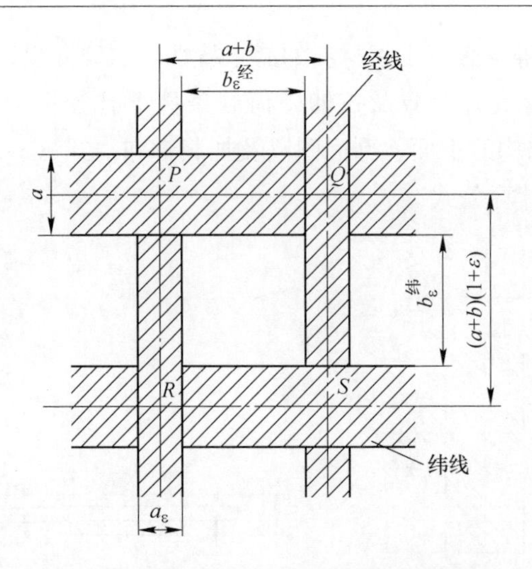

图 3-3　在拉伸应变 ε 下机织土工布结构

径百分比。这一方法同样可以测定土工材料的孔径分布。但首先要将矩形孔径转换为等效孔径。转换方法可采用常用的面积等比法，即取面积与矩形孔径相同的圆的直径作为孔径的等效直径。经过这样的转换，即可通过图像处理法求得土工材料所有孔径的等效孔径，按照土颗粒级配曲线的做法，作出孔径分布曲线（见图 3-4）。

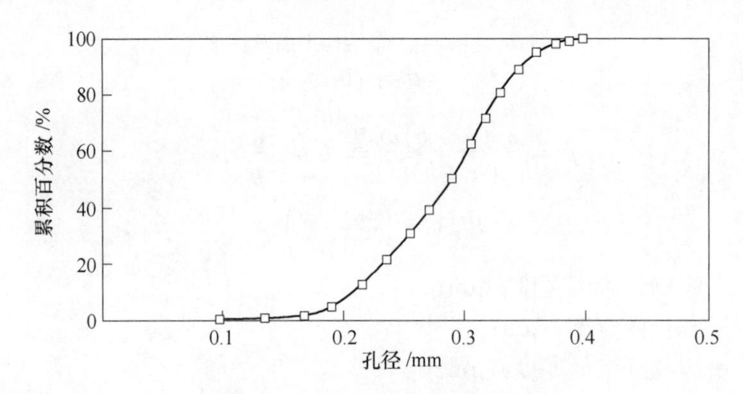

图 3-4　土工材料的孔径分布曲线

孔径分布曲线与土工材料的性质有关，厚度、单位面积质量、纺织材料的密度等均会影响其孔径分布，在受拉伸荷载的条件下，拉力的大小也对孔径分布有影响。因此与过滤孔径相同，在模袋法应用设计过程中，仍需要进行砂量的平衡计算及通过试验确定模袋材料在拉伸外力的作用下孔径分布发生的变化情况。

3.2　模袋体作用机理

模袋法应用的优势在于其建设速度快并且在竖直压力作用下强度高。建设速度快是由于其固结作用不同于常规尾砂自然固结，而是在充灌压力及外部荷载下挤压排水。模袋体堆坝形成的坝体结构优于常规尾砂筑坝，主要通过挤压固结排水机理、尾砂由散体变为整体、“坝壳”厚度增加体现。

3.2.1 模袋体固结作用机理

采用模袋体堆坝不同于常规采用尾砂筑坝，模袋透水不透浆的特性可以使模袋内尾矿砂快速固结，形成强度较高的整体，将模袋体按照一定堆坝形式堆存形成模袋堆积体。模袋体强度较高，可以视为坝体的坝壳，因此可以通过模袋尺寸的设计增大坝壳厚度。

模袋体的固结作用增强坝体强度机理通过挤压排水、固结模袋体承载力增大、尾矿砂由散体变为整体及坝壳厚度的增加而实现。

3.2.1.1 挤压固结排水机理

模袋作为高强度、透水性土工材料，其孔径可根据现场粒径分析资料确定。在尾矿浆进入模袋后，通过模袋材料的有效孔隙将水透出而将固体类材料阻挡于模袋内，以达到固砂排水效果，如图 3-5 所示。尾矿浆进入模袋后在模袋外部荷载及灌浆压力共同作用下能及时将水体排出，从而加速尾砂固结，缩短排水固结时间以实现快速堆坝，模袋法固结排水与常规筑坝方式的固结排水对比如图 3-6 所示。

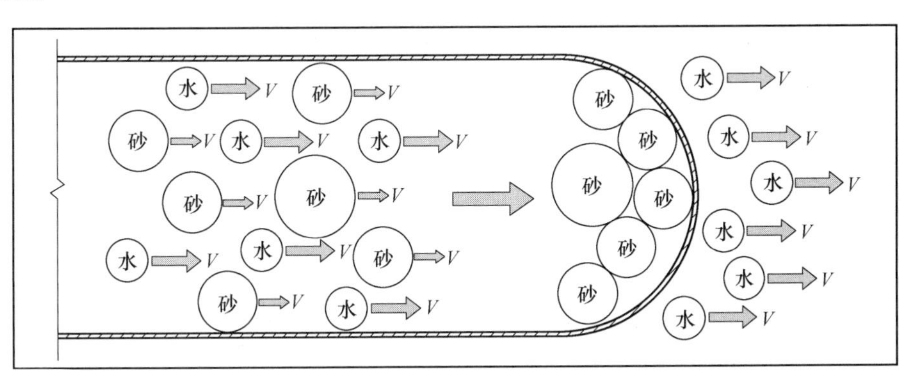

图 3-5 模袋固砂排水示意图

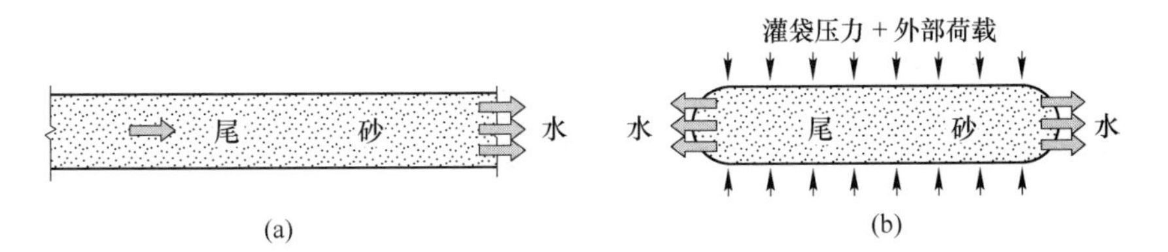

图 3-6 两种堆坝方法固结排水对比示意图

（a）常规筑坝法；（b）模袋筑坝法

引用土力学中单向固结排水理论，模袋体的固结度 u 可表示如下：

$$u = \frac{4\sigma}{\pi}\sum_{m=1}^{\infty}\frac{1}{m}\sin\frac{m\pi z}{2H}e^{-m^2\frac{\pi^2}{4}T_v} \tag{3-5}$$

式中 m——奇数正整数；

σ——固结压力，kPa；

H——最大排水距离，cm，如为双面排水，H 为尾砂厚度之半；

T_v——时间因子，$T_v = \frac{C_v}{H^2}t$；

C_v——尾砂的固结系数。

由式（3-5）可知：

（1）模袋灌袋过程中两侧为临空排水面，相较于传统堆坝方式，在其他条件不变的情况下，模袋因采用双面排水，最大排水距离取尾砂体之半，固结时间则缩短为原来的1/4。

（2）固结度 u 与固结压力 σ 成正比例关系。传统堆坝方式的固结压力为尾砂自重产生。而模袋法堆坝固结压力除尾砂自重外还包括灌袋压力及其他外部加载等措施。因此模袋法堆坝固结时间能进一步缩短，同时固结度较传统堆坝方式有所提高。

3.2.1.2 *尾矿砂由散体变整体*

在灌袋压力及其他外部加载措施作用下，模袋法堆坝不仅能加速尾砂固结，同时使得尾砂固结度较传统堆坝方式亦有所提高。模袋内颗粒与颗粒之间咬合得更加紧密，从而使得模袋坝体内尾砂孔隙比减小，密实度增加，强度提高。通过模袋堆坝过程中模袋与模袋之间的错缝搭接进而使整个模袋坝整体性增强，如图3-7所示。

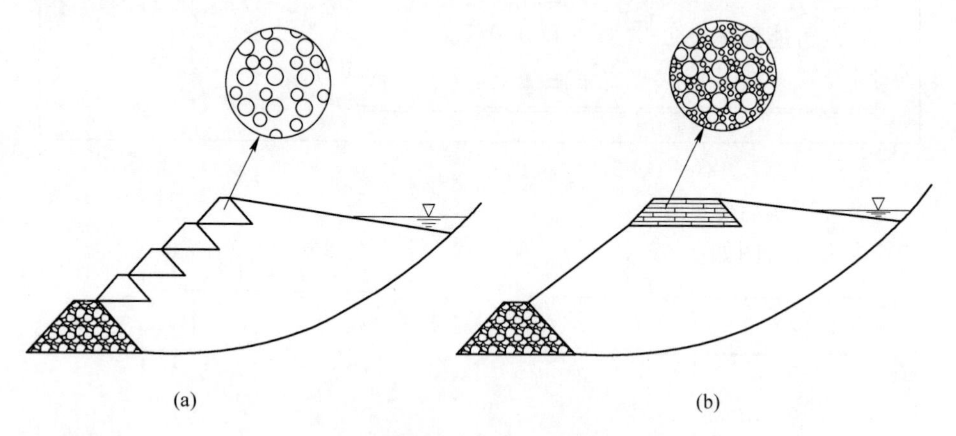

图3-7 两种堆坝方法固结形态对比图

（a）常规筑坝法；（b）模袋筑坝法

3.2.1.3　增加坝壳厚度

从上游法尾矿坝尾砂沉积规律可知，上游式尾矿坝在其下游坡面都有一个由粗颗粒尾砂所组成的“坝壳”。这个“坝壳”对尾矿坝的稳定性起很重要的作用，“坝壳”越厚，尾矿坝越安全。对于细粒尾矿上游法堆坝，坝前沉积的粗颗粒尾砂十分有限，其“坝壳”较薄，对尾矿坝稳定较为不利。

而当采用模袋堆坝后，取用库内偏细颗粒尾砂堆坝，模袋体部分强度较高；如此，相当于扩大了粗砂区的范围，一定程度上利于坝体稳定性的提高。在模袋法堆坝的多种堆坝方式下，宽顶模袋子坝的形式以及下宽上窄形式可进一步增大“坝壳”厚度，同时尾矿放矿口移至模袋坝前，粗颗粒尾砂沉积于模袋坝前使得“坝壳”进一步加厚。由图3-8可知，采用模袋堆坝后，“坝壳”厚度加厚，使得稳定计算滑弧向库内移动，尾矿坝安全性得到提高。

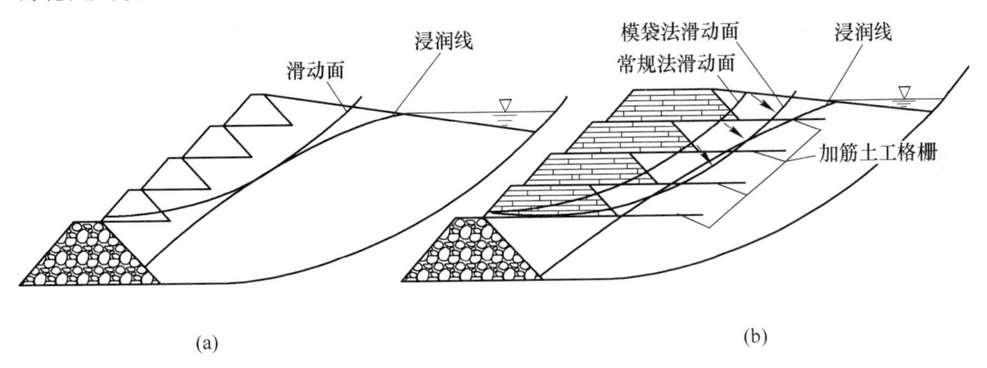

图3-8　模袋法堆坝提高坝体稳定性示意图
（a）常规筑坝法；（b）模袋筑坝法

3.2.2　模袋体破坏机理

模袋的可能破坏模式为拉伸破坏或剪切破坏，从单个模袋或多个模袋堆成的模袋坝体分析，在其上施加外力荷载后，模袋体受到垂直于袋体的竖向力压缩，荷载超过袋体的抗压强度后，模袋将发生破坏。

3.2.2.1　模袋拉伸破坏

模袋经压实后侧向呈圆弧状，由于模袋内部上下界面上的力分别与外力相抵消，其受力分析图如图3-9所示。

考虑模袋布的受力情况，在 C 点，其环向应力为 $\sigma_m=\frac{pD}{2t}$，其中 p 为内压力，D 为圆弧段直径或模袋厚度，t 为模袋布厚度。模袋在此侧向鼓出部分除了受力以外，其可以自由变形。

在 B 和 B' 点，其水平向应力也是 $\sigma_m=\frac{pD}{2t}$，但是由于变形受到限制，在该位

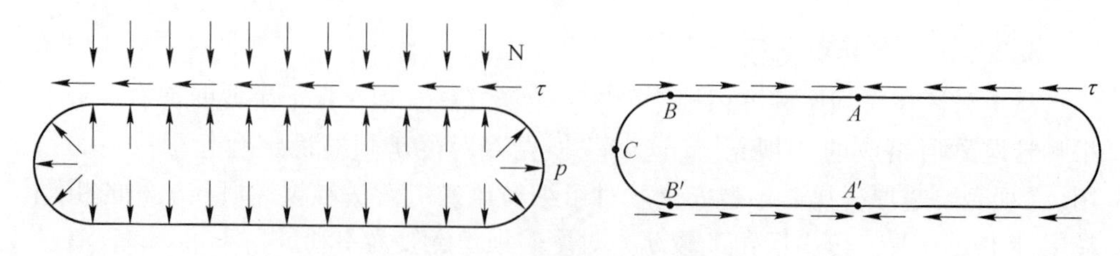

图 3-9　模袋受力分析图

置最容易撕裂。在 BA 段和 $B'A'$ 段，由于摩擦力的原因应力逐步减小，在 A 和 A' 点应力最小，其值为 $\sigma_{A}=\sigma_{A'}=\sigma_{m}-\tau\cdot\frac{l}{2t}$。其中 l 为模袋有效受力宽度，上式只适用于模袋受拉情况。在模袋底部 A' 点，由于应力相对较小，模袋不会产生破坏。在模袋顶部 A 点，由于模袋缝合处强度较低，故首先在缝合处产生撕裂。

3.2.2.2　模袋剪切破坏

对于土体来讲，无黏性土抗剪强度来源于内摩擦力，即作用在剪切面的法向压力 σ 与土体的内摩擦系数 $\tan\varphi$ 组成，内摩擦力的数值为这两项的乘积 $\sigma\tan\varphi$。土颗粒间的摩擦，一般除滑动摩擦外，还存在着咬合摩擦。滑动摩擦存在于土颗粒表面之间，即在土体剪切过程中，剪切面上的土粒发生相对移动所产生的摩擦。而咬合摩擦是指相邻的土颗粒对于相对移动的约束作用。当土体内沿某一剪切面产生剪切破坏时，相互咬合着的土颗粒从原来的位置被抬起，跨越相邻颗粒，或者在尖角处将颗粒剪断，然后才能移动。

而黏性土的抗剪强度除包括内摩擦力外，还包括黏聚力。黏聚力是黏性土区别于无黏性土的特征，使黏性土的颗粒黏结在一起。黏聚力主要来源于土粒间的各种物理化学作用力，包括库仑力（静电力）、范德华力、胶结作用力等[8]。

模袋法堆坝采用的充灌尾砂来自全尾矿，其粒径组成往往既含砂粒级又含有一定量的尾粉土、尾粉质黏土及尾黏土。因此模袋体的抗剪强度来源有内摩擦力及黏聚力。

前面介绍模袋固结排水机理时说明了由于充灌压力及外力挤压，使模袋内尾矿颗粒间的咬合更加紧密，强度的增高在内摩擦力的提高上有所体现。对于尾矿来讲，矿石、选矿方法等的不同将会产生不同颗粒组成的尾矿，从而影响模袋体力学性质。因此充灌不同的材料时，模袋体的剪切破坏不完全相同，需要通过剪切试验确定抗剪强度及剪切破坏规律。

3.3　加筋措施作用机理

松散砂在自重作用下可堆成具有天然休止角的斜坡（见图 3-10（a）），如在土中分层埋设水平向的加筋材料（如薄金属带、土工带或纤维），则该加筋砂土就可以保持一定高度的直立状态而不塌成斜坡（图3-10（b））。显然，加筋后所形成的复合体（加筋砂土）比未加筋土体有了某种力学性能的改善，即加筋材料提高了砂土的强度，这就是现代加筋技术的基本思路。

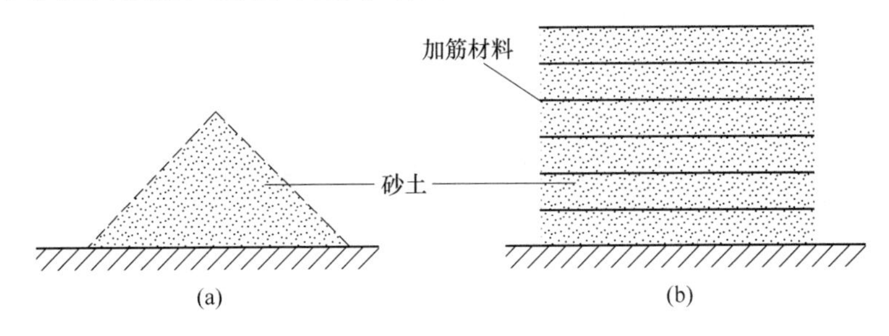

图3-10 砂土加筋效果

（a）天然斜坡；（b）加筋材料后砂土

模袋法堆坝中加筋材料的运用也在很大程度上增加了尾矿坝的抗滑稳定。其中土工格栅加筋效果明显好于其他筋材，是一种较为理想的加筋材料。土工格栅是聚合物材料经过定向拉伸形成的具有较高强度的平面网状材料，具体如图3-11所示。常用的聚合物有聚丙烯、高密度聚乙烯、玻璃纤维、涤纶、合成纤维等。土工格栅具有抗拉强度高、高模量、低延伸率、蠕变小等特点，同时土工格栅具有独特的表面结构特性。

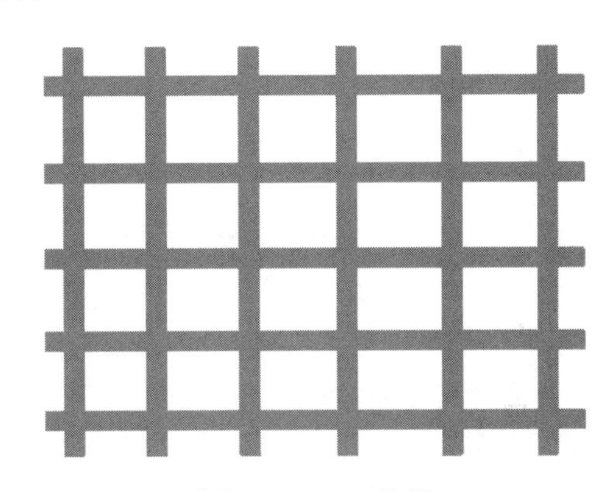

图3-11 土工格栅

对于一般没有网孔结构的加筋材料，填土与筋材表面发生相对剪切变形，其与土的摩擦阻力仅仅存在于土与筋材的界面接触处。而对于网孔结构的土工格栅而言，土与格栅表面相互作用所形成的摩擦力可分为两部分：一部分称为土工格栅和土之间的表面摩擦力；另一部分称为土工格栅与土颗粒之间的咬合力，这种咬合力又包括两种作用力：一种是土颗粒与土工格栅横肋之间的承端力（被动阻力），另一种是格栅孔内土与孔外土之间的表面摩擦力，如图3-12所示。其中，土工格栅与土之间的表面摩擦力是与其他平面条带型筋材相同的地方，而格栅与土颗粒之间的咬合力则是区别于其他条带式加筋材料的地方，也是土工格栅优越性的体现。

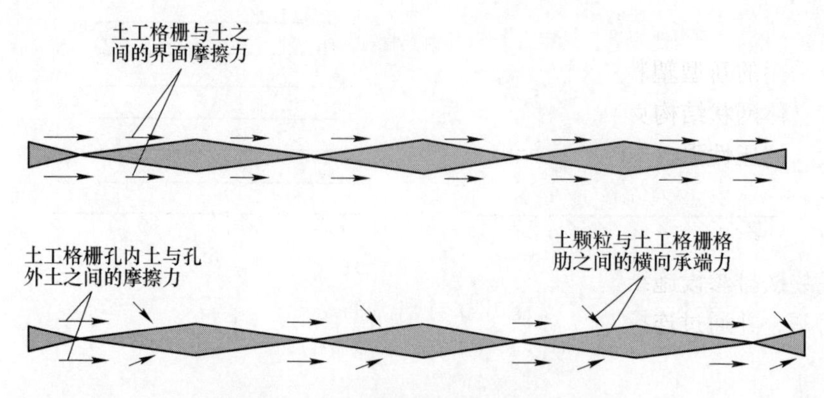

图 3-12　土工格栅与土之间的相互作用

模袋法堆坝加筋措施主要通过将加筋材料埋置于尾砂中。其具有较高的抗拉强度，可以扩散土体的应力，增加土体的模量，传递拉应力，限制土体的侧向位移；还可增加土体和其他材料之间的摩阻力，改善土体的整体受力条件，从而提高土体及有关建筑物结构的整体强度和稳定性。

通过侧向剪切试验可以分析土工格栅作用原理，T. N. Lohani 即通过在小尺寸模袋堆体的侧向剪切试验，得到了使用土工格栅后模袋堆体发生大位移时的峰值强度更大，而峰前刚度未增加的结论。

3.4　排渗措施作用机理

在影响尾矿坝安全稳定的各种因素中，尾矿坝内渗流状态是重要因素之一，渗流问题解决不好，将导致不可估量的损失。排渗设施投入在尾矿库建设费用中所占比重较大，只有深入分析尾矿库的渗流分布，才能确保尾矿坝安全，确定合适的尾矿坝形式、排渗设施及其合理尺寸。

细粒尾矿堆坝，浸润线易从坡外逸出造成坝体外坡与平台沼泽化，严重影响坝体安全，同时，控制坝体浸润线也是尾矿坝中后期管理中的一个重要问题。降低坝体浸润线，使之达到设计允许的标高，是保证坝体稳定性的重要措施。

3.4.1　模袋法排渗设施作用机理

针对细粒尾矿堆积坝浸润线偏高的特点，模袋法堆坝中排渗措施布置主要根据浸润线在不同洪水运行工况下的分布及变化规律，按照坝体浸润线埋深控制要求，在坝内不同标高处埋设数层排渗措施，进行联合排渗，压力水头沿下游方向经过排渗设施的连续削减作用，降低至坝体控制浸润线以下，达到控制整个坝体浸润线的目的，从而保证尾矿坝安全运行。

模袋法堆坝可以采用坝内埋设排渗盲沟方式，达到降低浸润线高度，降低坝内孔隙水压力，提高坝体抗剪强度，进而提高坝体稳定性的目的。模袋法堆坝排渗设施采用的新型塑料盲沟材料，由立体网状结构的塑料芯体外包裹土工布组成，其立体网状结构克服了传统盲沟的缺点，具有表面开孔率高、集水性好、孔隙率大、抗压性强、柔性好、能够适应尾砂变形、质量轻、施工方便等特点。考虑到尾矿坝体内水平向渗透系数与垂直向渗透系数的差异性，可采用水平或垂直+水平盲沟排渗技术，形成水平或立体排渗系统，加速尾砂固结，降低浸润线。模袋法排渗设施结构如图3-13和图3-14所示，坝体内渗水进入水平向、垂直向盲沟，并通过连接在水平向盲沟的排水管排出坝体。

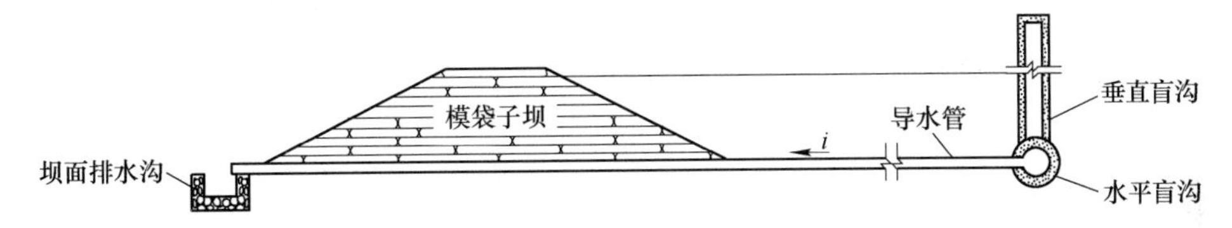

图3-13　模袋法排渗措施结构示意图（一）

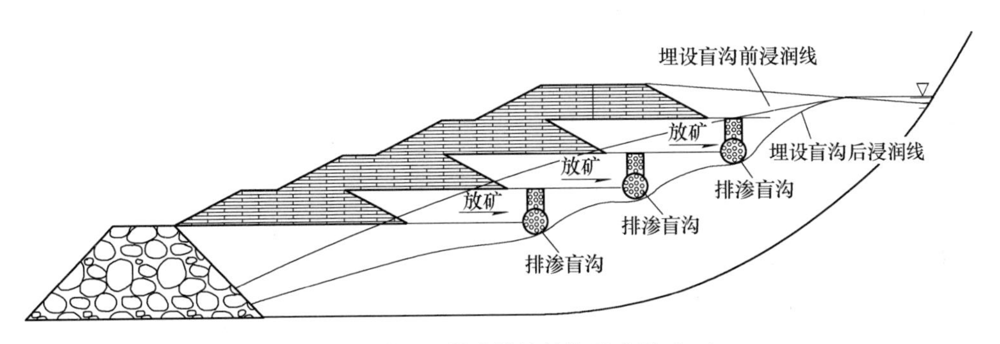

图3-14　模袋法排渗措施结构示意图（二）

3.4.2　排渗体防淤堵措施及其工作机理

排渗体失败的一个重要原因就是淤堵，是指孔隙空间由于某种或某几种物质的不断增加引起的堵塞，通常对于土壤、渗透介质等，淤堵最直观的表现就是渗透系数的降低。许多学者采用室内试验、现场调研等对排渗设施淤堵的原因进行了研究，结果表明淤堵的原因是多方面的，如物理、化学、微生物等原因。

尾矿坝的排渗体淤堵通常可能发生于排水管口以及多孔介质中，当淤堵发生时，通常表现为坝体多孔介质的渗透系数不断降低，导致其性能发生改变。淤堵轻微时，引起渗透系数降低，淤堵严重时，排渗系数严重降低，排渗体完全失效，坝体浸润线升高，严重时导致流土甚至溃坝，产生严重的泥石流，破坏生态环境。

排渗体淤堵的主要工程治理措施有：

（1）做好坝面辐射井水位、坝体浸润线、排水管渗流量的观测工作。认真观测分析，以作为治理排渗体淤堵整治的依据。有条件时，可研究实施自动观测系统。

（2）减少氧的含量。尾矿中氧的含量多少对排渗体淤堵影响较大。根据试验结果，筑坝时采用机械方法对坝体进行压实，一方面可减少地下水中氧的含量，减缓排渗体的化学淤堵，另一方面可提高尾矿的固结系数，提高坝体稳定性。

（3）隔离空气。将辐射井导渗管或排水管出口淹没在水下，防止空气中氧的进入。

（4）机械除淤。根据淤堵情况，可定期采取机械除淤的方法，疏通导渗管或排水管。甚至重新打管，防止因排渗体淤堵而导致坝体浸润线上升，确保尾矿坝安全。

（5）反滤防淤。针对排渗盲沟容易淤堵的情况，可以在盲沟周围依次铺设粗尾砂、细尾砂等，形成反滤层，防止淤堵。

实施以上综合措施后，可基本解决淤堵难题，保证尾矿坝的正常安全生产。

参 考 文 献

[1] Fourie A B, Addis P C. Changes in filtration opening size of woven geotextiles subjected to tensile loads [J]. Geotextiles and Geomembranes, 1999, 17 (5-6): 331-340.

[2] Carroll R G. Geotextile filter Criteria [M] //Scott C Herman. Washington: Transportation Research Record, 1983: 46-53.

[3] Christopher B R, Holtz R D. Geotextile Engineering Manual [M] //National Highway Institute Arlington: US Federal Highway Administration, 1985: 1044.

[4] ASTM D4751-87, Standard test method for determining filtration opening size of a geotextile [S]. American Society for Testing and Materials, Philadelphia, PA, USA.

[5] Aydilek A H. Filtration Performance of Geotextile Waste Water Sludge Systems [D]. Ph. D. dissertation. University of Wisconsin-Madison, WI 2000.

[6] Fourier A B, Kuchena S M. The influence of tensile stresses on the filtration characteristics of geotextiles [J]. Geosynthetics International, 1995, 2 (2): 455-471.

[7] Xiaowu Tang, Lin Tang, Wei She, et al. Prediction of pore size characteristics of woven Slit-film geotextiles subjected to tensile strains [J]. Geotextiles and Geomembranes, 2013, 38: 43-50.

[8] 陈希哲. 土力学地基基础 [M]. 北京：清华大学出版社，2004.

4　细粒尾矿模袋充灌试验

土工模袋是土工材料中的一种，是由高分子聚合物纤维编织而成的袋状材料。由于土工模袋充灌填料后具有透水不透浆的特性，充填料在泵压和自重作用下，能从模袋的孔隙中排出多余水分，缩短充填料固结时间，提高充填料固化后强度，目前已被成熟地广泛应用于江、河、湖、海的堤坝护坡、护岸、港湾、码头等防护工程以及地基处理工程中。而在矿山尾矿堆坝工程中，模袋法堆坝技术仍处于探索与发展阶段。为掌握细粒尾矿模袋法堆坝过程中袋内尾砂沉积规律与固结等特性，开展细粒尾砂模袋法堆坝的充灌试验研究已非常迫切。

基于金属矿山尾矿堆存面临的现状问题及试验研究的迫切需求，对细粒尾矿中全尾及分级尾砂开展室内充灌试验研究将有助于我们从定性和定量的角度来揭示细粒尾矿模袋法堆坝袋内尾砂的沉积规律与性质。本章节通过多组室内充灌试验，探索不同充灌浓度与充灌效率的关系、固结后袋内尾砂粒径随充灌浓度的变化规律以及充灌浓度对袋内尾砂力学性能的影响规律等。同时开展现场大尺度模袋法堆坝试验研究，探索细粒尾砂模袋法堆坝粒径的适用范围。

4.1　室内尾砂充灌试验

4.1.1　试验设计

为研究全尾与分级尾砂不同充灌浓度对充灌效率以及模袋体内尾砂物理力学特性的影响，开展了室内细粒尾砂模袋法充灌试验研究。本次试验研究的基础尾砂为云南省某尾矿库全尾砂样及安徽省某尾矿库分级尾砂样，其中全尾砂样为矿石一段和两段磨矿产物，分级尾砂样为矿石经一段磨矿后旋流分级的产物。原状尾砂经过现场标记、编号、取样、蜡封等步骤后运送至实验室内。对全尾与分级尾砂开展相应的土力学试验，得到尾矿、砂样基本物理性质指标（见表4-1）及尾矿粒径曲线（见图4-1）。

表4-1　尾砂样基本物理参数指标

尾砂性状	有效粒径 d_{10} /μm	中值粒径 d_{50} /μm	曲率系数 C_c	不均匀系数 C_u	干密度 ρ_d /g·cm^{-3}	比重 G_s /g·cm^{-3}	孔隙比 e
原状尾砂	2.97	27.72	1.90	10.23	1.47	2.798	0.90
分级尾砂	13.86	105.52	1.93	9.95	1.49	3.072	1.06

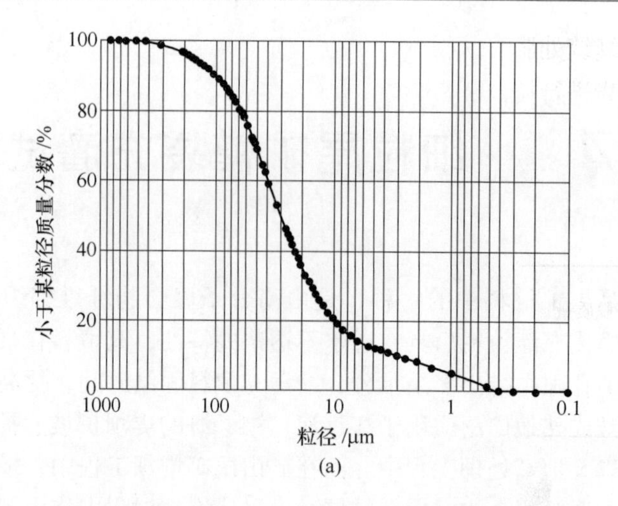

(a)

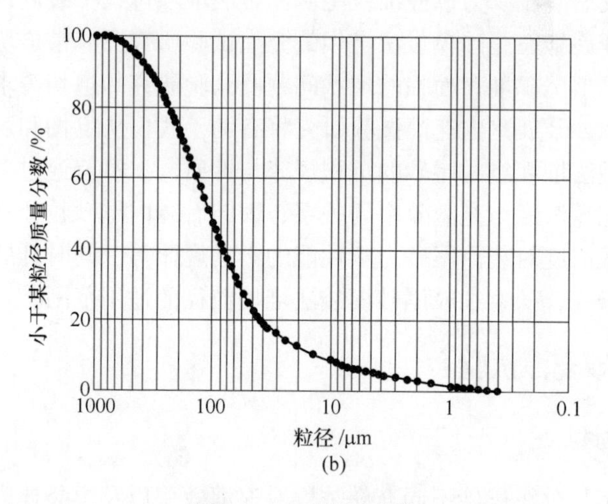

(b)

图 4-1　尾矿粒径曲线

（a）全尾砂粒径曲线；（b）分级尾砂粒径曲线

综合以上结果可知：全尾矿中 $d<0.019$mm 的粒径含量为 36.3%，$d>0.037$mm 的粒径含量为 32.8%，$d>0.074$mm 的粒径含量为 16.5%，中值粒径为 d_{50}为 0.027mm。颗粒基本分布在粒径 10～74μm，其含量占总量约 60%。从试验结果来看，试验材料属于偏细粒尾矿[1～3]。

本次试验以 150g/m^{2}土工模袋作为原材料，经加工后开展室内小尺寸充灌试验研究，模袋具体参数见表 4-2，分别制作长×宽均为 40cm×40cm 的小尺寸模袋体若干，袋体上层正中设置一个充填孔，充填孔和“袖口”缝接，以便充填水或砂浆，将其平放于试验平台上（见图 4-2），为防止充灌过程中模袋体发生侧滑现象，根据现场施工经验在模袋周围进行阻挡加固。鉴于土工模袋在灌浆过程中，最易在缝缝处胀裂和拉开，导致模袋漏浆，需对灌浆模袋进行缝制试验，对缝制好的模袋进行拉伸试验以选择合适的针脚，选用的线材也要强度高、细度小（见图4-3和图4-4）。根据以往经验[4]，能够充分发挥袋子张力作用的土工袋充填量以70%~80%为宜，本次按80%充填量计算（见图4-5）。

表4-2　土工模袋主要参数指标

单层厚度/mm	单位面积质量/g·m^{-2}	抗拉强度/kN·m^{-1}		延伸率/%		垂直渗透系数/cm·s^{-1}	等效孔径O_{95}/mm
		经向	纬向	经向	纬向		
0.5	160	33.6	27.5	12.7	13.5	1.58×10^{-3}	0.139

图4-2　试验平台

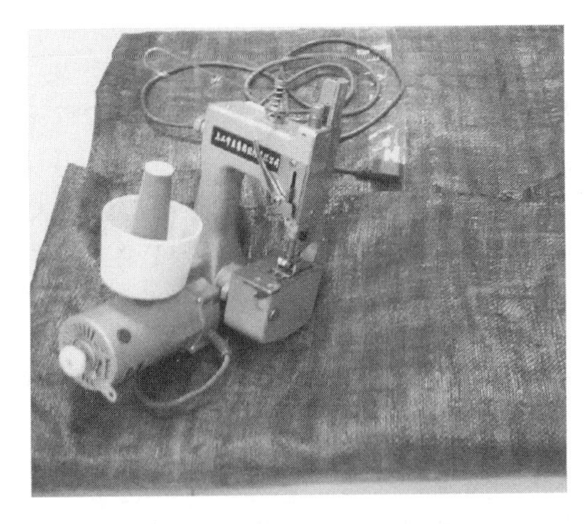

图4-3　模袋及试验器材

图4-4　模袋制成图

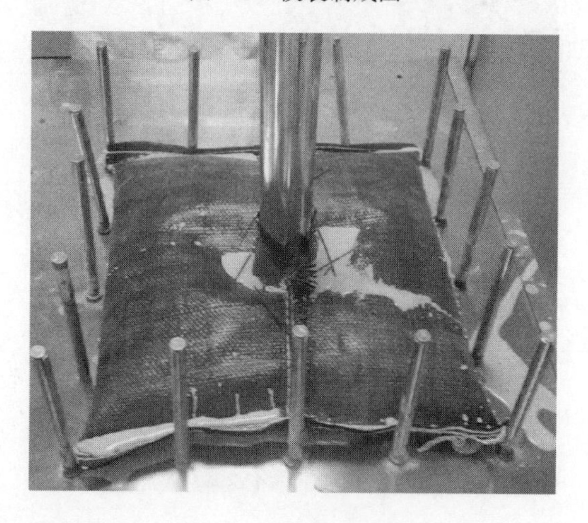

图4-5　模袋充灌图

本次试验方法及要求均按照《土工试验规程》（SL 237—1999）[5]进行控制。具体试验设计如下：

（1）研究全尾与分级尾砂充灌浓度对充灌效率的影响关系。对全尾及分级尾砂按不同的质量浓度进行多次分层充灌，直至模袋体脱水后最终高度达8.0cm（约占模袋体容量的80%）时停止充灌；记录充灌时间与模袋体高度的变化情况。

（2）研究充灌浓度对袋内尾砂粒径级配及物理参数指标的影响关系。对充灌结束后脱水固结5d的袋内尾砂开展干密度、比重、孔隙比及袋内尾砂粒径分析的物理性质试验。

（3）探索充灌浓度与含水率对尾砂强度参数的影响关系。对固结后袋内尾砂进行抽气饱和，开展尾砂不同含水率（含饱和状态）状态下的直接剪切试验。

（4）探索细粒尾砂模袋法堆坝的粒径适用范围。开展现场大尺度模袋法堆坝充灌试验。

假如不同充灌浓度下各试验结果接近，说明在充灌过程中，充灌浓度对模袋法堆坝效率及模袋体强度影响不明显；相反，则存在较为合适的充灌浓度影响模袋法堆坝效率与后期模袋法堆坝的强度。

结合工程现场模袋法堆坝经验：本试验考虑25%、40%、60%时三种不同的灌袋浓度，试验可从定量的角度判断充灌浓度对模袋体充灌效率及物理力学特性的影响。

4.1.2　试验过程

对全尾砂及分级尾砂于烘干箱内连续烘干 2d 达到完全干燥状态后，按照以上设计要求开展 3 种不同浓度的模袋充灌试验。试验过程说明如下：

（1）首先将烘干后尾砂充分搅拌以保证尾砂粗细颗粒分布均匀，将制备好的模袋平铺于试验操作台上进行周边固定，于操作台之下放置矿浆回收装置，以保证溢出尾砂能够全部回收。

（2）制备25%、40%、60%质量浓度的矿浆体，拌和均匀后灌浆，并记录开始时间 t_0，当模袋体高度第一次达到 $H=9.0$cm 时停止充灌，记录时间 t_{11}，之后模袋体开始进入排水阶段，当模袋体内悬浮液全部由模袋孔隙流出后，记录时间 t_{12}及模袋体高度 H_{12}，记为一次充灌结束；同时开始第二次灌浆，再次达到 9.0cm 时停止充灌，记录时间 t_{21}，尾砂排水完毕后记录时间 t_{22}与高度 H_{22}，记为第二次充灌结束。如此往复，分别记录时间与高度：t_{31}、t_{32}、H_{32}，…，t_{n_1}、t_{n_2}、H_{n_2}，直至模袋体排水后最终高度 H_{n_2}约 8.0cm 停止充灌，模袋充灌过程如图 4-6 所示。

（3）充灌结束后，每隔24h 对袋内尾砂进行含水率测定，分别记录含水率随时间变化值 ω_t及时间 t（其中 t 为测定时间），当含水率变化至 13%左右时，停止测量。

（4）测量结束后，拆开模袋体（见图 4-6（d）），对不同浓度的袋内尾砂开展干密度、比重、孔隙比及袋内尾砂粒径分析等物理性质试验，分别记录测量结果：ρ_d、G_s、e 及绘制粒径曲线。

（5）开展袋内尾砂不同含水率状态下的直接剪切试验，其中，饱和样需进行抽气饱和，以保证尾砂达到完全饱和状态。试验结束后记录尾砂强度参数黏聚力 c_t和内摩擦角 φ_t。

（6）试验结束后，收集全部袋内与袋外尾砂，在烘干箱内连续烘干 2d 后测其质量，计算不同充灌浓度下袋外尾砂占总充灌尾砂的质量分数。

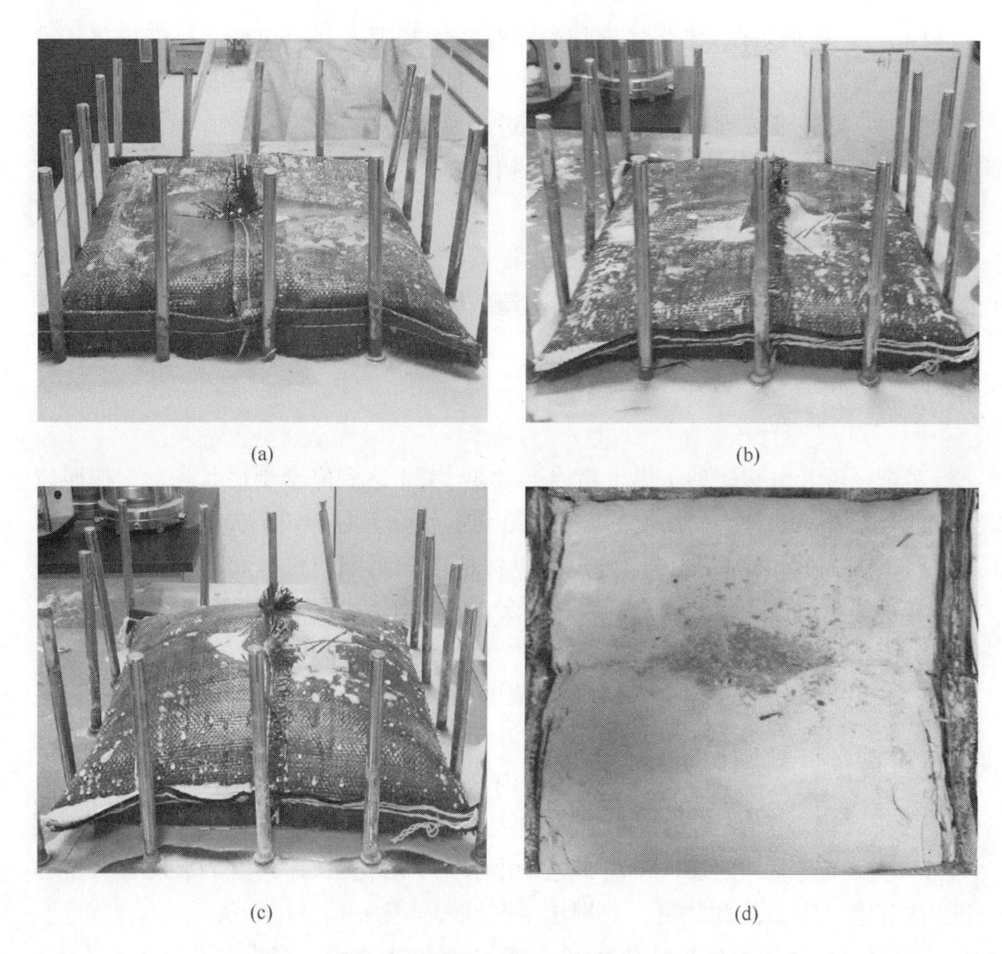

(a)　(b)

(c)　(d)

图 4-6　模袋充灌与固结过程图

（a）排水过程；（b）排水结束；（c）充灌结束；（d）固结结束

4.2　充灌试验结果

4.2.1　充灌效率

按照试验设计的充灌方式，分别进行全尾及分级尾砂 25%、40% 与 60% 浓度下的模袋体充灌试验。表 4-3 和图 4-7 分别列出不同充灌浓度下充灌效率及含水率随时间的变化关系。

从表 4-3 及图 4-7 可以看出：

（1）从充灌次数来看：对于全尾和分级尾矿充灌，随着充灌浓度由 25% 增大到 60%，充灌次数分别由 11 次变化为 4 次，6 次变化为 3 次，表现出逐渐减小的趋势；在其他条件保持不变的情况下，分级尾矿较全尾矿所用充灌次数明显减少。

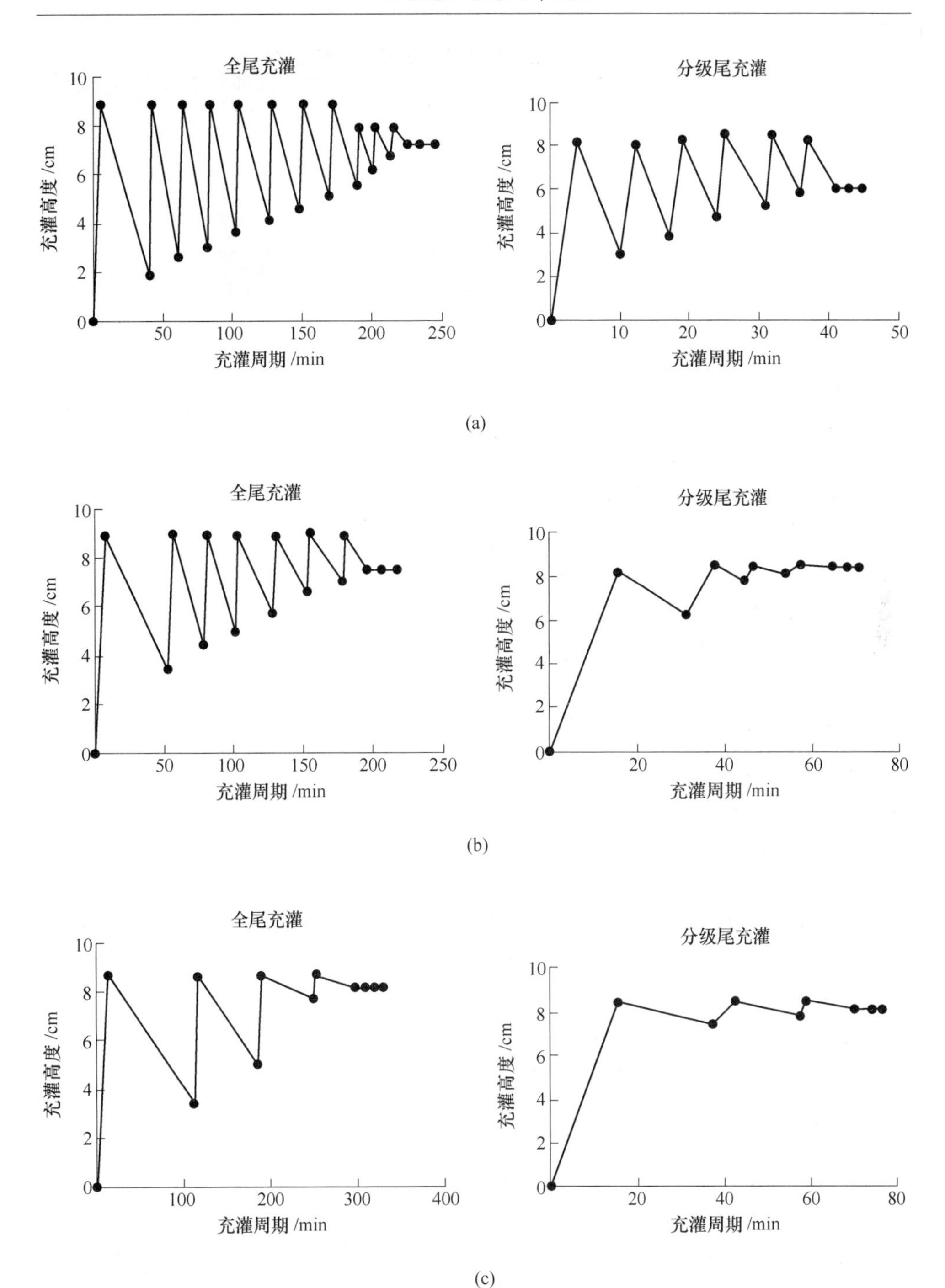

图 4-7　充灌高度与充灌周期变化曲线

充灌浓度：(a) 25%；(b) 40%；(c) 60%

表 4-3　不同充灌浓度下尾砂充灌效率变化

充灌浓度 /%	尾砂性质	充灌次数 /次	充灌时间 /min	含水率 /%	袋外尾砂质量分数 A/%
25	全尾	11	224	20.5	25.1
40		7	196	22.8	22.1
60		4	299	21.7	3.57
25	分级尾	8	41	21.1	4.21
40		4	65	22.5	3.89
60		3	70	20.2	3.41

注：1. 充灌次数：整个充灌过程中每次灌入尾砂至到达最高高度时记为 1 次；
2. 充灌时间：指从开始充灌到充灌到达最终高度的时间；
3. 含水率：指充灌结束后袋内尾砂含水率；
4. 袋外尾砂质量分数：指试验结束后袋外溢出尾砂占总灌袋尾砂的质量分数。

（2）从充灌效率来看：对于充灌浓度由 25% 增大到 60% 的全尾矿而言，第一次充灌结束后排水时间间隔分别为 35min、45min、100min，排水时间间隔随浓度增加呈逐渐增大趋势；并且随着模袋内尾砂的增加，排水时间间隔将逐渐减小；整个充灌过程所需的充灌总时间随浓度增加基本呈上升趋势，由 224min 变化为 299min。对于分级尾矿充灌，规律与全尾充灌基本一致，随着充灌浓度由 25% 升至 60%，充灌所需时间由 41min 增加至 70min，第一次排水时间间隔约为 5min、8min、15min；然而，在其他条件保持不变的情况下，分级尾矿整体充灌所需时间及每次排水时间间隔都较全尾充灌要小。

（3）从尾砂溢出情况来看：对于全尾充灌，25%、40%、60% 充灌浓度对应的袋外尾砂占总充灌尾砂的质量分数分别为 25.1%、22.1%、3.57%，呈逐渐减小趋势；说明随着充灌浓度的增加袋内尾砂携带细砂能力逐渐增大，但 25% 和 40% 浓度下的携细砂能力变化不大；对于分级尾砂，袋外尾砂占总充灌尾砂的质量分数分别为 4.21%、3.89%、3.41%，呈逐渐减小的趋势，但变化范围较小，说明充灌浓度对分级尾砂灌袋的溢出影响较小。

4.2.2　颗粒级配

尾砂级配的优劣直接影响到尾砂的工程性质。在土力学工程界中常用土样的中值粒径 d_{50}、不均匀系数 C_u 及曲率系数 C_c 指标来判断土体颗粒级配良好与否。C_u 值愈大，说明土的颗粒大小愈不均匀；反之，C_u 值愈小，曲线愈陡，颗粒大小愈均匀。一般将 $C_u > 5$ 的土列为土粒大小均匀、级配较好的土，$C_u < 5$ 的土为土粒大小均匀、级配不良的土。曲率系数 C_c 反映 d_{60} 与 d_{10} 之间曲线主段的弯曲情况。一般 C_c 值在 1 ~ 3 之间的土，土粒大小连续，即粒径变化有规律，级配较好；

C_c小于 1 或者大于 3 的土，土粒大小不连续，而且颗粒大小分配曲线成阶梯状，主要由粗颗粒和细颗粒组成，缺乏中间颗粒，故为级配不良的土。因此工程界规定级配良好的土必须同时满足两个条件，即 $C_u \geqslant 5$ 及 $C_c = 1 \sim 3$，如不能同时满足两个条件，则为级配不良的土。孔隙比是反映土中孔隙体积的相对数量指标，它们的值愈大，颗粒间愈疏松，反之，颗粒间愈密实。通常孔隙比被广泛用于判断颗粒间的密实度、地基沉降计算以及土体其他物理性质参数的换算。

对于同源尾砂，进行模袋法充灌时，不同充灌浓度不仅影响模袋体的充灌效率，同时对模袋体内尾砂的物理参数指标与颗粒级配也会产生相应的影响。本节主要对不同源全尾与分级尾袋内尾砂性质开展研究，以期定量表征其相互影响关系。图 4-8 和表 4-4 分别列出了全尾与分级尾不同充灌浓度下，袋内尾砂颗粒级配和基本物理性质的变化情况。

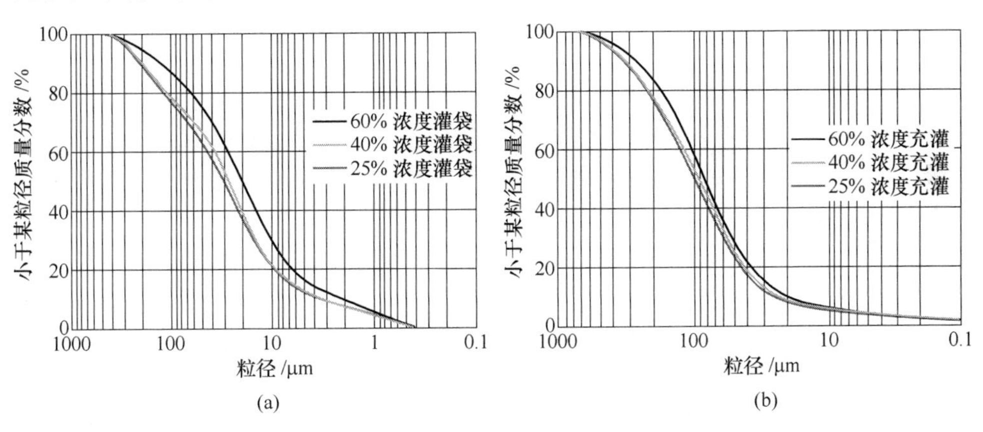

图 4-8　不同充灌浓度下袋内尾矿粒径曲线图
(a) 全尾充灌；(b) 分级尾充灌

表 4-4　不同充灌浓度下袋内尾矿样基本物理性质指标

充灌浓度/%	尾砂性质	中值粒径 d_{50} /μm	曲率系数 C_c	不均匀系数 C_u	干密度 /g · cm^{-3}	比重 G_s /g · cm^{-3}	孔隙比 e
25	全尾	30.764	1.45	11.97	1.78	2.802	0.574
40		27.152	1.65	12.84	1.80	2.803	0.557
60		19.978	1.92	13.16	1.84	2.806	0.525
25	分级尾	99.038	1.07	4.67	1.58	3.061	0.937
40		92.983	1.09	4.80	1.61	3.063	0.902
60		81.552	1.26	4.82	1.64	3.066	0.870

从图 4-8 和表 4-4 可以看出：

(1) 从颗粒级配变化情况来看：三种浓度下全尾充灌袋内尾砂不均匀系数

C_u大于5，曲率系数C_c在1～3之间，级配良好。中值粒径d_{50}表现为随充灌浓度增加逐渐减小的趋势。对于分级尾砂充灌，三种浓度下袋内尾砂的不均匀系数C_u均小于5，曲率系数C_c略大于1，为级配不良的颗粒组合，中值粒径d_{50}也表现为随充灌浓度增加逐渐减小的趋势，但分级尾砂不同充灌浓度下三个指标变化幅度均较小。

（2）从干密度、比重、孔隙比变化情况来看：尾砂比重随充灌浓度增加并未发生明显改变，而干密度和孔隙则存在一定的变化。全尾与分级尾砂充灌后袋内尾砂干密度均表现为随充灌浓度增加逐渐增大的趋势，且袋内尾砂的干密度较原状尾砂干密度也有较大幅度提高，全尾达20%左右，分级尾砂达7.5%左右；孔隙比可反映砂土的孔隙和密实情况，充灌试验后，袋内尾砂孔隙比较原状尾砂孔隙比均减小，且袋内尾砂孔隙比表现为随充灌浓度增加逐渐减小的趋势，说明充灌浓度增加后袋内尾砂密实度有所提高。

4.2.3　强度参数

尾砂是粗细颗粒的集合，尾砂颗粒之间的相互联系是相对薄弱的，尾砂的强度主要是由颗粒间的相互作用力决定的，而不是由颗粒矿物的强度本身直接决定的。固结后尾砂的破坏主要是剪切破坏，其强度主要表现为黏聚力和内摩擦力。含水率的大小与尾矿的黏聚力、内摩擦角有着密切的关系，含水率的不同会影响尾砂细微观结构（颗粒的排列方式、颗粒接触力传递、孔隙形态等）发生变化最终导致力学特性宏观上的差异。

按照试验设计要求，对全尾和分级尾砂开展不同饱和状态下的直接剪切试验，通过剪切后强度参数的变化分析含水率及充灌浓度对尾砂性质的影响。表4-5列出不同含水率、不同充灌浓度下强度参数的变化情况，图4-9为剪切破坏后的尾砂。

图4-9　直接剪切破坏后尾砂

由表4-5和图4-10可知：从强度参数变化情况来看，全尾与分级尾砂充灌，随着充灌浓度的增加，袋内尾砂内摩擦角均呈现减小的趋势，黏聚力为增大趋势；含水率约15%时，全尾不同充灌浓度下内摩擦角由26.8°降低至23.6°，凝聚力由12.2kPa增加至29.3kPa，分级尾砂内摩擦角由34.8°降低至33.4°，凝聚力由14.4kPa增加至25.6kPa；含水率约为23%时（饱和状态），全尾充灌袋内尾砂内摩擦角由25.4°降低至22.1°，凝聚力由4.85kPa增加至18.2kPa。由此表明：随着含水率的增加袋内尾砂强度参数均表现为逐渐减小的趋势，且含水率对尾砂凝聚力影响较大，内摩擦角影响相对较小。

表4-5 不同充灌浓度下强度参数变化

充灌浓度 /%	尾砂性质	强度参数			
		含水率（约15%）		含水率（约23%）	
		C/kPa	φ/(°)	C/kPa	φ/(°)
25	全尾	12.2	27.8	4.85	26.4
40		16.8	25.9	9.07	24.3
60		29.3	24.6	18.2	23.1
25	分级尾	14.4	34.8	—	—
40		18.3	34.1	—	—
60		25.6	33.4	—	—

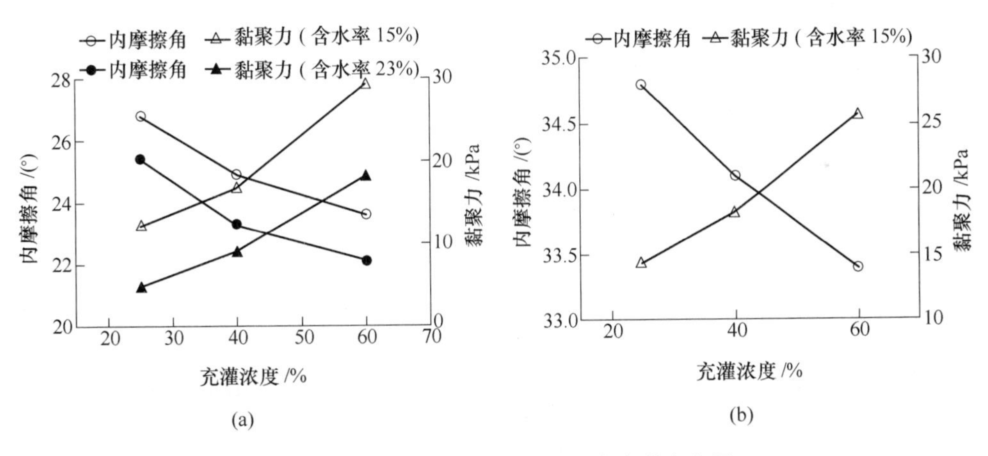

图4-10 不同浓度充灌下力学强度参数变化图
（a）全尾充灌；（b）分级尾充灌

4.2.4 作用效应

4.2.4.1 充灌浓度与充灌效率的作用效应分析

充灌浓度对充灌效率的影响主要从以下两个指标进行分析：充灌次数和充灌

时间。

（1）充灌次数规律分析。随着充灌浓度由25%增大到60%，全尾及分级尾砂充灌次数均表现出逐渐减小的趋势。这主要是由于尾矿浓度较低时，尾矿浆体中水分含量较多，在较短的时间内细粒尾矿沉积较少，且随着水分由模袋孔隙大量流出，致使每次充灌后最终留于袋内的尾砂颗粒相对较粗，含量也较少。同时，袋外溢出尾砂结果也表明：随着充灌浓度的增加，溢出袋外的细颗粒质量分数随之减小，留存于袋内的细颗粒则相对增多。试验结果表明要到达预计的充灌高度，浓度较低时所需的充灌次数将比高浓度充灌时所需次数多。

（2）充灌时间规律分析。随着充灌浓度由25%增大到60%，全尾及分级尾砂充灌所需时间表现出增大的趋势，且全尾较分级尾砂自然沉积速度小，所需时间更长。在单次充灌结束后，模袋体内较粗的尾砂因有效重度较大迅速沉积，而细颗粒尾砂比表面积大，有效重度小，下沉速度慢，仍处于悬浮状态。充灌浓度越高，尾矿浆体中水分越少，细颗粒越多，细粒尾砂之间存在的相互影响越大，制约了细颗粒尾砂的快速下沉，导致其通过模袋孔隙排出的速度越慢，沉积所需时间越长。反之，充灌浓度越低则该沉积过程所需时间越短。另外，随着模袋内尾砂量的增加，排水时间间隔逐渐减小，整个充灌过程所需的时间表现出随浓度增加而上升的趋势。其中浓度为25%的尾矿浆的充灌时间比浓度为40%的稍长，主要是由于前者的浓度过低，虽然排水时间间隔较短，但是充灌次数最多，致使整个充灌过程所用时间较后者多。

4.2.4.2 充灌浓度与颗粒级配的作用效应分析

比重、干密度及孔隙比规律分析：细粒尾砂充灌模袋后，部分细尾砂经模袋孔隙溢出，导致袋内粗粒尾砂含量相对增多，尾砂颗粒分布发生改变，袋内尾砂密实程度改善，因此灌袋后尾砂最大干密度较原状尾砂干密度要大，最小孔隙比较原状尾砂要小；且随着充灌浓度的增加，袋内尾砂的颗粒不均匀程度增大，致使尾砂接触更为密实，最大干密度呈现增大的趋势，尾砂最小孔隙比则逐渐减小；而比重作为尾砂的基本性质，充灌浓度的变化对尾砂比重不会产生明显影响。

4.2.4.3 充灌浓度及含水率与尾砂力学强度指标的作用效应分析

力学强度指标随充灌浓度及含水率变化规律分析：在本实验含水率范围内，随着充灌浓度的增加，袋内尾砂的黏聚力呈增大趋势，内摩擦角呈减小趋势。这主要是由于随着充灌浓度的增加，袋内细粒尾砂含量相对增多，尾砂粒径不均匀系数增大，改善了尾砂的粒径分布，致使最大干密度增加，最小孔隙比减小，袋内尾砂更为密实，因此黏聚力呈现增大趋势，而内摩擦角则呈现减小的趋势。

4.3　现场模袋法堆坝试验

考虑到室内充灌试验中模袋体可能的尺寸效应影响，本节特开展现场大尺度模袋法堆坝试验，以详细研究大尺寸条件下模袋法堆坝工艺的实施过程、模袋法堆坝后固结尾砂的物理力学参数变化以及细粒尾砂模袋法堆坝粒径的适用范围，通过对充灌前后尾砂物理力学性质参数变化进行比较分析，以此来突显模袋法堆坝较常规尾砂堆坝在力学参数等方面表现出的优越性，为下一步具体的模袋法堆坝实施提供一定的技术基础。

本次试验于库内干滩面上进行现场模袋堆坝。试验区及干滩面 10d 内无放矿，无扰动。所用尾砂材料与室内试验取自同一尾矿库同一区域。利用渣浆泵冲浆制备浓度约 50% 的矿浆进行充灌试验。模袋材料与室内所用材料保持一致，按照模袋铺放→造浆输送→排水固结的工艺流程进行充灌试验，具体如图 4-11 ~ 图 4-16 所示，充灌试验完成后，模袋法堆坝工程运用效果图如图 4-17 所示。袋内尾砂粒径曲线如图 4-18 所示，尾砂基本参数见表 4-6。

图 4-11　模袋铺放

图 4-12　现场造浆

图 4-13　渣浆泵输送

图 4-14　尾砂充灌

图 4-15　初始充灌模袋体

图 4-16　充灌固结 1d 后效果

图 4-17 现场堆坝试验固结完成效果图

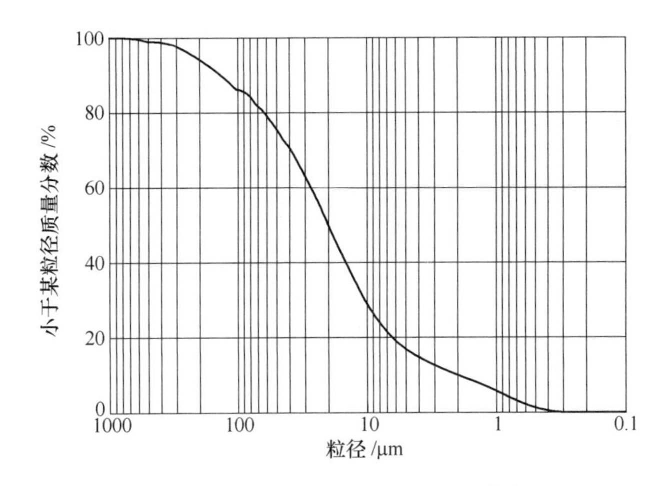

图 4-18 现场灌袋袋内尾砂粒径曲线

表 4-6 模袋内尾砂物理力学性能参数

参数指标	含水率 ω/%	土粒比重 G_s/g · cm^{-3}	干密度 ρ_d/g · cm^{-3}	孔隙比 e	凝聚力 C/kPa	摩擦角 φ/(°)
袋内尾砂	23.8	2.805	1.83	0.533	14.9	24.5

由试验结果分析可知：

（1）由现场堆坝试验效果看，袋内尾砂 $d>0.074$mm 的粒径含量为 17.2%，颗粒基本分布在粒径 10～74μm，其含量占总量的约 58.2%，$d<0.045$mm 的尾矿粒径含量为 70.87%。成功证实粒度 +0.074mm 在 10%～20%，-0.045mm 70% 左右时，尾矿可实现模袋法堆坝，打破了细粒尾矿不能直接堆砌子坝的技术瓶颈，拓宽了细粒尾矿堆坝粒径适用范围。

（2）从袋内尾砂强度参数来看，由于模袋材料的挤压固结排水作用，袋内尾砂干密度较自然堆积干密度提高了 24.5%，材料强度指标亦有不同程度的提高，解决了细粒尾砂强度低稳定性差的难题。

（3）通过该试验，形成了生产→放矿→取砂→堆坝之间有序结合的实施流程，实现了整个技术安全、高效的工业化实施。

4.4 主要结论

通过本次试验研究，探索细粒尾砂模袋法堆坝的粒径适用范围，验证了充灌浓度对充灌效率、袋内尾砂的颗粒组成和结构有一定影响，并进一步影响着模袋体的强度特征。主要结论如下：

（1）全尾与分级尾砂充灌，随着充灌浓度的增加模袋体充灌次数逐渐减小，充灌时间整体呈上升趋势。在对不同的尾矿库开展堆坝之前，宜根据不同尾矿粒度情况开展相关充灌试验以确定最优灌袋浓度及堆坝方案。

（2）全尾与分级尾砂充灌，模袋体内尾砂比重随充灌浓度增加并未发生明显改变，而袋内尾砂的最大干密度随浓度的增长为呈逐渐增大的趋势，较原状尾砂的干密度也表现出增大的趋势，最小孔隙比较原状尾砂孔隙比减小，且随充灌浓度增加逐渐减小；袋内尾砂中值粒径呈逐渐减小的趋势，尾砂不均匀系数、曲率系数表现为随充灌浓度增大逐渐增大的趋势。

（3）全尾与分级尾砂充灌，模袋体内尾砂较原状尾砂力学强度参数均有提高，随着充灌浓度的增加，内摩擦角呈逐渐减小的趋势，黏聚力则呈逐渐增大的趋势；袋内尾砂含水率的变化对内聚力影响较大，内摩擦角影响较小，总体随含水率增加，尾砂力学强度呈减小的趋势。

（4）由现场充灌试验证实：粒度 +0.074mm 在 10%~20%，-0.045mm 约 70% 的尾矿可直接实现模袋法堆砌子坝的堆坝方式，拓宽了细粒尾矿堆坝粒径的适用范围，形成了一套生产→放矿→取砂→堆坝之间有序结合、技术安全的实施流程。

参考文献

[1] 尾矿设施设计参考资料编写组. 尾矿设施设计参考资料 [M]. 北京：冶金工业出版社，1980.

[2] 中国有色金属尾矿库概论编辑委员会. 中国有色金属尾矿库概论 [R]. 北京：中国有色金属工业总公司，1992.

[3] 周汉民，刘晓非，崔旋，等. 偏细粒尾矿新型快速堆坝方法 [J]. 现代矿业，2011 (11)：120-121.

[4] 李玲君，刘斯宏，徐小东，等. 袋内材料对土工袋动力特性参数影响的试验研究 [J]. 岩土力学，2015，36 (1).

[5] 南京水利科学研究院. SL237-1999 土工试验规程 [S]. 北京：中国水利水电出版社，1999.

5　模袋体力学试验

模袋材料种类繁多，物理化学性质各异，为使模袋坝体在施工期和运用期能正常工作，模袋材料必须有明确的设计指标，并通过实验验证。本章首先对模袋材料的种类和主要性能指标进行详细介绍，然后结合模袋体强度增强机理分析和系统的模袋体力学特性试验，对模袋体的单体力学特性以及模袋体间的力学特性进行深入研究。

5.1　模袋材料种类及其性能指标

5.1.1　模袋材料的种类

模袋是由上下两层土工织物制成的大面积连续袋，袋内充填细粒尾矿后形成模袋体。土工织物是由合成纤维通过编织或粘合而成的透水性土工合成材料，具有透水不透浆特性，袋内充灌细粒尾矿后，土工织物阻止尾矿颗粒通过，同时允许尾矿中的水或气体穿过土工布自由排出。目前大规模生产的土工织物种类繁多，组成成分及制造方式各不相同。

5.1.1.1　模袋材料的化学成分

制作模袋采用的材料是由丝、纱和条带做成的土工织物，基本结构均为合成纤维。因此，高分子聚合物的种类对土工织物的特性有很大的影响。世界上聚合物非常多，但真正用于制造土工合成材料产品的聚合物只有少数几种，下面介绍几种主要合成纤维的特性[1]。

锦纶（PA）：又称聚酰胺或尼龙，主要由二元酸与二元胺或氨基酸经缩聚而成，通常是白色至淡黄色的不透明固体。在高温下有较高的强度，抗拉伸、抗磨损能力强，低摩擦，抗化学侵蚀，不易被碳水化合物或气体穿透等特点。但它易于吸湿而使尺寸及力学性能发生改变，对酸及风化作用的抵抗力弱。

涤纶（PETP）：化学成分主要是聚酯。其主要特点是耐冲击强度高、抗皱性好、变形恢复能力好、价格低廉，在合成纤维里产量最高。缺点是染色性较差，不耐暴晒。

丙纶（PP）：化学成分聚丙烯是热塑性长键聚合物，由丙烯聚合而成。根据分子结构的不同，有无规聚丙烯、等规聚丙烯和间规聚丙烯三种，工业常用的一般是等规结构的聚丙烯，是白色无嗅、无味的单晶体，相对密度 $0.90 \sim 0.91 g/cm^3$，耐热性高，具有高硬度，良好的抗拉能力，抗酸、碱和绝大部分溶剂。使用温度范围 -30 ~ 140℃，三个碳原子可以和其他官能团作用，因此可以加入添加剂使其抗氧化和温度作用提高。

聚乙烯（PE）：由乙烯聚合而成，有低相对分子质量、高相对分子质量两种。低密度聚乙烯一般是无色、无嗅、无味、无毒的液体，密度约为 0.92g/cm^3，不溶于水，有优良的韧性、易于加工和良好的物理性能；高密度聚乙烯的纯品是乳白色蜡状固体粉末，加入稳定剂可加工成颗粒，其硬度、抵抗化学侵蚀的能力都比低密度的要好。PE 可以加入安定剂使其抗温度变化的能力提高。

5.1.1.2　模袋材料的种类

制作模袋的土工织物按制造方法不同，可划分为图 5-1 所示的各种类型[1~4]。

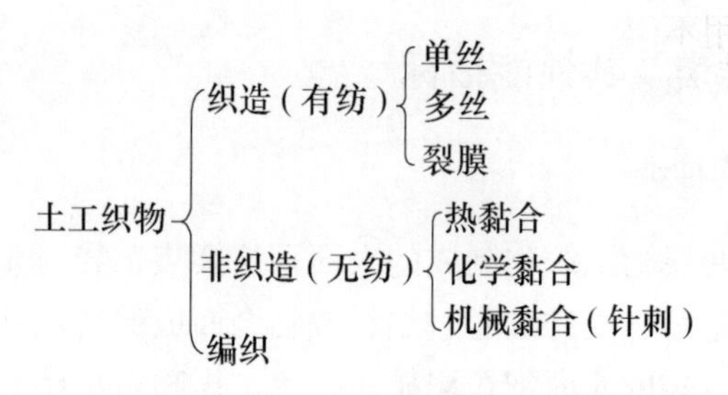

图 5-1　土工织物种类

A　织造型土工织物

织造型土工织物产品又称有纺土工织物。它的制造分两道工序：先将聚合物原料加工成丝或纱或带，再借织机制成平面结构的布状产品。织造时常包括相互垂直的两组平行丝，如图 5-2 所示。沿织机（长）方向的称经丝，横过织机（宽）方向的称纬丝。这种织物看来简单，却有着不同的丝种和不同的织法。

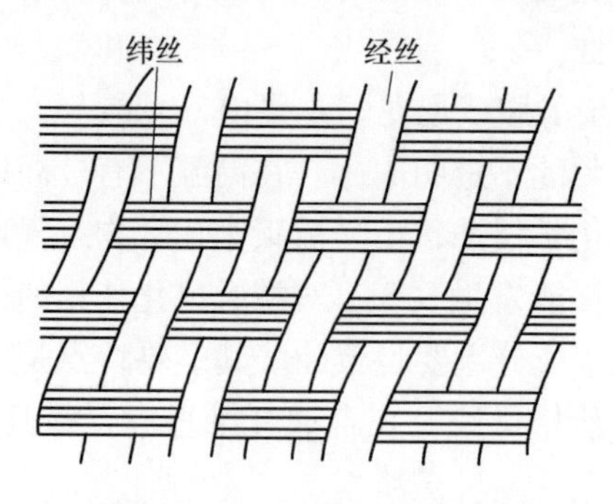

图 5-2　土工织物的经纬丝

丝种包括单丝、多丝及二者的混合。单丝是单根丝，它是将聚合物热熔后从模具中挤压出来的连续长丝。多丝是由若干根单丝组成的，在制造高强土工织物时常采用多丝。多丝也有用切割的短丝搓拧而成的。早期的土工织物系由单丝织成，后来发展为采用扁丝。扁丝是由聚合物薄片经利刀切成的薄条，其厚度比单丝薄得多，且在切片前后都要牵引拉伸以提高其强度，目前的大多数编织土工织物是由扁丝织成，而圆丝和扁丝结合织成的织物有较高的渗透性。另一种特殊的扁丝称为裂膜丝，它是将一根扁丝剖成许多根细丝，但仍连在一起，由裂膜丝织成的织物较为密实，柔软而渗透性小。

织造型土工织物有三种基本的织造形式：平纹、斜纹和缎纹。平纹是一种最简单、应用最多的织法。其形式是经、纬丝一上一下。斜纹则是经丝跳越几根纬丝，最简单的形式是经丝二上一下。缎纹织法是经丝和纬丝长距离的跳越，例如经丝五上一下。

在织造时，由于梭子要不断地牵引纬丝从经丝的空间中穿过，故要求经丝强度比纬丝的高。采用不同的丝和纱以及不同的织法，可以使织成的产品具有不同的特性。例如，平纹织物有明显的各向异性，如图5-3所示，其经、纬向的摩擦系数也不一样；圆丝织物的渗透性一般比扁丝的要高，每厘米长的经丝间穿越的纬丝愈多，织物也愈密愈强，渗透性则愈低。单丝的表面积较多丝的要小，其防止生物淤堵的性能要好一些。聚丙烯的老化速度比聚酯和聚乙烯的要快等。由此可见，可以借调整丝（纱）的材质、品种和织造方式等来得到符合工程要求的强度、经纬强度比、摩擦系数、等效孔径和耐久性等项指标。

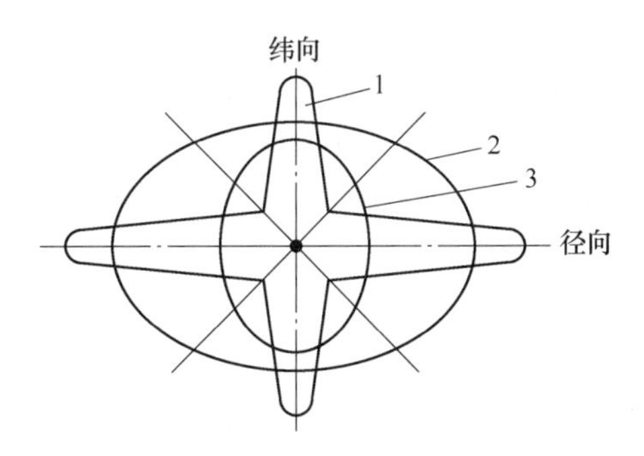

图5-3　土工织物抗拉模量极坐标曲线

1—织造土工织物；2—非织造土工织物；
3—短纤维非织造土工织物

B　非织造型土工织物

非织造型土工织物产品又称无纺土工织物。根据黏合方式的不同，非织造型土工织物分为热黏合、化学黏合和机械黏合等三种。

热黏合非织造型土工织物的制造，是将纤维在传送带上成网，让其通过两个反向转动的热辊之间热压，纤维网受到一定温度后，部分纤维软化熔融，互相粘连，冷却后得到固化。该法主要用于生产薄型土工布，为无经纬丝之分，故其强度的各向异性不明显。

纺黏法是黏合法中的一种，是将聚合物原料经过熔融、挤压，纺丝成网，纤维加固后形成的产品。这种织物厚度薄而强度高，渗透性大。由于制造流程短、产品质量好、品种规格多、成本低、用途广，近年来在我国发展较快。

化学黏合法土工织物，是将黏合剂均匀地施加到纤维网中，待黏合剂固化，纤维之间便互相粘连，使网得以加固，目前工程中的应用较少。

机械黏合法是以不同的机械工具将纤维网加固，应用最广的是针刺法，还有用水刺法的。针刺法利用装在针刺机底板上的许多截面为三角形或棱形且侧面有钩刺的针，由机器带动，做上下往复运动，让网内的纤维互相缠结，从而织网得以加固。产品孔隙率高，渗透性大，反滤排水性能均佳，在水利工程中应用很广。水刺法是利用高压喷射水流射入纤维网，使纤维互相缠结加固，目前工程中的应用较少。

5.1.2　模袋材料的性能指标

为使模袋坝体在施工期和运用期能正常工作，模袋材料必须有明确的设计指标，并通过实验验证。模袋材料的设计指标一般可分为物理性能指标、力学性能指标、水力性能指标及耐久性指标[2,3]等。

5.1.2.1　物理性能指标

A　厚度

土工织物厚度，指材料在 2kPa 法向压力下，其顶面与底面之间的距离，单位为 mm。土工织物厚度随所作用的法向压力而变，规定 2kPa 压力表示土工织物在自然状态无压条件下的厚度，作为设计标准厚度指标。厚度测定一般采用专门的厚度测试仪，要求加压面积为 $25cm^2$，试样面积应大于加压面积的 2 倍。

B　单位面积质量

单位面积质量，指一平方米土工织物的质量，称为土工织物的基本质量，单位为 g/m^2。它反映材料多方面的性能，如抗拉强度、顶破强度等力学性能以及孔隙率、渗透性等水力学性能，是土工织物的一个重要指标。土工织物单位面积质量的测定采用称量法，试样面积为 $100cm^2$。

C　孔隙率

孔隙率，定义为非织造土工织物所含孔隙体积与总体积之比，以百分数（%）表示。该指标不直接测定，由单位面积质量、密度和厚度计算得到。可按式（5-1）计算：

$$n_p = 1 - \frac{M}{\rho\delta} \tag{5-1}$$

式中　n_p——孔隙率，%；

M——单位面积质量，g/m^2；

ρ——原材料密度，g/m^3；

δ——厚度，m。

土工织物常用原材料的密度为：聚丙烯0.91g/m^3，聚乙烯0.94～0.96g/m^3，聚酯1.22～1.38g/m^3，聚酰胺1.05～1.14g/m^3。

孔隙率与厚度有关，所以孔隙率也随压力增大而变小。有时织造和非织造土工织物的孔径和渗透系数很接近，但不能认为两者水力性能相似。非织物土工织物的孔隙率远大于织造土工织物，因此其具有更好的反滤和排水性能。

5.1.2.2　力学性能指标

土工织物力学强度指标分为下列几种：抗拉强度、握持强度、撕裂强度、胀破强度、CBR顶破强度、圆球顶破强度、刺破强度等。其中抗拉强度、握持强度、撕裂强度试验为单向受力，其纵向和横向强度需分别测定；而胀破强度、CBR顶破强度、圆球顶破强度、刺破强度试验中，试样为圆形，承受轴对称荷载，纵横双向同时受力。根据模袋体强度增强机理分析，模袋体主要通过模袋材料的抗拉强度承受荷载，因此在上述力学指标中，抗拉强度是最重要的设计指标。

A　抗拉强度和延伸率

抗拉强度也称为条带法抗拉强度，为单向拉伸。纵向和横向抗拉强度表示土工织物在纵向和横向单位宽度范围能承受的外部拉力，单位为kN/m。对应抗拉强度的应变为土工织物的延伸率，用百分数（%）表示。

目前，测定土工织物的抗拉强度的方法采用条带拉伸试验方法，即把试样两端用夹具夹住，以一定的速率施加荷载进行拉伸直到破坏，测得试样自身断裂强度及变形。目前条带拉伸试验的试样分宽条与窄条两种，宽条试样宽200mm、长100mm，窄条试样宽50mm、长100mm。试验机采用具有等速拉升性能、能测速拉伸过程中拉应力和伸长量的拉力机，国内规定拉伸率速率为50mm/min。

B　握持强度

握持强度表示土工织物抵抗外来集中荷载的能力，单位为N。握持强度试验选用仪器与条带拉伸试验相同，试验时仅1/3试样宽度被夹持，进行快速拉伸。握持强度由两部分组成，一部分为试样被握持宽度的抗拉强度，一部分为相邻纤维提供的附加抗拉强度。土工织物对集中荷载的扩散范围越大，则握持强度越高，它与条带拉伸强度之间没有简单的对比关系。目前由于各单位所采用的试样、仪器、尺寸等差别，测得结果相差较多，一般不作为设计依据，仅用于不同土工织物的抗拉强度比较。

C　撕裂强度

撕裂强度表示沿土工织物某一裂口将裂口逐步扩大过程中的最大拉力，单位为 N，土工织物工程应用过程中难免破损，撕裂强度反映了试样抵抗扩大破损裂口的能力，是土工织物的重要力学指标。

目前撕裂强度的测试多采用梯形撕裂试验法[5,6]，测试仪器采用具有等速拉伸功能，并能自动记录拉伸过程中拉力的试验机。试样为宽 76mm、长 200mm 的矩形，根据模板尺寸（见图 5-4）在试样上画两条梯形边，在梯形短边正中处剪一条 15mm 长的切口，将试验机夹具的初始距离调整为 25mm，设定拉伸速率 300mm/min。

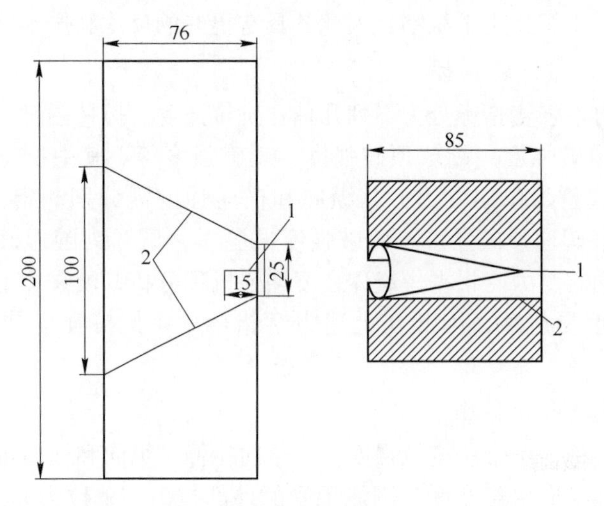

图 5-4　梯形撕裂试样示意图（单位：mm）

1—切缝；2—夹持线

D　胀破强度、CBR 顶破强度、圆球顶破强度、刺破强度

胀破强度、CBR 顶破强度、圆球顶破强度、刺破强度四个强度的试验都表示土工织物抵抗外部冲击荷载的能力，其共同特点是试样为圆形，用环形夹具将试样夹住；其差别是试样尺寸、加荷方式不同，各试验示意图如图 5-5 所示。不同顶杆尺寸模拟不同顶压物，如块石、树枝等。胀破强度单位为 kPa，其他 3 项强度单位为 N。此外，落锥强度也属此类，其试样尺寸与 CBR 相同，试验时一个重 1kg 的圆锥自 50cm 高处自由落下，测定试样被刺破的孔洞尺寸，单位为 mm，该试验可重复性较差。

5.1.2.3　水力性能指标

水力性能指标主要为等效孔径和渗透系数，是模袋材料所用土工织物的两个很重要的特性指标。由于模袋材料是与尾砂共同工作的，对材料的基本要求是既能固砂又能排水，这就要求模袋材料的孔径很小（能挡住尾砂）而排水又很通畅，两者本来是有矛盾的，而尾砂性质的多样性更增大了问题的复杂性。某种模袋材料对一种尾砂是合适的，而对另一种尾砂未必也是合适的。目前一般通过将

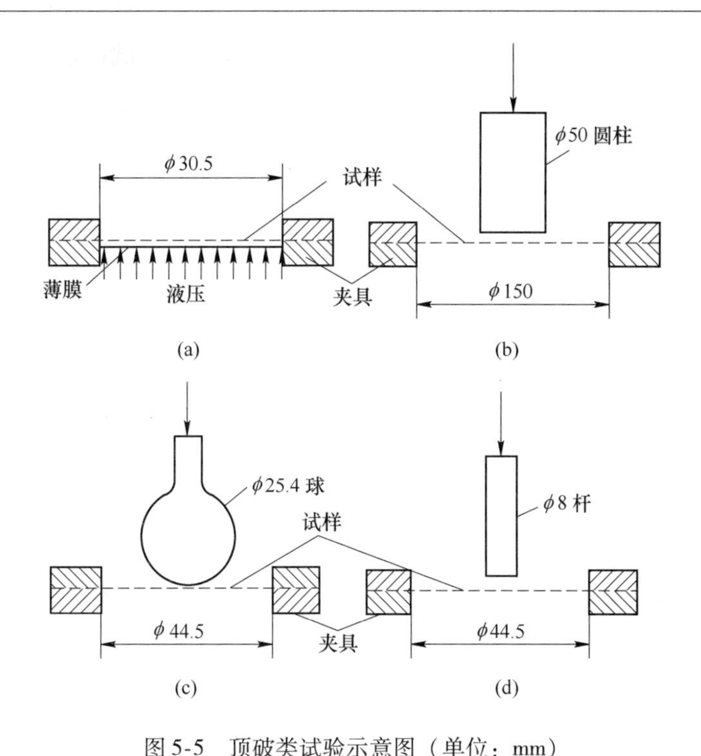

图 5-5　顶破类试验示意图（单位：mm）

（a）胀破试验；（b）CBR 顶破试验；（c）圆球顶破试验；（d）刺破试验

模袋材料的等效孔径和尾砂的特征粒径建立关系式，同时将模袋材料的渗透系数与尾砂的渗透系数建立关系式，来选择模袋材料的等效孔径和渗透系数，以求达到既固砂又排水的目的。同时，由于实验时控制的条件不同，得到材料的等效孔径及渗透系数有差异，有条件进行模拟实验则更好。

A　等效孔径

模袋材料的等效孔径反映材料的透水性能与保持尾砂颗粒的能力，单位为 mm，孔径符号以 O 表示，并用下标表示孔径的分布情况，例如 O_{95} 表示材料中 95% 的孔径低于该值。孔径大小的分布曲线（见图 5-6）类似于土体颗粒级配曲线，目前普遍用等效孔径表示，其含义相当于材料表观最大孔径，也就是土体颗粒通过土工织物的最大粒径，目前我国多取 O_{95}。一般采用干筛法测试，即以土工织物为筛布，用某一平均粒径的玻

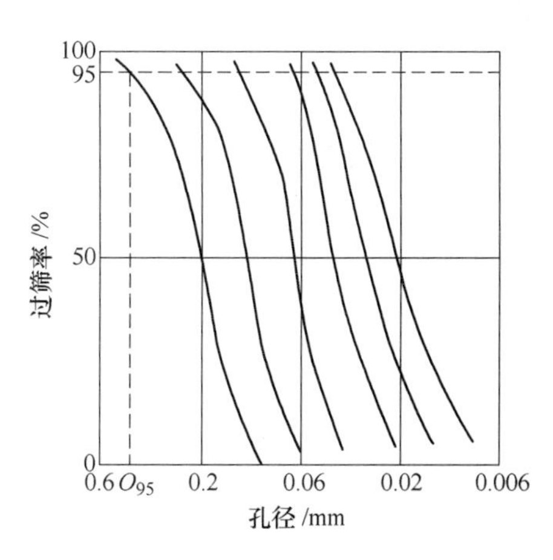

图 5-6　孔径分布曲线

璃珠或石英砂进行振筛，取通过土工织物的过筛率（通过织物的颗粒质量与颗粒总投放量之比）为5%（留筛率为95%），所对应的粒径即为织物的等效孔径 O_{95}。

B　渗透系数和透水率

土工织物的渗透性通常包括垂直于织物平面的渗透特性和平行于织物平面的渗透特性，垂直于织物平面的渗透性用垂直渗透系数表示，沿织物平面的渗透性用水平渗透系数表示。对于模袋体而言，模袋材料在尾矿堆坝过程中主要起固砂及排水作用，垂直于袋体材料的渗透性能起主导作用，因此垂直渗透系数是主要的控制指标。模袋材料的垂直渗透系数为水力梯度等于1时，水流垂直通过土工织物的渗透速率，单位为cm/s。透水率为沿土工织物单位宽度内的输水能力，单位为 cm^2/s。

5.1.2.4　耐久性能指标

耐久性能指标主要有耐磨、抗紫外线、抗生物、抗化学、抗大气环境等多种指标。大多没有可遵循的规范、规程。一般按工程要求进行专门研究或参考已有工程经验来选取。

5.1.3　常用模袋材料的一般性能

目前已应用于实际工程中的模袋大多采用编制型或织造型土工织物缝制而成，如塑料扁丝编织土工布、长丝机织土工布、裂膜丝机织土工布等，表5-1～表5-3为以上三种土工织物的一般技术指标[7~9]要求。

表5-1　塑料扁丝编织土工布一般技术指标

序号	项　目	指　标						
		20～15	30～22	40～28	50～35	60～42	80～56	100～70
1	经向断裂强力/kN·m^{-1}	≥20	≥30	≥40	≥50	≥60	≥80	≥100
2	纬向断裂强力/kN·m^{-1}	≥15	≥22	≥28	≥35	≥42	≥56	≥70
3	标准强度对应伸长率/%	≤28						
4	梯形撕破强力（纵向）/kN	≥0.3	≥0.45	≥0.5	≥0.6	≥0.75	≥1.0	≥1.2
5	顶破强力/kN	≥1.6	≥2.4	≥3.2	≥4.0	≥4.8	≥6.0	≥7.5
6	垂直渗透系数/cm·s^{-1}	10^{-2}～10^{-4}						
7	等效孔径 O_{95}/mm	0.08～0.5						
8	单位面积质量/g·m^{-2}	120	160	200	240	280	340	400
	允许偏差值/%	±10						
9	抗紫外线强力保持率	按设计或合同要求						

表 5-2 长丝机织土工布一般技术指标

序号	项目	指标										
	标称断裂强度/kN·m^{-1}	35	50	65	80	100	120	140	160	180	200	250
1	经向断裂强力/kN·m^{-1}	≥35	≥50	≥65	≥80	≥100	≥120	≥140	≥160	≥180	≥200	≥250
2	纬向断裂强力/kN·m^{-1}	按协议规定，如无特殊要求时，按经向断裂强力×0.7										
3	标准强度对应伸长率/%	经向35，纬向30										
4	CBR 顶破强力/kN	≥2.0	≥4.0	≥6.0	≥8.0	≥10.5	≥13.0	≥15.5	≥18.0	≥20.5	≥23.0	≥28.0
5	等效孔径 O_{95}/mm	0.05～0.50										
6	垂直渗透系数/cm·s^{-1}	$K\times(10^{-2}\sim10^{-5})$，其中，$K=9.9\sim1.0$										
7	幅宽偏差/%	-1.0										
8	模袋冲灌厚度偏差/%	±8										
9	模袋长、宽偏差/%	±2										
10	缝制强度/kN·m^{-1}	标称断裂强度×0.5										
11	经纬向撕破强力/kN	≥0.4	≥0.7	≥1.0	≥1.2	≥1.4	≥1.6	≥1.8	≥1.9	≥2.1	≥2.3	≥2.7
12	单位面积质量偏差/%	-5										

表 5-3 裂膜丝机织土工布一般技术指标

序号	项目	径向强力指标/kN·m^{-1}											备注
		20	30	40	50	60	80	100	120	140	160	180	
1	经向断裂强力/kN·m^{-1}	≥20	≥30	≥40	≥50	≥60	≥80	≥100	≥120	≥140	≥160	≥180	
2	纬向断裂强力/kN·m^{-1}	由合同规定，如果没有特殊要求，按经向强力的0.7～1											经纬向
3	断裂伸长率/%	25											
4	幅宽偏差/%	-1.0											
5	CBR 顶破强力/kN	1.6	2.4	3.2	4.0	4.8	6.0	7.5	9.0	10.5	12.0	13.5	
6	等效孔径 O_{95}/mm	0.07～0.5											
7	垂直渗透系数/cm·s^{-1}	$K\times(10^{-1}\sim10^{-4})$											$K=1.0\sim9.9$
8	抗紫外线（强度保持）/%	≥70（500h）											
9	撕破强力/kN	≥0.20	≥0.27	≥0.34	≥0.41	≥0.48	≥0.60	≥0.72	≥0.84	≥0.96	≥1.10	≥1.25	纵横向
10	单位面积质量/g·m^{-2}	120	160	200	240	280	340	400	460	520	580	640	

5.2 模袋体强度增强机理和破坏模式

5.2.1 模袋体强度增强机理

将尾砂装入具有一定规格与强度的模袋中，形成的模袋充填体在外力作用下，其整体发生压缩变形，引起袋子周长的伸长，从而在袋子中产生一个张力 T。袋子张力 T 反过来又约束袋内尾砂，使得模袋内部尾砂颗粒间的接触力 N 增大。根据摩擦定律 $F=\mu N$，接触力 N 增大，尾砂颗粒间的摩擦力 F 也就增大，这就意味着模袋充填体内部尾砂的抗剪强度增大。模袋的加固作用，相当于在约束尾砂中引起了一个附加黏聚力[10]。模袋体强度增强机理分析如图 5-7 所示。

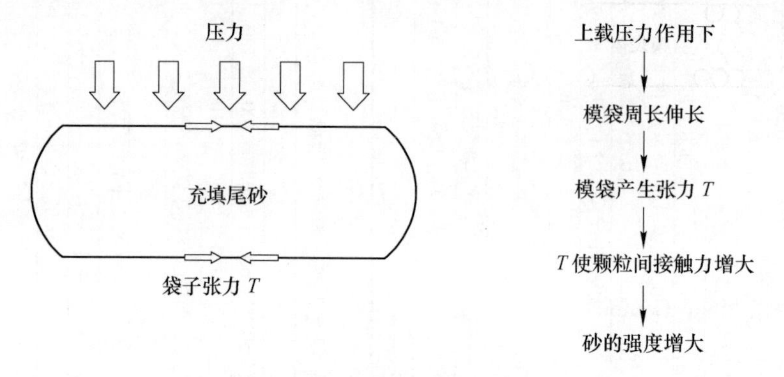

图 5-7 模袋体强度增强机理分析示意图

刘斯宏等人[11,12]通过离散单元法数值模拟得到土工袋加固地基的颗粒间接触力分布，如图 5-8 所示。图 5-8 中网络代表土颗粒间接触力，线条粗细代表土颗粒间接触力的大小。从图 5-8 中可以看出，由于土工袋张力的约束作用，袋体内部颗粒间接触力明显大于其周围地基土的颗粒间接触力，说明袋体内部土体的强度比周围土体要大得多。

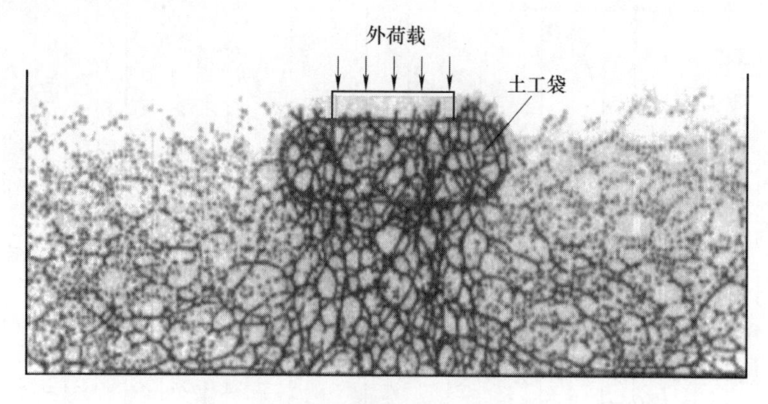

图 5-8 土工袋强度增强机理数值模拟

在二维受力状态下，将模袋体简化为平面问题考虑[13]，模袋体受力分析如图5-9所示。图中 B、H 分别为模袋的长度与高度，假定最大主应力 σ_1 的方向垂直于模袋体宽度 B 方向，σ_1、σ_3 为外部荷载，σ_{01}、σ_{03} 为袋子张力 T 产生附加应力，则作用于模袋内部尾砂上的总应力为外部施加的应力（σ_1，σ_3）与袋子张力引起的附加应力（σ_{01}，σ_{03}）之和。

$$\left.\begin{aligned}\sigma_{01} &= 2T/B \\ \sigma_{03} &= 2T/H\end{aligned}\right\} \tag{5-2}$$

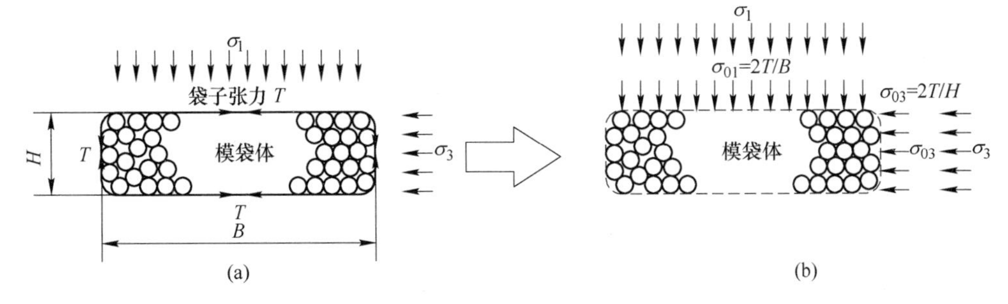

图5-9　模袋体受力分析图

（a）作用在模袋上的力；（b）作用在袋内土体上的力

根据 Mohr-Coulomb 破坏准则，当模袋内部尾砂达到极限平衡时，可以求得以下关系式：

$$\sigma_1 = \sigma_3 K_p + \frac{2T}{B}\left(\frac{B}{H}K_p - 1\right) + 2c\sqrt{K_p} \tag{5-3}$$

$$K_p = \frac{1+\sin\varphi}{1-\sin\varphi} \tag{5-4}$$

式中　c，φ ——模袋内部尾砂的抗剪强度指标；

　　K_p ——尾砂的被动土压力系数。

假定土装入模袋后，内摩擦角 φ 保持不变，将模袋整体当做是一种材料，则从式（5－3）中可以得出模袋整体的黏聚力为：

$$c_{\text{模袋体}} = c + \frac{T}{B\sqrt{K_p}}\left(\frac{B}{H}K_p - 1\right) = c + c_T \tag{5-5}$$

从式（5-5）可知：模袋内尾砂强度对模袋体张力 T 引起的附加黏聚力 c_T 的影响反映在被动土压力系 K_p 上，也就是说 c_T 与袋内尾砂强度无直接关系，而是张力 T、模袋尺寸（B、H）及 K_p 的综合作用结果。因此，即使袋内材料强度很低（极端情况袋内充水，此时 $\varphi=0$，$K_p=1$），c_T 亦可达到一个较大值，从而使模袋体具有较高的承载能力。

在二维受力状态下对模袋体进行受力分析时无法考虑中主应力 σ_2 对材料强

度的影响，忽略了模袋体在长度方向上的加强作用。考虑模袋体长度方向加强作用下，模袋体三维空间受力状态分析如图 5-10 所示。

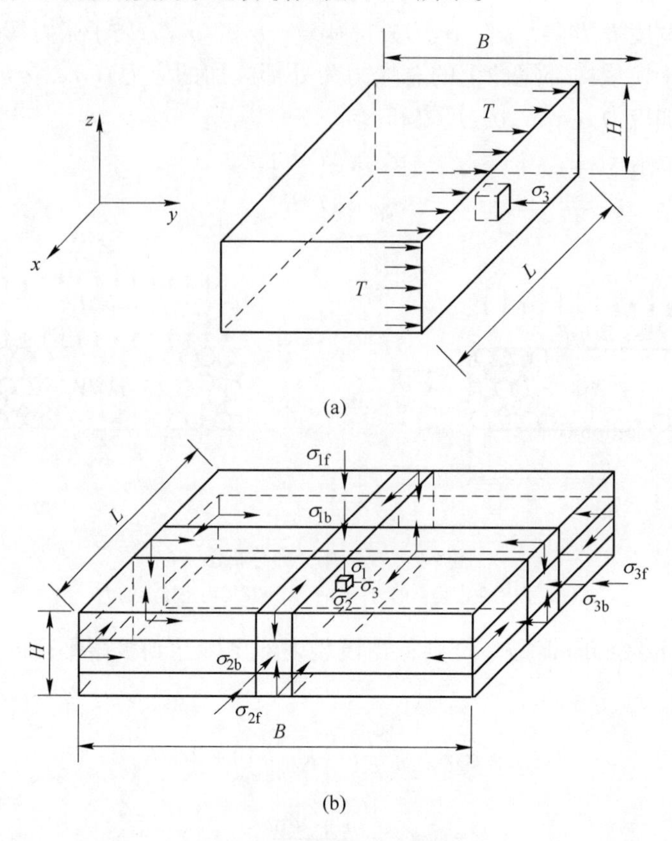

图 5-10　模袋体受力分析图

在三维受力状态下，将模袋简化为三维六面体形态[13~15]，假定模袋的长轴方向与大主应力的作用面垂直，其中 σ_{1f}、σ_{2f}、σ_{3f} 分别为三个方向的初始外应力。为了便于理论分析，对模袋体受力状态做如下假定：

（1）土工袋近似为长方体形态；

（2）主应力作用方向与土工袋表面垂直，其中 σ_{1f} 方向与高度方向平行；

（3）模袋破坏时的尺寸仍为 $B \times L \times H$（即属于小变形问题）；

（4）袋内尾砂与袋子同时达到强度临界状态；

（5）破坏时，袋子各方向的单宽张力大小相等，其值为 T（kN/m）。

当模袋处于临界破坏状态时，袋子的张力增加了袋内尾砂的有效应力。选取微小尺寸的土单元进行分析。x、y、z 三个方向由袋子张力引起的应力增量分别为 σ_{1b}、σ_{2b}、σ_{3b}：

$$\begin{cases}\sigma_{1b} = \dfrac{2T}{B} + \dfrac{2T}{L} \\ \sigma_{2b} = \dfrac{2T}{H} + \dfrac{2T}{B} \\ \sigma_{3b} = \dfrac{2T}{H} + \dfrac{2T}{L}\end{cases} \tag{5-6}$$

此时，袋内尾砂主应力大小分别为：

$$\begin{cases}\sigma_1 = \sigma_{1f} + 2T\left(\dfrac{1}{B} + \dfrac{1}{L}\right) \\ \sigma_2 = \sigma_{2f} + 2T\left(\dfrac{1}{B} + \dfrac{1}{H}\right) \\ \sigma_3 = \sigma_{3f} + 2T\left(\dfrac{1}{H} + \dfrac{1}{L}\right)\end{cases} \tag{5-7}$$

根据 Mohr-Coulomb 破坏准则可知，袋内尾砂的临界强度为：

$$\begin{aligned}\sigma_1 &= \sigma_{3f}K_p + 2c\sqrt{K_p} + \left[2T\left(\frac{1}{H} + \frac{1}{L}\right)K_p - 2T\left(\frac{1}{B} + \frac{1}{L}\right)\right] \\ &= \sigma_{3f}K_p + 2(c + c_T)\sqrt{K_p}\end{aligned} \tag{5-8}$$

式中

$$c_T = 2T\left(\frac{1}{H} + \frac{1}{L}\right)K_p - 2T\left(\frac{1}{B} + \frac{1}{L}\right) \tag{5-9}$$

式（5-8）、式（5-9）反映模袋体加固作用本质，即袋子的张力 T 为尾砂提供了附加黏聚力 c_T。

从二维及三维受力状态下模袋体强度增强机理分析可以看出，尽管模袋里充填的是散粒材料的尾砂，但模袋体是具有一定黏聚力 c 的 c-φ 材料，对于这种力学机理，也可以在莫尔应力圆（见图 5-11）中得到体现，模袋材料与尾砂之间存在着剪应力，能对尾砂产生竖向约束作用，从而使其侧向应力增大了 $\Delta\sigma_3$，此

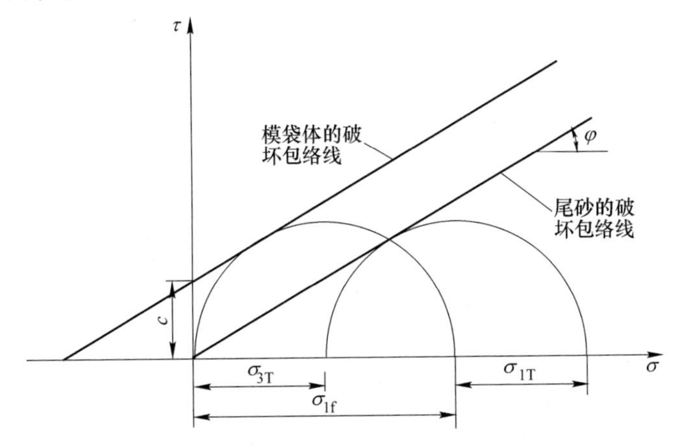

图 5-11 模袋体强度增强机理莫尔应力圆

时模袋体破坏时的大主应力 σ_1 要比尾砂大很多，截距 c 为黏聚力增量。因此模袋材料与尾砂共同发挥作用，使得模袋体较尾砂的抗剪强度提高，增强了其整体性，使尾砂由“散体材料”变成具有“一定连续性的材料”。

5.2.2　模袋坝体堆存方式与强度

5.2.2.1　宽顶子坝

模袋应用的范围较广，其堆坝形式也多种多样，在尾矿堆坝应用上，目前应用较多的是宽顶子坝方式。即仍采用上游式筑坝方法，但每级子坝由粗尾砂筑坝改为模袋充灌尾砂堆坝。模袋子坝的顶宽一般较宽，其作用首先是通过底部模袋间的摩擦力增强坝体抗滑力；其次宽顶子坝延长干滩长度，加厚“坝壳”；从增加坝体稳定性的角度分析，宽顶子坝使得坝体稳定性由浅层向深层逐渐移动，从而提高坝体稳定性。但该方式底部模袋所提供的摩擦力有限，加之坝体加高后滑弧逐渐转为深层滑动，加筋材料工程量较大。因此该种堆坝方式的堆坝高度适用性相对有限。常规尾砂堆坝与宽顶子坝方式的典型剖面图如图 5-12 和图 5-13 所示。

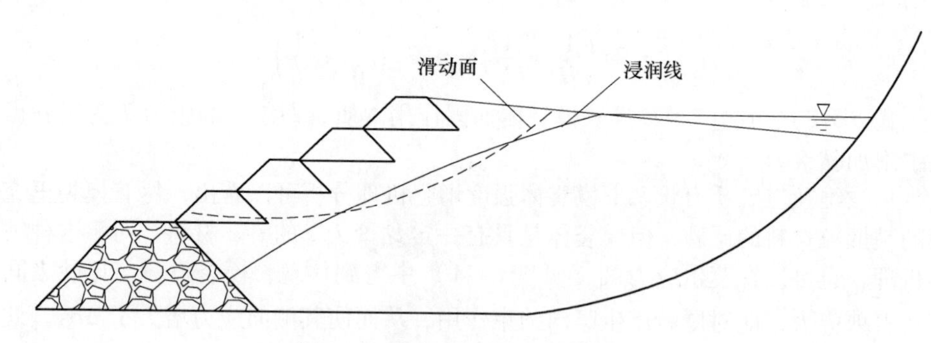

图 5-12　常规尾砂堆坝典型剖面图

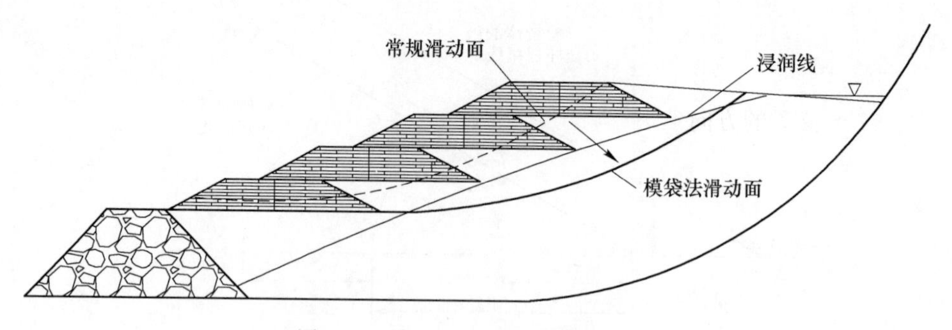

图 5-13　宽顶子坝方式典型剖面图

5.2.2.2　水平/倾斜模袋防护体

通常在路基加固、护坡工程中，采用模袋堆高形成防护体。模袋的堆存形式可采用水平铺放、交错堆存。K. Matsushima[16]提出采用倾斜铺放的模袋体，并且可以在袋体与周围袋体交错位置设置一定尺度的“翼”、“尾”来增强袋体之间的摩擦力，增加防护体的抗滑力，提高防护体的稳定性（见图5-14）。

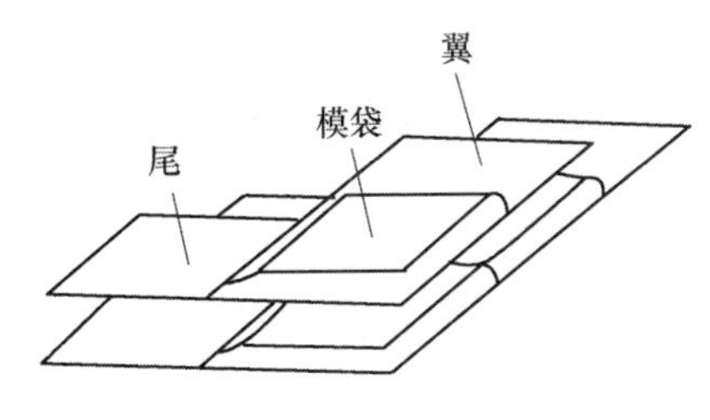

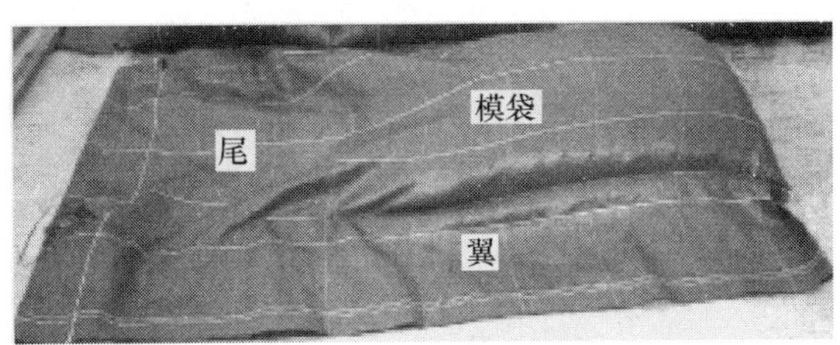

图5-14　带“翼”和“尾”的土工袋体示意图

常规的模袋法应用，一般将模袋平铺进行充灌，逐层进行交错堆坝，K. Matsushima[16]提出模袋与水平面以一定角度堆坝时，坝体的强度有所提高。通过图5-15可以进行论证。图5-15中，P_h、P_v分别为竖直向及水平向荷载，φ为袋与袋之间接触面的摩擦角，δ为模袋与水平面夹角。

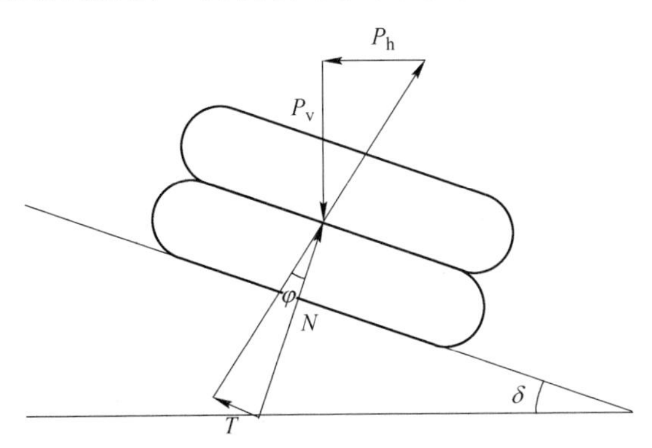

图5-15　袋间接触面摩擦角为φ，模袋与水平面夹角为δ时袋接触面层间力多边形图

在N及T的方向上进行力的分解可得：

$$N = P_v\cos\delta + P_h\sin\delta \tag{5-10}$$

$$T = -P_v\sin\delta + P_h\cos\delta \tag{5-11}$$

而当$\delta=0$时：

$$\tan\varphi = \frac{P_h}{P_v} = \frac{T}{N} \tag{5-12}$$

根据摩尔-库仑破坏理论，袋与袋间层间滑动破坏时：

$$\tau_n = \tan\varphi\sigma_n \tag{5-13}$$

当 $\delta = 0$ 时，式（5－13）变为：

$$\tau_{vh} = \tan\varphi\sigma_v \tag{5-14}$$

将式（5－10）、式（5－11）代入式（5－12），可以得到当 $\delta \geqslant 0$ 时：

$$\frac{T}{N} = \tan\varphi = \frac{-P_v\sin\delta + P_h\cos\delta}{P_v\cos\delta + P_h\sin\delta} = \frac{-\sin\delta + (P_v/P_h)\cos\delta}{\cos\delta + (P_v/P_h)\sin\delta} \tag{5-15}$$

因此当模袋沿着袋与袋之间发生层间滑动时，可以得到剪应力比及剪应力如下：

$$\frac{\tau_{vh}}{\sigma_v} = \frac{P_h}{P_v} = \frac{\sin\delta + \tan\varphi\cos\delta}{\cos\delta - \tan\varphi\sin\delta} = \tan(\varphi + \delta) \tag{5-16}$$

$$\tau_{vh} = \tan(\varphi + \delta)\sigma_v \tag{5-17}$$

式（5-13）与式（5-14）相比，增加了角度 δ，抗剪强度有所增大。因此从理论分析的角度，模袋体与水平面呈一定角度堆放，可以增加模袋堆体的抗剪强度。但在实际工程应用中，需要综合考虑模袋堆体的强度及设计方案的可实施性。

5.2.2.3　抗压强度与抗剪切强度

模袋堆坝的高度由模袋的抗压强度决定，通常在压力试验机上进行模袋体抗压试验来得到模袋体的抗压强度。图 5-16 分别为多层模袋水平堆放及与水平面以一定角度堆放时的大型侧向剪切试验仪装置图。图 5-17 为装置原理及位移测量点布置图。水平与倾斜堆存袋体的差异可以通过试验证实，并且确定最佳倾斜角。

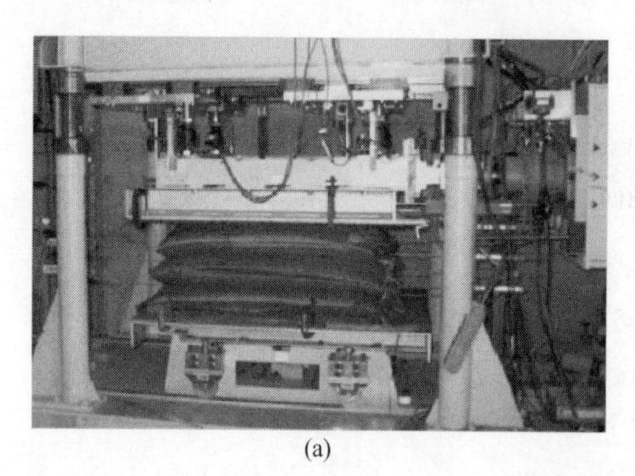
(a)

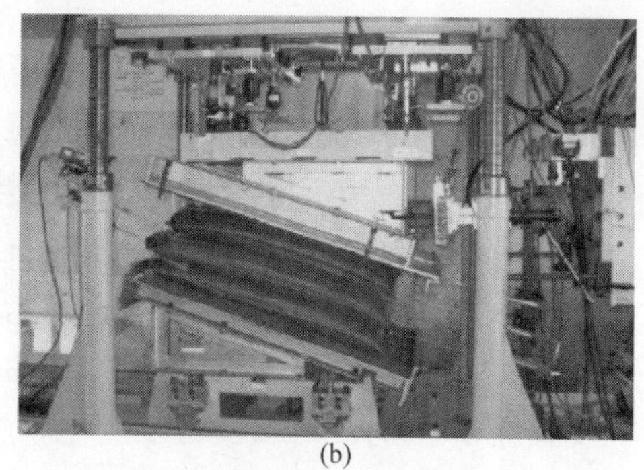
(b)

图 5-16　水平及以一定角度堆模袋时侧向位移测量试验装置

（a）水平堆放；（b）与水平面以一定角度堆放

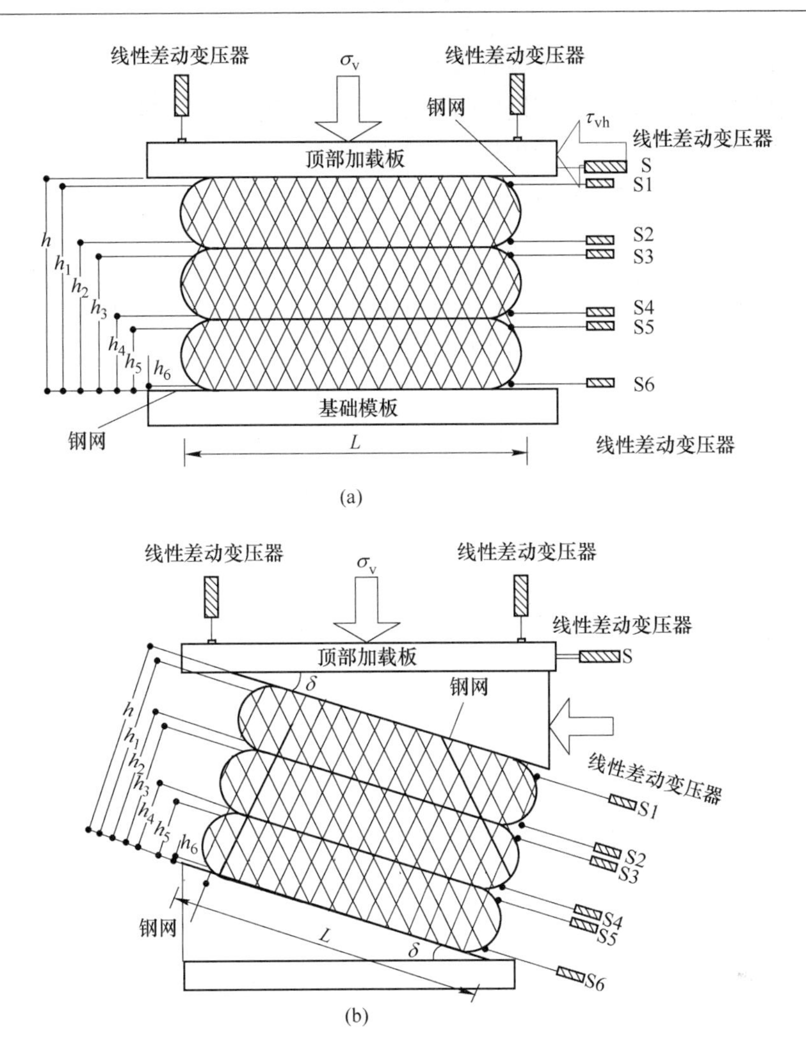

图 5-17 水平及以一定角度堆模袋时侧向位移测量

（a）水平堆放；（b）与水平面以一定角度堆放

施加竖向压力，记录压力大小及模袋高度变化，得出在竖向压力作用下模袋的压力-位移关系曲线和轴向应力-应变关系曲线。剪切试验时，先施加竖向荷载，待竖向荷载及变形均达到稳定后，施加水平荷载。记录竖向荷载、剪切荷载、模袋体竖向变形及各测量点的侧向位移，根据摩尔-库仑定律可求得模袋体的抗剪强度。

5.2.3 模袋坝体可能的破坏模式

多层模袋坝体破坏模式可以分为沿袋与袋接触面的滑动、模袋充填体的剪切变形及沿撕裂模袋体滑动。

5.2.3.1　沿袋与袋接触面的滑动

多层模袋组成的坝体，其抗压强度要远大于抗剪强度，这是由于袋与袋接触面的强度特征导致的，使模袋坝体呈现各向异性的性质。尤其当模袋尺寸较小，袋与袋之间接触面积有限的情况时，模袋堆体力学强度各向异性更为明显。模袋体的各向异性强度特性是由模袋堆体的强度发展机理决定的。

模袋堆体强度发展有两种不同的机理，如图 5-18 所示。在竖直向压缩模袋时，由于模袋布的拉伸力作用，模袋堆体产生自约束作用，使模袋充填体内的围压随着竖向压缩而增大。而当模袋堆体受到横向剪切力时，模袋布的拉伸力只有小幅增加，这时模袋堆体的自约束作用效果较小，可以认为自约束机理失效。因此模袋易沿着两个竖直袋的接触面发生滑动。这是在工程设计中需要考虑的模袋坝体稳定性的重要因素。

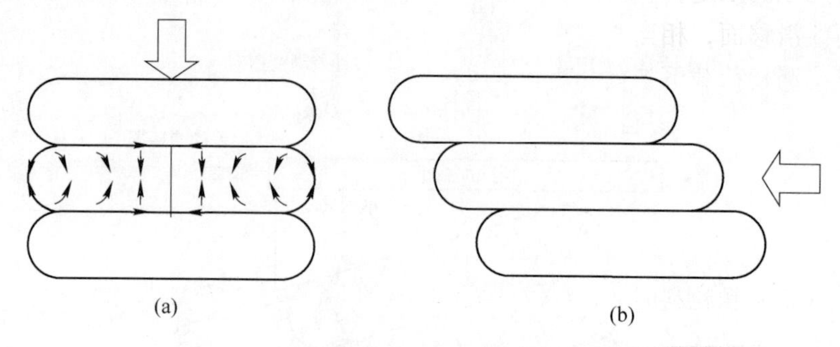

图 5-18　承受荷载时模袋体的自约束作用机理

（a）竖向荷载时的自约束作用机理；（b）横向剪切荷载时自约束作用失效

通过图 5-16 及图 5-17 的大型侧向剪切试验设备及安装在其上的线性差动变压器（S、S1 ~ S6）可以测量在竖向荷载 σ_v 下，不同剪切应力时模袋堆体各点发生的侧向位移。其中 S1 与 S2 之间、S3 与 S4 之间、S5 与 S6 之间的位移可表示模袋充填体的位移，而 S2 与 S3 之间、S4 与 S5 之间的位移可表示模袋层与层之间的位移。以上试验可通过比较各个点的侧向位移来分析模袋堆体的破坏方式。当 S 与 S3 之间或 S4 与 S5 之间发生明显的相对剪切位移，而 S1 与 S2 之间、S3 与 S4 之间、S5 与 S6 之间的位移较小时，可以判断模袋堆体发生的破坏为沿袋与袋接触面的层间滑动（见图 5-19）。

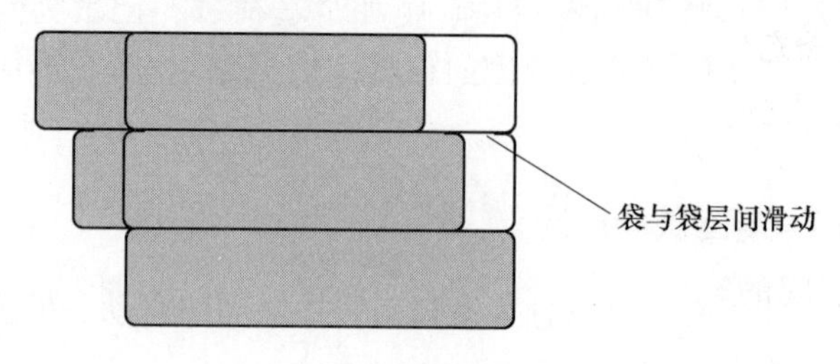

图 5-19　模袋层间滑动

而通过刚体极限平衡计算的滑动面分析，采用上游式宽顶子坝模袋堆坝时，沿袋与袋接触面的滑动，其滑动面将不再是一个完整的，而是由一个滑弧和通过上下两层模袋夹层的直线组成的复合滑动面。而且，在该组合滑动面情况下坝体的安全系数将有所提高，主要体现在以下几个方面：

（1）采用模袋法堆坝后由于模袋的存在，使得尾砂固结度较传统堆坝方式有所提高，固结后模袋强度提高、模袋与模袋之间的错缝搭接更加使整个模袋坝的整体性得到增强。

（2）采用模袋堆坝后，“坝壳”厚度显著增加，使得稳定计算滑弧向库内移动，尾矿坝安全性得到提高。

（3）模袋法堆坝为由强度较高的模袋体沿水平方向铺设而形成；由于模袋体水平方向上的限定，相对于传统上游法堆坝而言，最危险滑移面由圆弧滑动面转变为折线滑移面，相当于提高了末端滑出段部分坝体的稳定性安全系数。

在横向剪切荷载下，模袋坝体自约束作用失效，导致沿袋与袋接触面滑动。针对这一失效模式，研究人员需要找到在受到横向剪切时，提高多层模袋稳定性的有效方法。袋与袋间接触性能通过摩擦角反映，接触面摩擦角的大小与界面的粗糙度相关。而界面粗糙度与模袋充填材料粒径及模袋布材料的摩擦性能呈函数关系。一般充填材料较细时，固结后模袋布表面相对平整，而充填材料粒度粗，尤其含有一定粗颗粒料时，固结后模袋布表面粗糙度较高，如图 5-20 所示。

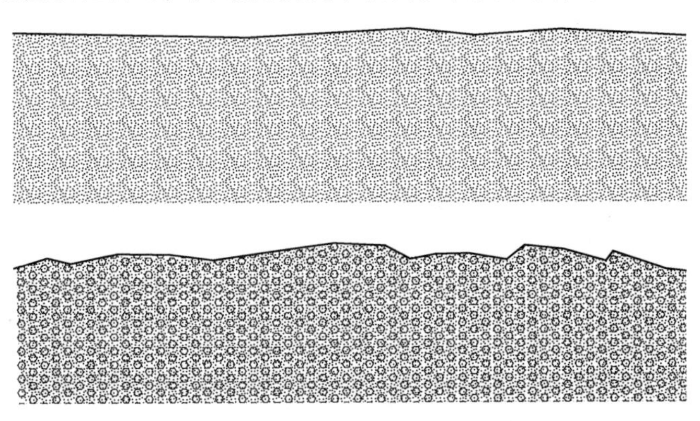

图 5-20 不同充填材料的模袋表面粗糙度示意图

5.2.3.2 模袋充填体剪切变形

当竖向压力增大到一定程度后，通过图 5-21 试验测量的各个点的相对剪切位移可以发现，两个竖直相邻模袋体层间滑动远小于各自袋体内的剪切变形。这是由于模袋充填体的抗剪强度随着竖向压力的增加而增大，但其增大的速率低于袋与袋层间的滑动阻力。因此当竖向压力足够大时，模袋充填体强度变大。

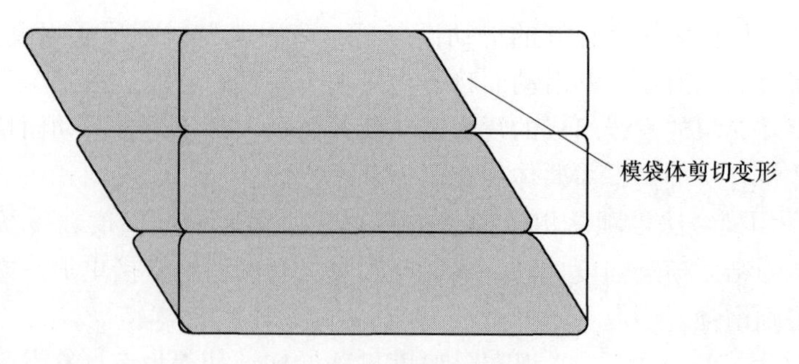

图 5-21　模袋体剪切变形

5.2.3.3　沿撕裂模袋体滑动

从模袋坝体的角度分析，模袋堆坝由于其排水固结后强度高、尾砂变密实的特点，模袋体周边的空间完全被致密的尾砂充满，形成一个“类固体”的整体，所以一般情况下不会发生沿模袋体撕裂面的滑动，这种滑动形式的可能性比较小。对应于模袋体被撕裂的情况，最可能的工况为：假如在子坝堆筑过程中由于堆坝速度非常快而下一层的模袋还没有固结，模袋体周边还有大量的水体未能渗出，此时过量荷载作用将会导致模袋体产生较大变形，受压水体对模袋体产生较大的撕裂破坏力，如此才会在模袋体周围或者模袋缝合处发生撕裂破坏。而当模袋体充分固结后，模袋内尾砂能够与外层模袋紧密接触，且受压后变形量极小，基本不会发生沿模袋体的撕裂破坏。

模袋法堆坝由于固结速度较快，模袋体充灌后能较快形成强度较高的整体。而且，由于模袋体沿水平方向一层层堆叠形成，克服模袋体撕裂所产生的作用力远远大于其层间滑动力；因此，沿模袋体层间滑动较沿模袋体撕裂滑动破坏更易发生。

除此之外，对于模袋法尾矿堆坝，当最危险滑动面不穿过模袋体时，还会发生未穿模袋体的深层滑动破坏方式。

5.3　模袋体力学特性试验

模袋体堆坝过程中在外界荷载作用下主要有三种受力状态和破坏模式：即受压破坏、剪切破坏、模袋体之间抗滑失稳破坏。针对这三种受力状态分别进行模袋体受压性能试验、剪切性能试验以及模袋体摩擦试验，获得作为一个单独模袋体的基本力学性能以及模袋体层间接触作用参数。通过综合分析模袋体力学增强机理及力学特性实验结果，分析研究模袋体在尾矿堆坝中的力学加强性能，并为模袋坝体的稳定性分析提供必要参数依据。

试验所用模袋布材料及尾砂均与某实际工程相同，模袋尺寸按试验设计的大小制作。试验所用模袋的基本力学设计参数见表 5-4，袋内充填尾砂粒径分布曲线如图 5-22 所示。

表 5-4　模袋的基本力学参数

试验项目			单位	平均值	参照标准
力学特性	单位面积质量		g/m^2	151	GB/T 13762—2009
	厚度（2kPa）		mm	0. 62	GB/T 13761. 1—2009
	孔隙率		%		计算
	断裂强度	*T*	N/5cm	1520	GB/T 3923. 1—2013
		W		1210	GB/T 3923. 1—2013
	断裂伸长率	*T*	%	20. 3	GB/T 3923. 1—2013
		W		18. 7	GB/T 3923. 1—2013

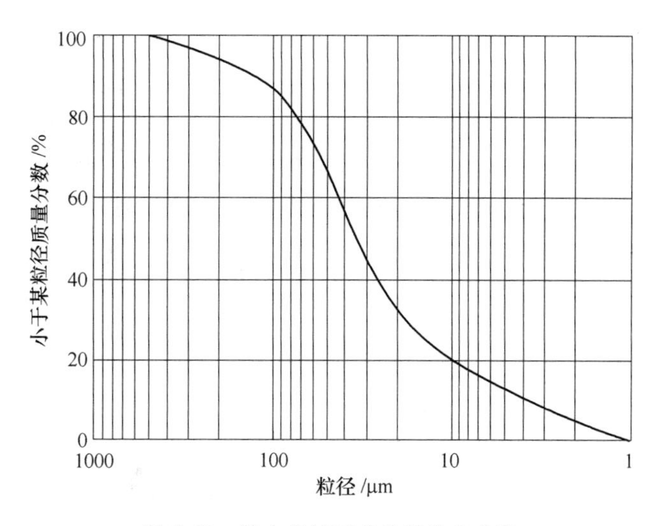

图 5-22　袋内充填尾矿粒径分布曲线

5. 3. 1　模袋体受压试验

对模袋体进行单轴压缩试验以揭示其力学性能和破坏特征。试验考虑不同固结时间对模袋力学性能的影响，通过单轴压缩试验得到不同固结时间条件下模袋的应力-应变关系以及模袋体的极限承载能力，探讨模袋的破坏特征和破坏机理。

5. 3. 1. 1　试验装置

根据试验条件，模袋试样尺寸为 0. 25m × 0. 25m × 0. 06m，试验所用主要仪器设备为 YAW-2000kN 型微机控制全自动压力试验机，试验机具有自动数据采集与处理功能，可实时记录载荷与变形（竖向）的关系曲线。试验装置如图 5-23 所示。

图 5-23　模袋受压性能试验装置

5.3.1.2　试验方法

模袋体受压试验过程在图 5-23 所示压力机上进行。将 0.25m × 0.25m × 0.06m 模袋平整地置于压力机承压板上。通过油压千斤顶对其施加均匀竖向压力，压力大小以及模袋高度的变化值通过数据处理仪器记录。最后得出在竖向压力作用下单个模袋体的压力-位移关系曲线和轴向应力-应变关系曲线。

5.3.1.3　试验结果

图5-24 和图5-25 显示了不同固结时间的模袋体在竖向压力作用下的压力-位移关系曲线和轴向应力-应变关系曲线。

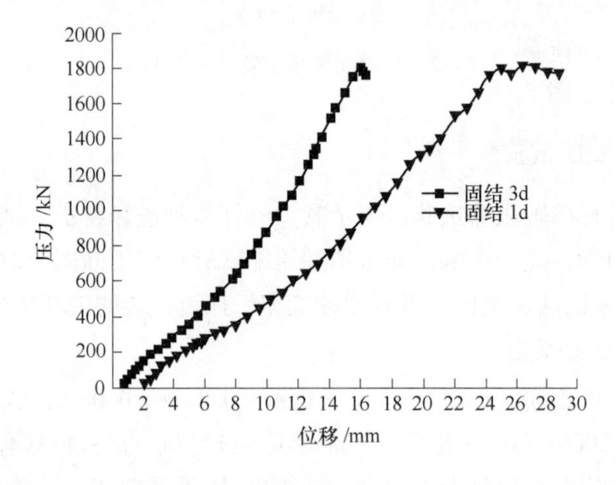

图 5-24　压力-位移关系曲线

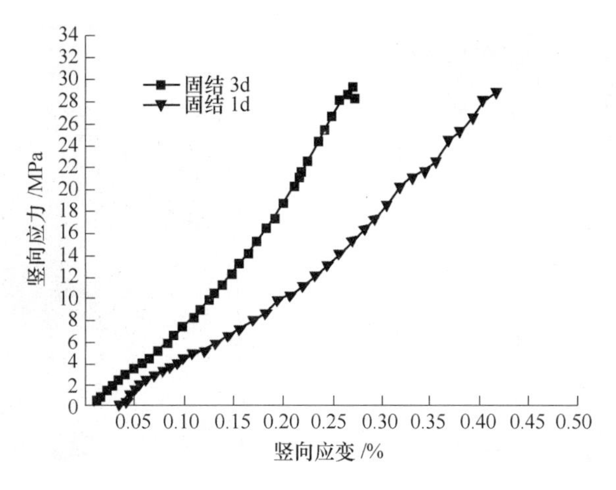

图 5-25　轴向应力-应变关系曲线

受压试验前首先对各试验模袋体内尾砂的含水率进行测试：固结 1d 后，模袋体受压前袋内尾砂含水率为 24.2%，受压后含水率为 12.9%；固结 3d 后，模袋体受压前袋内尾砂含水率为 18.7%，受压后含水率为 11.1%。

从压力-位移曲线可以看出，袋内尾砂在受压前含水率较高，在压力比较小时，水分流出，模袋在水平方向产生拉伸变形，此时其竖向位移发展较快，曲线段表现为：斜率较小，曲线较为平缓。随着竖向压力的不断增大，尾砂逐渐被压密实，竖向位移增加缓慢，曲线斜率不断增大，呈现出逐渐向上翘的趋势。含水率越高，竖向荷载下的位移越大。固结 1d 极限承载力为 1827kN，固结 3d 极限承载力为 1861kN，两者相差不大。

5.3.1.4　破坏特征

模袋体在竖向荷载下固结 1d 和 3d 的受压破坏图片如图 5-26 ~ 图 5-28 所示。由图 5-26 ~ 图 5-28 可知，模袋体的底面破坏较严重，主要在模袋体的边缘鼓胀处，由于此处拉伸变形受到限制，出现沿模袋纬向或经向的拉伸破坏。模袋体顶面的缝制处，由于强度较小成为薄弱点，在压力作用下沿此薄弱点产生拉伸变形，造成拉伸破坏。

图 5-26　固结 1d 模袋体底面破坏

从模袋体受压承载力结果来看：模袋体单轴抗压强度可达 29.5MPa，远

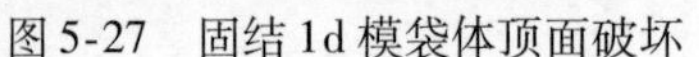

图 5-27　固结 1d 模袋体顶面破坏

图 5-28　固结 3d 模袋体底面破坏

大于尾砂体单轴抗压强度；表明模袋体单轴受压工况下的承载力较大，对于尾矿库实际堆载过程中，固结度较高模袋体基本不会产生受压破坏的可能。

从模袋体受压试验的压力-位移曲线可以看出：砂浆在受压前含水率较高，在压力比较小时，水分流出，模袋发生拉伸变形，此时其竖向位移发展较快，曲线段表现为：斜率较小，曲线较为平缓。随着竖向压力的不断增大，砂逐渐被压密实，竖向位移增加缓慢，曲线斜率不断增大，呈现出逐渐向上翘的趋势。此试验过程与模袋体的挤压固结排水作用机理相同。

5.3.2　模袋体剪切试验

在实际工程中，除了最上面一层模袋，其他的模袋都受到来自上部荷载的作用，尤其是最底层，受到的上部荷载作用最大。考虑到模袋是一种偏柔性的结构，当两个模袋的接触压力比较大时，接触面会发生一定的变形从而影响模袋的摩擦性能。因此，笔者通过模袋剪切性能试验，研究模袋在竖向压力影响下的摩擦性能。

5.3.2.1　试验装置

模袋体剪切试验的基本装置如图 5-29 所示。竖向荷载和水平推力均采用液压千斤顶施加，模袋体的水平位移用百分表测定。

5.3.2.2　试验原理

模袋体直剪试验的基本原理同摩尔-库仑理论，如图 5-30 所示。首先，在竖直方向施加一定大小的压力 N，然后，逐级增加水平方向的推力 F。当 F 增加到某个值时，中间的两个模袋体②和③处于将要滑动还未滑动的临界状态，记模袋体②和③此时受到的剪应力 τ（$\tau = F/2A$）为模袋的抗剪强度。不考虑模袋体的重力，根据受力平衡，这时模袋体②、③整体满足公式（5-18）的关系式。

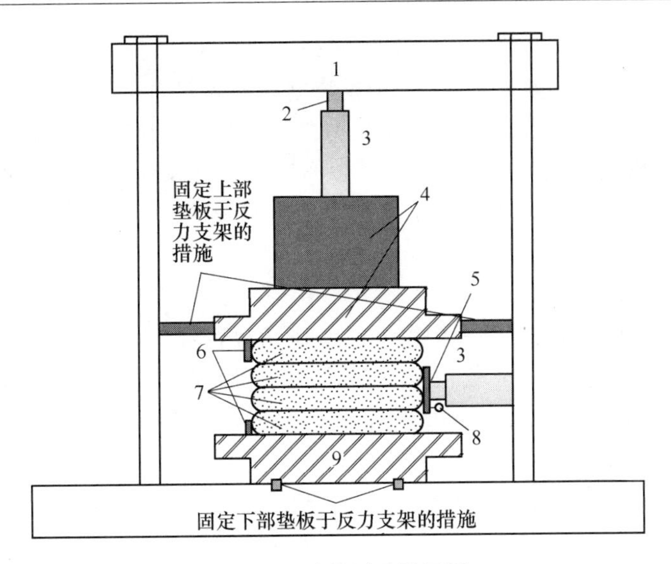

图 5-29　直剪试验装置图

1—反力架；2—传感器；3—千斤顶；4—上部刚性垫板；5—水平刚性垫板；
6—挡板；7—模袋；8—百分表；9—底部刚性垫板

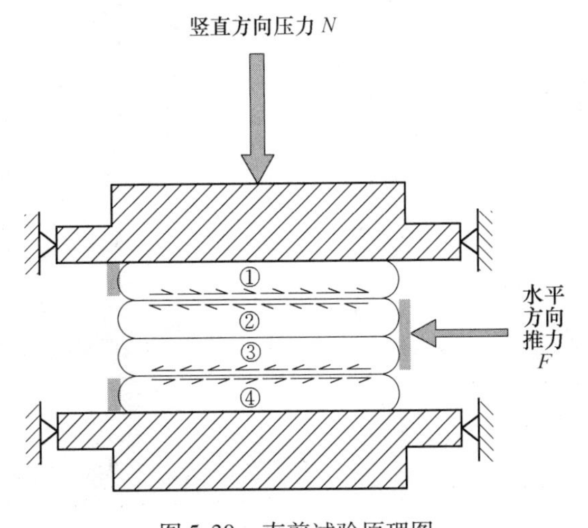

图 5-30　直剪试验原理图

$$F = 2N\mu + c \cdot 2A \tag{5-18}$$

式中　F——水平方向施加的推力；

N——竖直方向施加的压力。

现对式（5-18）作如下处理：

$$\frac{F}{2A} = \frac{2N\mu}{2A} + \frac{2cA}{2A} \tag{5-19}$$

转换公式形式可得，

$$\tau = \sigma\mu + c \tag{5-20}$$

式中，μ 为模袋之间的摩擦系数；c 为模袋之间的黏聚力。

由式（5-20）可知模袋体的极限抗剪强度 τ 是关于压应力 σ 的一次函数，该函数的斜率为模袋间的摩擦系数 μ。因为临界状态难以确定，故在试验过程中认为第一次水平方向的力 F 施加不上或者第一次模袋体②、③整体发生较大位移所对应的力 F 满足式（5-19）的关系。

5.3.2.3　试验方法

把制好并固结完成的模袋体按图 5-31 所示放置好，并固定。模袋放置好后，先施加竖向荷载，待竖向荷载和竖向变形均稳定后开始施加水平荷载。施加水平力的速率应适当选择，每隔 1min 施加水平力一次，控制在 15 ~ 20min 内完成剪切试验。施加水平力的具体方法如下：（1）采用应力控制，通过千斤顶施加，并用万用表的力与电压的换算关系来计量；（2）施加每一级水平力时，均应测记剪切力和模袋体的水平位移。位移量应在施加下一级水平力前读出并记录。

图 5-31　模袋体剪切性能试验过程

试验的破坏标准以及破坏时水平应力的选取一般取剪应力 τ 与水平位移 ΔL 关系曲线上峰值或稳定值作为抗剪强度。如无明显峰值，可按下列情况作为模袋体开始滑动的特征：（1）τ 不增大，而水平位移 ΔL 呈直线增加，此点以前无明显位移；（2）τ 不断增大的同时，水平位移突然猛增，或水平力减小，而位移继续增大，在曲线上呈现明显的弯曲部段。

最后根据试验结果绘制剪应力 τ_f 和剪切位移 S（剪切位移 S 由百分表测得）

的关系曲线。为了得到模袋体之间的摩擦系数，还要作出不同压应力 σ 和相应的模袋体极限抗剪强度 τ_f 的关系曲线，该曲线斜率即为模袋体间的摩擦系数。图 5-31 为模袋体剪切性能试验过程。

5.3.2.4 试验结果与分析

模袋体剪切性能试验研究了法向应力分别为 0.20MPa、0.32MPa、0.40MPa、0.52MPa、0.72MPa、0.88MPa、1.00MPa、1.12MPa 下模袋体之间的摩擦性能。根据试验结果绘制的 τ-S 曲线和 σ-τ_f 曲线分别如图 5-32 和图 5-33 所示。

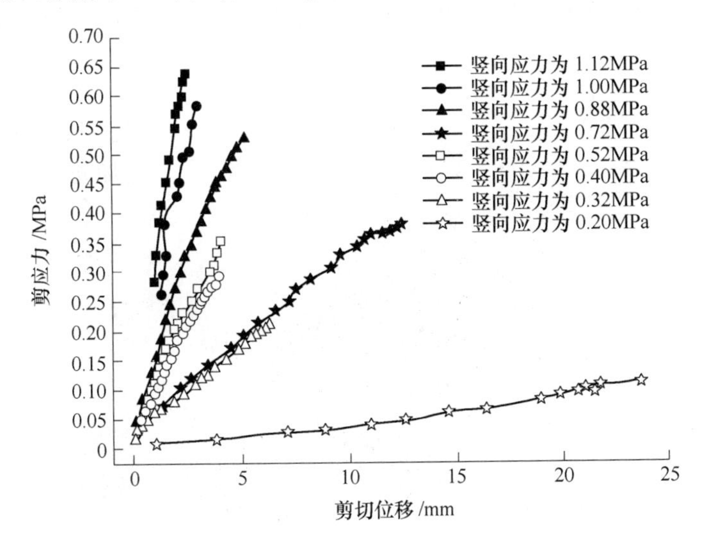

图 5-32 不同压力作用下的剪应力和剪切位移的关系曲线

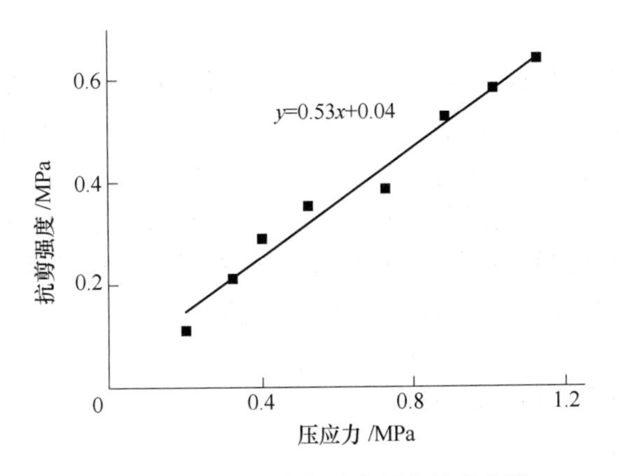

图 5-33 抗剪强度与垂直压力关系曲线

由模袋体层间剪切滑移试验可得：模袋体层间滑动破坏发生时，模袋体层间黏聚力 c = 40kPa，摩擦系数为 0.53，内摩擦角 φ = 28°。

5.3.3 模袋体摩擦试验

为了研究模袋体之间的摩擦性能，得到模袋体间的摩擦系数，从而为计算整个模袋坝体的稳定性提供必要的参数，作者通过室内模袋体摩擦试验测定模袋体间的摩擦系数，获得不同含水率的模袋体间的摩擦系数。

5.3.3.1 试验装置

依据相关标准规定，设计并加工了一套斜坡设备，斜坡板尺寸为 1.5m × 1.5m，斜坡倾角可在0°~60°范围内调整，并可通过表盘读出。斜坡试验装置如图 5-34 所示。

图 5-34　斜坡滑移试验装置

5.3.3.2 试验原理

斜坡滑移试验原理如图 5-35 所示。在某一倾角为 α 的斜坡上叠放两个尺寸一样的模袋，如图 5-35 所示的模袋体 1 和模袋体 2 那样。因为要研究模袋体之间的摩擦性能，所以下层模袋体，即模袋体 2 被一挡板固定，防止其沿斜面下滑。对模袋体 1 进行受力分析，假设斜坡倾角为 α 时，模袋体 1 处于极限平衡状态，这时对应的斜坡倾角 α 称为模袋体发生相对滑动的临界角，这时模袋体 1 的受力状态如图 5-35 所示，并满足式（5-21）的关系。

$$G\sin\alpha = \mu G\cos\alpha \tag{5-21}$$

式中　μ——模袋体之间的摩擦系数。

解得：

$$\mu = \frac{G\sin\alpha}{G\cos\alpha} = \tan\alpha \tag{5-22}$$

由式（5-22）可知，模袋体之间的摩擦系数可用模袋发生相对滑动的临界角表示。

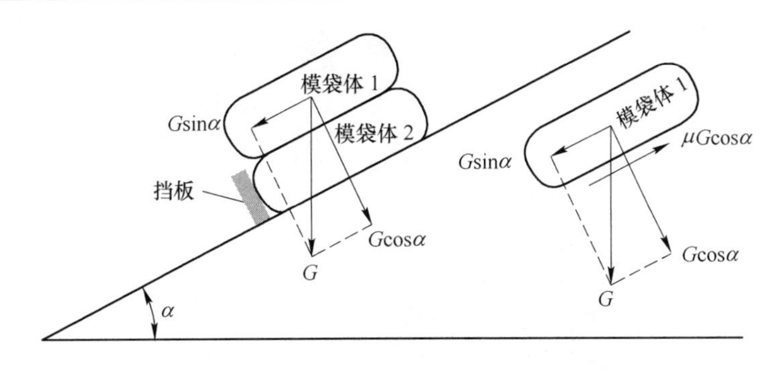

图 5-35 斜坡滑移试验原理图

5.3.3.3 试验方法

（1）试验模袋的制备。应用与现场大尺度堆坝试验相同的防老化编织布，裁剪并缝制成尺寸为 0.55m×0.55m 的编织袋，并在编织袋的一侧留一灌浆口，缝制好后向编织袋内灌注与施工现场一样的尾矿砂浆，制成基本尺寸为 0.5m×0.5m×0.1 m 的模袋。一共制作了 6 个试验模袋，每两个为一组，模袋体固结天数分别为 4d、8d、12d。

（2）模袋体间摩擦系数的量测。首先，在加工的斜坡装置上整齐地叠放两个模袋体，其中下层模袋体被一挡板固定，防止其沿坡面下滑；然后，逐渐缓慢地转动表盘不断提高斜坡倾角，当两层模袋体之间有相对滑动时，读取表盘的读数，即为两层模袋体发生相对滑动的临界角；最后，由临界角并应用式（5-22）计算出模袋体间的内摩擦角。每组重复试验 4 次，计算并记录试验结果。图 5-36～图 5-38 为试验过程。

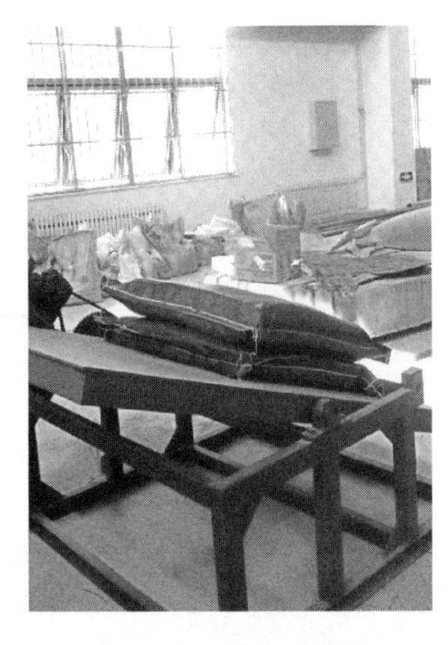

图 5-36 滑落前模袋体

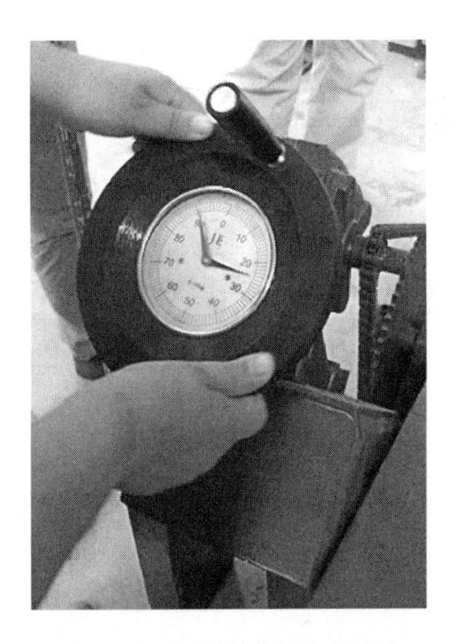

图 5-37 临界滑动角表盘读数

图 5-38　滑落后模袋体

5.3.3.4　试验结果与分析

斜坡滑移试验结果见表 5-5。从表 5-5 中可知，对于 0.5m×0.5m×0.1m 的模袋体，随着固结天数的增加，含水率降低，临界角度增加，摩擦系数增大。

表 5-5　斜坡滑移试验结果

试件尺寸/m×m×m	含水率/%	临界角度/(°)	平均临界角度/(°)	摩擦系数
0.5×0.5×0.1（固结 4d）	17.8	25.43	24.52	0.46
		24.10		
		23.91		
		24.63		
0.5×0.5×0.1（固结 8d）	16.9	28.62	28.01	0.53
		26.23		
		27.89		
		29.30		
0.5×0.5×0.1（固结 12d）	15.5	30.65	30.93	0.60
		29.25		
		31.64		
		32.19		

由斜坡试验分析可得：初始充灌固结后模袋体层间的摩擦系数在 0.5 左右，摩擦角在 28°左右。随着固结时间的增加，含水率降低，摩擦系数进一步增加。固结 12d 后，模袋体层间的摩擦系数升至 0.6 附近，摩擦角为 31°左右。

参 考 文 献

[1]《土工合成材料工程应用手册》编写委员会．土工合成材料工程应用手册［M］.2版．北京：中国建筑工业出版社，2000.

[2] 包承纲．堤防工程土工合成材料应用技术［M］. 北京：中国水利水电出版社，1999.

[3] 周志刚，郑健龙．公路土工合成材料设计原理及工程应用［M］. 北京：人民交通出版社，2001.

[4] 王钊．土工合成材料［M］. 北京：机械工业出版社，2005.

[5] 中华人民共和国水利部．GB 50290—1998 土工合成材料应用技术规范［S］. 北京：中国建筑工业出版社，1998.

[6] 南京水利科学研究院．SL/T 235—1999 土工合成材料测试规程［S］. 北京：中国建筑工业出版社，1999.

[7] 全国塑料制品标准化技术委员会．GBT 17690—1999 土工合成材料 塑料扁丝编织土工布［S］. 北京：中国标准出版社，1999.

[8] 国家纺织制品质量监督检验中心．GBT 17640—2008 土工合成材料 长丝机织土工布[S]. 北京：中国标准出版社，2008.

[9] 中国纺织科学研究院．GBT 17641—1998 土木合成材料 裂膜丝机织土工布［S］. 北京：中国标准出版社，2008.

[10] 彭红波．模袋砂力学性能试验研究［D］. 广州：华南理工大学，2010.

[11] Hajime Matsuoka, Sihong Liu. A New Earth Reinforcement Method using Soilbags [M]. London, UK: Taylor & Francis Group, 2005.

[12] 刘斯宏，松冈元．土工袋加固地基新技术［J］. 岩土力学，2007，28（8）：1665-1670.

[13] 白福青，刘思宏，王艳巧．土工袋加固原理与极限强度的分析研究［J］. 岩土力学，2010（31）．

[14] Tantono S F, Bauer E. Numerical simulation of a soilbag under vertical compression [J]. In: The 12th international conference of International Association for Computer Methods and Advances in Geomechanics (IACMAG), Goa, India; 2008.

[15] Lade P V, Duncan J M. Elastoplastic stress-strain theory for cohensionless soil [J]. Journal of the Geotechnical Engineering Division, ASCE, 1975.

[16] Matsushima K, Aqil U, Mohri Y, et al. Shear strength and deformation characteristics of geosynthetic soil bags stacked horizontal and inclined [J]. Geosynthetics International, 2008, 15 (2): 119-135.

6 模袋坝体稳定性计算

坝体稳定性评价是尾矿坝建设的重要组成部分，模袋法堆坝技术作为一种新型细粒尾矿堆坝方法，是“新材料、新技术、新工艺”成功应用于矿山尾矿库堆坝的具体体现。其坝体稳定性评价方法及其堆坝过程中的安全情况成为了模袋法堆坝工程能否成功实施的关键。

目前来说，尾矿坝坝体稳定性评价方法仍沿用传统土力学的分析方法，主要包括极限平衡法以及有限元强度折减法等。模袋经尾砂固结充填后形成的模袋坝体一方面本身强度很高，在一定程度上可以作为一个整体看待；另一方面，模袋坝体的破坏方式、滑弧形式等与常规尾矿坝也存在一定的区别，仍采用原有分析方法将面临参数辨识、滑弧确定以及计算理论不适用等问题。因此，本章将围绕模袋体特性试验研究成果，并结合现有稳定性评价方法，开展适用于模袋坝体的稳定性评价方法研究，以期建立模袋法堆坝的质量、强度及稳定性评价体系。

6.1 模袋法尾矿坝坝体稳定性分析

利用模袋布的透水不透浆特性，模袋法尾矿堆坝技术能较好地解决细粒尾矿堆坝困难，实现边生产、边堆坝，经济效益显著，广泛适用于老尾矿库改扩建及新库建设。对其开展的试验研究表明模袋坝体具有以下一些特性：

（1）模袋体具有很高的抗压强度。试验与理论表明在袋体张力作用下模袋体内部土体可获得一个较大附加凝聚力值。

（2）模袋内充填材料无严格限制，可以是各种砂石、土、建筑废料，也可以是粒度较细的尾矿料。

（3）堆积模袋体的横向抗剪强度要远小于其竖向抗压强度。试验表明无论模袋体堆置水平或倾斜，模袋体的破坏形式主要为沿着袋体界面滑动。

基于以上成果，单个模袋体因具有较高的强度，本身发生破裂的可能性不大，堆积模袋体的破坏形式以袋体界面滑移为主。为此，总结模袋法尾矿坝的可能滑移破坏方式主要为以下两种，如图 6-1 所示，即沿模袋层间界面滑出和越过模袋结构滑出。

6.1.1 沿模袋层间界面滑出

单体模袋体由于袋体张力作用可获得较高的强度参数。采用模袋法堆坝后较

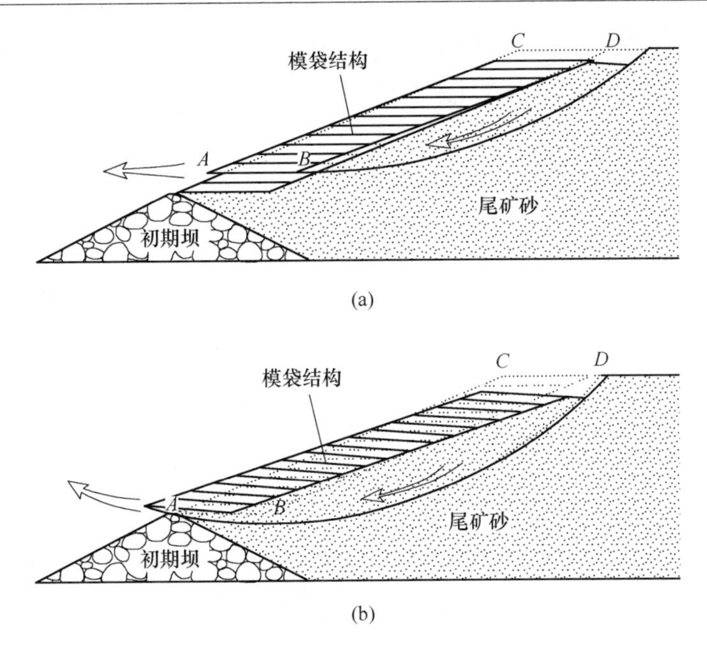

图 6-1 模袋法尾矿坝破坏形式

（a）沿模袋层间界面滑出；（b）越过模袋结构滑出

可能的破坏形式是沿模袋体的水平滑动，该滑动面是由一个滑弧和通过上下两层模袋夹层的直线组成的复合滑动面。其特点主要体现在以下几个方面：

（1）采用模袋法堆坝后由于模袋的存在，使得尾砂固结度较传统堆坝方式有所提高，固结后模袋强度提高，模袋与模袋之间的错接搭缝使整个模袋坝的整体性得到增强。

（2）采用模袋堆坝后，“坝壳”厚度显著增加，使得稳定计算划弧向库内移动，尾矿坝安全性得到提高。

（3）模袋法堆坝由强度较高的模袋体沿水平方向铺设形成；由于模袋体水平方向上的限定，相对于传统上游法堆坝而言，最危险滑移面由圆弧滑动面转变为折线滑移面，相当于提高了末端划出段部分坝体的稳定性安全系数。

6.1.2 越过模袋结构滑出

对于模袋法尾矿堆坝，当模袋坝体尺寸较小或模袋坝体底部基础材料较弱，抑或尾矿库整体处于软弱基础时，尾矿坝最危险滑动面可能不穿过模袋体，继而发生未穿模袋体的深层滑动破坏方式，该滑动方式与传统尾矿坝滑动面、稳定性分析方法一致。

上述两种滑移破坏方式的主要区别是滑移面的形式和位置不同。方式一由模袋界面水平段和尾砂体圆弧滑移面两部分组成；方式二为位于尾砂体内的圆弧滑移面。为此，本章将从刚体极限平衡法、有限单元法两种思路出发，围绕以上两种破坏方式建立能反映模袋法堆坝特性的稳定性计算方法。

6.2 刚体极限平衡法

针对以上模袋法堆坝破坏方式的特点，在刚体极限平衡法分析理论的基础上，本章提出可采用以下三种思路来开展模袋法坝体稳定性计算：(1) 采用传统竖直向条分法，将圆形滑弧修改为由模袋界面水平段和尾砂体圆弧滑移面两部分组成的复杂滑弧；(2) 将滑弧以上的模袋体部分视为隔离压坡体，求解其相互作用力并开展稳定性分析；(3) 采用水平条分极限平衡法。

6.2.1 改进的竖直条分极限平衡法

对于模袋法尾矿坝的深层滑动而言，由于滑弧不穿过模袋体，其滑动破坏方式与常规尾矿坝的破坏方式相同，在这种情况下可用常规的极限平衡法计算模袋法尾矿坝安全系数。但当模袋法尾矿坝发生浅层滑动时，其末端滑出段只能沿模袋体水平滑出，所以此时的滑移面为圆弧滑移面和水平滑移面的组合。为了分析这种情况下的尾矿坝的稳定性，对简化 Bishop 条分法作了一些改进，使之更适合分析发生浅层滑动的模袋法尾矿坝的稳定性。

如图 6-2 所示，整个滑移面是水平和圆弧的组合滑移面，在应用 Bishop 条分法分析该模袋法尾矿坝的稳定性时，是把水平滑移面对应的部分（图 6-2 中所示的是一部分砂体和一部分模袋体）作为一个大条块，如图 6-2（a）中所示的条块 *ABC*，圆弧滑移面对应的部分仍按原来的方法条分。圆弧滑移面上的条块其受力分析方法和前述方法一样，水平滑移面对应的条块 *ABC* 其受力图如图 6-2（b）所示。图中，W_1 为条块 *ABC* 本身的重力，作用点为该条块形心位置；N_1 和 T_1

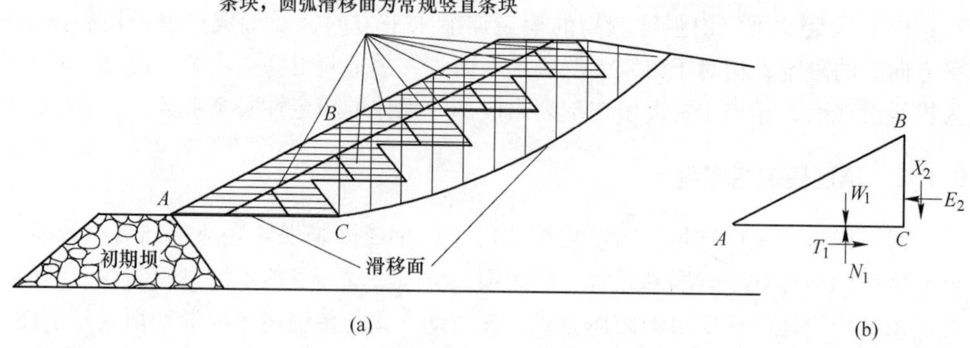

图 6-2 改进的极限平衡法在模袋法尾矿坝稳定性分析中的应用
（a）滑移面示意图；（b）受力图

分别为条块 ABC 水平滑移面上的正压力和抗滑力，因滑移面 AC 处于极限平衡状态。所以，N_1 和 T_1 符合这样的关系：$T_1 = \dfrac{N_1\tan\varphi_1 + c_1 l_1}{F_s}$，$\varphi_1$、$c_1$ 和 l_1 分别为水平滑移面上的内摩擦角、黏聚力和水平滑移面的长度，水平滑移面上的材料参数要根据接触面的不同赋予不同的值，F_s 为滑移面上的安全系数；X_2、E_2 为条块 ABC 的条间力。所有的条块力分析完成之后就是通过平衡方程和力矩平衡方程求解该模袋法尾矿坝沿组合滑移面滑动的安全系数，具体计算过程与传统简化 Bishop 法一致。

6.2.2 模袋刚体压坡极限平衡法

借鉴刘斯宏等人[1]的分析思路，将滑弧以上的模袋体部分视为隔离压坡体，并对其所提方法进行改进：（1）采用力矩平衡及滑移面极限平衡条件修正了隔离体模袋结构的受力求解方法；（2）考虑模袋体与尾砂体均达到极限状态，采用叠加原理建立模袋法尾矿坝稳定性分析方法。

理论分析：模袋刚体压坡极限平衡方法是把模袋作为隔离压坡体来考虑。即在分析过程中，首先把滑移面之上的模袋体部分视为隔离刚性体，并单独对其进行受力分析，求出尾矿砂和模袋坝之间的相互作用力，然后，把求解的作用力均布在尾矿砂上，利用常规的刚体极限平衡法计算只含有尾砂部分的稳定性（安全系数），并计算刚性模袋体随尾砂一起滑动的稳定性（安全系数），最后把这两种情况叠加在一起计算尾矿坝的整体安全系数。

数值计算分析：

如图 6-3 所示的模袋法尾矿坝，假设该尾矿坝破坏时会沿 AB 段水平滑出，则取 $ABCD$ 为隔离体，如图 6-4（a）所示，通过静力平衡条件和极限平衡条件可求出隔离体 $ABCD$ 所受的力，然后，可求得隔离体对尾矿砂的作用力，最后分析如图 6-4 所示的尾矿坝的稳定性。分析过程如下：

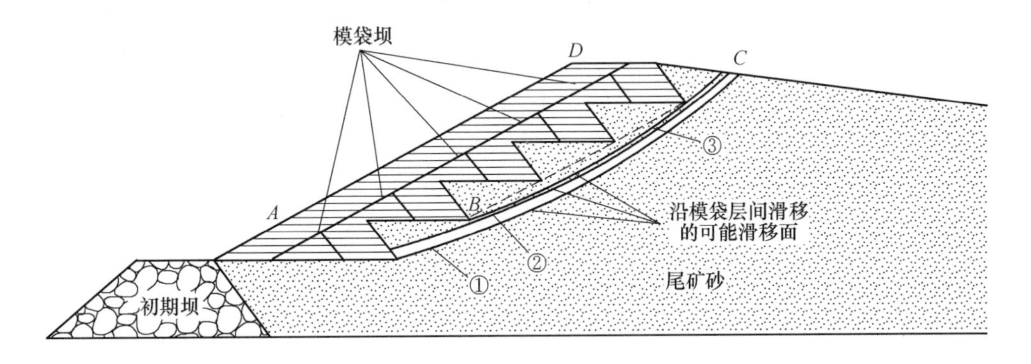

图 6-3 块体模袋条分法在模袋法尾矿坝中的应用

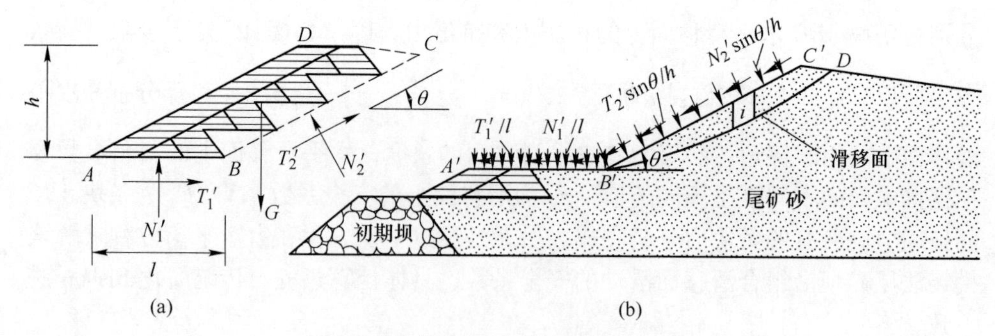

图6-4　块体模袋条分法尾矿分析方法

（a）受力图；（b）滑移面示意图

对图6-4（a）所示的隔离体 *ABCD* 进行受力分析，由静力平衡条件可列三个平衡方程：

$$\left.\begin{aligned} N_1' + N_2' \cdot \cos\theta + T_2' \cdot \sin\theta - G = 0 \\ T_1' + T_2' \cdot \cos\theta - N_2' \cdot \sin\theta = 0 \\ \frac{h}{2} \cdot G \cdot \cot\theta - \frac{l}{2} \cdot T_2' \cdot \sin\theta - N_2' \cdot \left(\frac{h}{2 \cdot \sin\theta} + \frac{l \cdot \cos\theta}{2}\right) = 0 \end{aligned}\right\} \tag{6-1}$$

式（6-1）中的第三个方程由隔离体 *ABCD* 所受的力对 *AB* 中点取矩所得。

AB 段为滑移面，其处于极限平衡状态，有如下关系式：

$$T_1' = N_1' \cdot \tan\varphi' \tag{6-2}$$

四个未知数，四个方程可解得 T_2'、N_2'、T_1'、N_1' 分别为：

$$T_2' = \frac{\frac{h}{2}AG\cot\theta - CG\tan\varphi}{AD - BC} \tag{6-3}$$

$$N_2' = \frac{DG\tan\varphi - \frac{h}{2}BG\cot\theta}{AD - BC} \tag{6-4}$$

$$T_1' = \frac{G(AD - BC + E)\tan\varphi}{AD - BC} \tag{6-5}$$

$$N_1' = \frac{G(AD - BC + E)}{AD - BC} \tag{6-6}$$

其中

$$A = \sin\theta + \cos\theta\tan\varphi$$

$$B = \sin\theta\tan\varphi - \cos\theta$$

$$C = \frac{h}{2\sin\theta} + \frac{l}{2}\cos\theta$$

$$D = \frac{l}{2}\sin\theta$$

$$E = \frac{h}{2}(B - A)\cot\theta\cos\theta + (C\sin\theta - D\cos\theta)\tan\varphi$$

现对图6-4（b）所示的部分进行分析，把求出的 T_2'、N_2'、T_1'、N_1' 分别均布在 $B'C'$ 和 $A'B'$ 面上，并令：

$$\begin{cases} p_1 = N_1'/l & q_1 = T_1'/l \\ p_2 = N_2'\sin\theta/h & q_2 = T_2'\sin\theta/h \end{cases}$$

其中 b_i 为单个土条的宽度。弧 $B'D$ 为假设的滑移面。对其中的第 i 个土条进行受力分析，如图6-5所示。

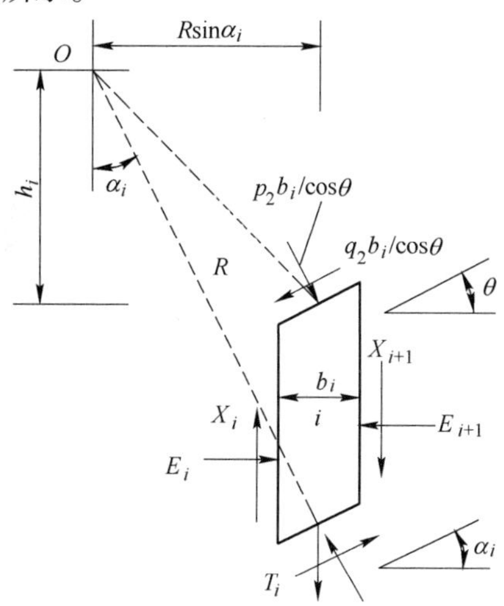

图6-5　土条 i 的受力分析图

根据竖向静力平衡有：

$$T_i\sin\alpha_i + N_i\cos\alpha_i + X_i - X_{i+1} - q_2 b_i\tan\theta - p_2 b_i - G_i = 0 \tag{6-7}$$

根据满足安全系数为 F_s 的极限平衡条件，有

$$T_i = \frac{c_i l_i + N_i \cdot \tan\varphi_i}{F_s} \tag{6-8}$$

把式（6-8）代入到式（6-7）可得 N_i：

$$N_i = \frac{G_i' + X_{i+1} - X_i - \dfrac{c_i l_i}{F_s}\sin\alpha_i}{\cos\alpha_i + \dfrac{\tan\varphi_i}{F_s}\sin\alpha_i} \tag{6-9}$$

其中

$$G_i' = G_i + p_2 b_i + q_2 b_i\tan\theta$$

下面考虑滑移体的整体力矩平衡，整个滑移体是由图6-4（a）所示的 $ABCD$ 和图6-4（b）所示的 $B'DC'$ 组成，即发生滑动时 $ABCD$ 部分和 $B'DC'$ 部分会沿着滑移面共同滑出，在列整体力矩平衡方程时先是对这两部分分开考虑，然后再叠加在一起，列出整个滑移体的力矩平衡方程。

考虑滑移体 $B'DC'$ 部分的力矩平衡，对圆弧滑移面的圆心 O 取矩有：

$$\sum_{i=1}^{n}(G_i + p_2 b_i + q_2 b_i \tan\theta) \cdot R\sin\alpha_i + \sum_{i=1}^{n}(q_2 b_i - p_2 b_i \tan\theta) \cdot h_i = \sum_{i=1}^{n} T_i R \tag{6-10}$$

式中　b_i ——相应条块的宽度，m；

h_i ——相应条块上端中心点位置到圆心的垂直距离，m；

R ——圆弧滑移段的半径，m。

考虑隔离体 $ABCD$ 部分的力矩平衡，如图 6-6 所示，AB 为滑移面，其满足安全系数为 F_s 的极限平衡条件。对圆弧滑移面的圆心 O 取矩，有：

$$Gd_2 - (T_2\sin\theta + N_2\cos\theta)d_3 - N_1 d_1 = \frac{T_1 H}{F_s} + (T_2\cos\theta - N_2\sin\theta)\left(H - \frac{h}{2}\right) \tag{6-11}$$

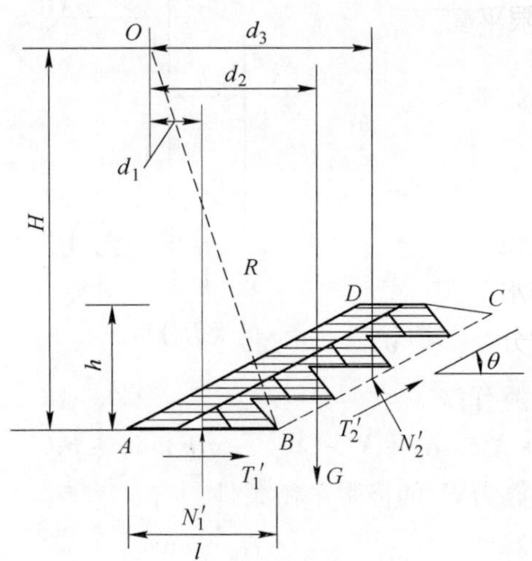

图 6-6　隔离体 $ABCD$ 力矩分析图

式（6-10）中的 $\sum_{i=1}^{n}(q_2 b_i - p_2 b_i \tan\theta) \cdot h_i$ 和式（6-11）中的 $(T_2\cos\theta - N_2\sin\theta)\left(H - \frac{h}{2}\right)$ 相等。故式（6-10）和式（6-11）两式叠加，可得：

$$\begin{aligned}&\sum_{i=1}^{n}(G_i + p_2 b_i + q_2 b_i \tan\theta) \cdot R\sin\alpha_i + Gd_2 - \\ &(T_2\sin\theta + N_2\cos\theta)d_3 - N_1 d_1 = \frac{T_1 H}{F_s} + \sum_{i=1}^{n} T_i R\end{aligned} \tag{6-12}$$

令 $D = \sum_{i=1}^{n}(G_i + p_2 b_i + q_2 b_i \tan\theta) \cdot R\sin\alpha_i + Gd_2 - (T_2'\sin\theta + N_2'\cos\theta)d_3 - N_1' d_1$，则

式（6-12）可写为：

$$D = \frac{T_1 H}{F_s} + \sum_{i=1}^{n} T_i R \tag{6-13}$$

把式（6-8）和式（6-9）代入到式（6-12）并取：

$$X_{i+1} - X_i = 0$$

最后整理为：

$$F_s = \frac{T_1 h + \sum_{i=1}^{n} \frac{R}{m_{ai}}(c_i b_i + G_i' \tan\varphi_i)}{D} \tag{6-14}$$

式（6-14）即为根据模袋刚体极限平衡法得到的分析模袋法尾矿坝稳定性的计算公式。

6.2.3 水平条分极限平衡法

前面的模袋刚体压坡极限平衡法，仅考虑模袋体的压坡作用，一定程度上忽略了模袋体之间的层间接触作用；由于模袋在实际工程中是一层层堆叠的，当模袋法尾矿坝发生浅层滑动时，需重点考虑沿模袋体发生的层间滑动破坏方式。常规竖直条分法无法避免滑移带沿模袋体内部穿过这一问题，所以本章节尝试采用基于极限平衡原理的水平条分法[2,3]，分析模袋法尾矿坝的稳定性；而且，由于水平条分法条块的划分与模袋体的铺设方式一致，一定程度上可较为理想地反映模袋体间的层间滑移破坏规律。

6.2.3.1 原理

本书所述的水平条分法是在均质土坡的条件下推导的，是一种非严格的计算方法。水平条分法计算结果的准确与否关键是对条间力的处理，在推导水平条分法时分别提出了不同的条间力计算方法[2,3]。本书推导水平条分法的基本原理为：对于某一均质边坡，当滑移线的最低点位置在坡脚处时水平条分法的计算结果应和传统的竖直条分法的计算结果一样。本书水平条分法的条间力计算就是基于这样的思想得到的。基本原理类似于但又区别于钟瑚穗介绍的方法，是对其介绍方法的改进[2]。

A 圆弧滑移线的水平条分法

如图 6-7 所示，从圆弧滑动体 *ABC* 内取一水平土条，设其编号为 i，并设与土条 i 有相同滑移线的竖直土条编号为 i'。对这两个土条进行受力分析，如图 6-8 所示。

如图 6-8（a）所示，根据竖直方向静力平衡，有：

$$E_i + T_i \sin\alpha_i + N_i \cos\alpha_i - G_i - E_{i+1} = 0 \tag{6-15}$$

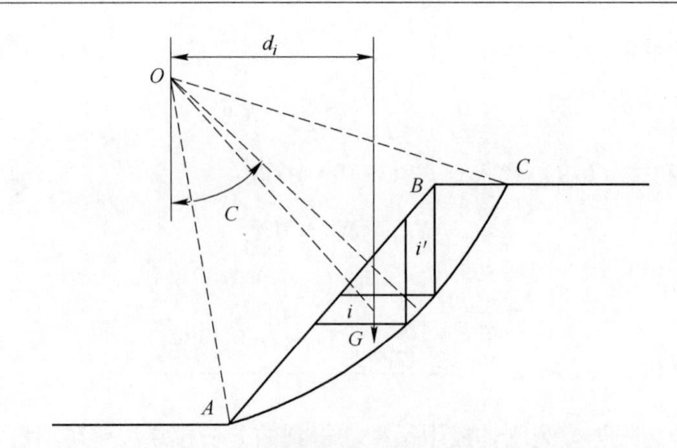

图 6-7 圆弧滑移面的水平条分法

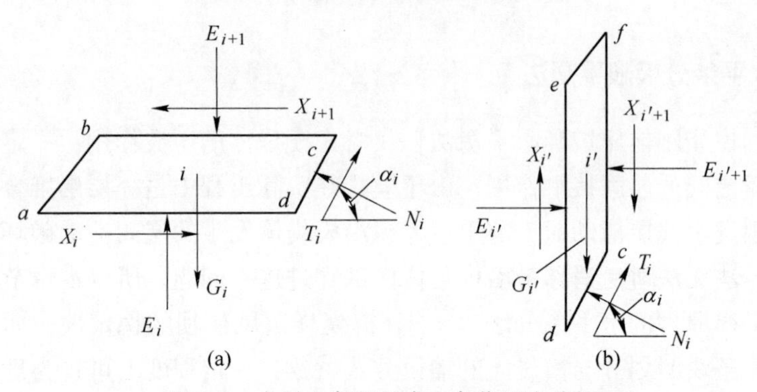

图 6-8 水平土条和竖直土条作用力分析

(a) 水平土条；(b) 竖直土条

在条块的滑移线上，根据满足安全系数为 F_s 的极限平衡条件，有：

$$T_i = \frac{c_i l_i + N_i \cdot \tan\varphi_i}{F_s} \tag{6-16}$$

把式（6-16）代入式（6-15），可得 N_i：

$$N_i = \frac{G_i - \dfrac{c_i l_i}{F_s}\sin\alpha_i + E_{i+1} - E_i}{\cos\alpha_i + \dfrac{\tan\varphi_i}{F_s}\sin\alpha_i} \tag{6-17}$$

考虑滑动土体的整体力矩平衡，并对圆心 O 取矩，有：

$$\sum_{i=1}^{n} G_i \cdot d_i = \sum_{i=1}^{n} T_i \cdot R \tag{6-18}$$

把式（6-16）、式（6-17）代入到式（6-18）中，可得：

$$F_s = \frac{\sum\limits_{i=1}^{n} \dfrac{R}{m_{ai}}[c_i l_i \cos\alpha_i + (G_i + E_{i+1} - E_i)\tan\varphi_i]}{\sum\limits_{i=1}^{n} G_i \cdot d_i} \tag{6-19}$$

下面求解水平条块的条间作用力，对土条 i' 进行受力分析，如图6-8（b）所示。值得注意的是，在瑞典条分法，简化毕肖普条分法[4]，以及简化杨布法[4]这三种非严格的条分法中，为了求解方便，在求解竖向静力平衡时都做了这样的假设：

$$G_{i'} = T_i \sin\alpha_i + N_i \cos\alpha_i \tag{6-20}$$

将式（6-19）代入到式（6-14）整理可得：

$$E_i - E_{i+1} = G_i - G_{i'} \tag{6-21}$$

把式（6-19）代入到式（6-18）中，可得：

$$F_s = \frac{\sum_{i=1}^{n} \frac{R}{m_{ai}}(c_i l_i \cos\alpha_i + G_{i'} \tan\varphi_i)}{\sum_{i=1}^{n} G_i \cdot d_i} \tag{6-22}$$

式中，$m_{ai} = \cos\alpha_i + \frac{\sin\alpha_i \tan\varphi_i}{F_s}$；$R$ 为滑动圆弧的半径；c_i 为相应土条的黏聚力；l_i 为相应土条的滑弧长度；α_i 为相应土条滑弧中点的切线夹角；$G_{i'}$ 为与水平条块具有相同滑弧的竖直条块的质量；φ_i 为相应土条的内摩擦角；G_i 为水平条块的质量；d_i 为水平条块的重心到滑弧圆心的水平距离，计算中取条块的重心点和中心点位置重合。

式（6-22）即为水平条分法的土坡稳定一般计算公式。

B　组合滑移线的水平条分法

如图6-9所示，滑移线为组合滑移面，其中 AD 段为水平滑移面，DC 段为圆弧滑移面。

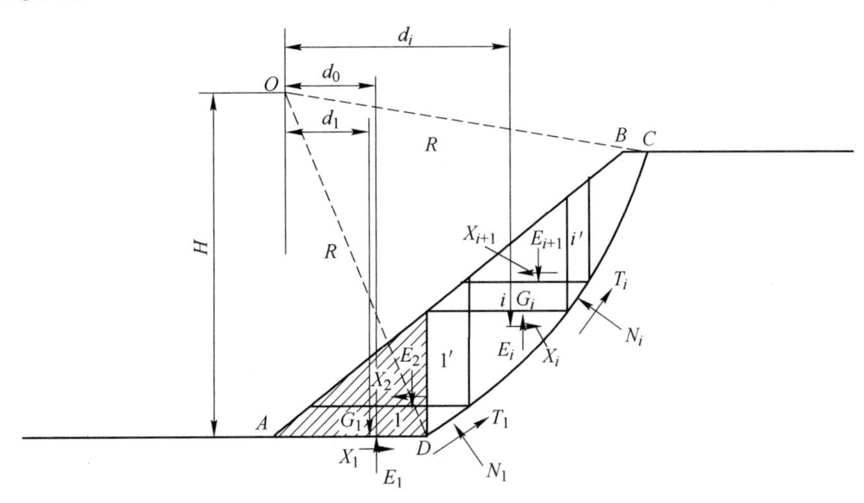

图6-9　组合滑移线的水平条分法

对单个土条的受力分析见式（6-15）~式（6-17）。对圆弧滑移线的圆心 O 取矩，列整体力矩平衡方程有：

$$\sum_{i=1}^{n} G_i \cdot d_i = \sum_{i=1}^{n} T_i \cdot R + X_1 \cdot H + E_1 d_0 \tag{6-23}$$

式中，H 为圆弧滑移面的圆心到坡脚的垂直距离；X_1 为水平滑移线 AD 段所受的剪力的合力；E_1 为水平滑移线 AD 段所受的正压力的合力；d_0 为合力 E_1 作用点的位置距圆心的水平距离，计算时取阴影部分的重心到圆心 O 的水平距离。

AD 段为水平滑移线，其处于极限平衡状态，根据满足安全系数为 F_s 的极限平衡条件，有：

$$X_1 = \frac{E_1 \cdot \tan\varphi_0 + c_0 l_0}{F_s} \tag{6-24}$$

式中，φ_0 、c_0 、l_0 分别为水平滑移线 AD 段土的内摩擦角、黏聚力以及 AD 段的长度。

下面求解 E_1 ，由式（6-7）可得：

$$\left.\begin{aligned} E_1 - E_2 &= G_1 - G_{1'} \\ E_2 - E_3 &= G_2 - G_{2'} \\ &\vdots \\ E_{n-1} - E_n &= G_n - G_{n'} \end{aligned}\right\} \xrightarrow{\text{求和}} E_1 - E_n = \sum_{i=1}^{n} (G_i - G_{i'}) \tag{6-25}$$

由边界条件可知 $E_n = 0$ ，即式（6-25）可写为：

$$E_1 = \sum_{i=1}^{n} (G_i - G_{i'}) \tag{6-26}$$

即图 6-9 中阴影部分的土的质量。所以在式（6-23）中，取 d_0 近似为阴影部分的重心到圆心 O 的水平距离。将式（6-26），代入到式（6-22）中，可得 X_1

$$X_1 = \frac{\sum_{i=1}^{n} (G_i - G_{i'}) \cdot \tan\varphi_0 + c_0 l_0}{F_s} \tag{6-27}$$

把式（6-16）、式（6-22）、式（6-27）代入到式（6-23）然后再代入式（6-17）和式（6-22）并整理，最后得：

$$F_s = \frac{\sum_{i=1}^{n} \frac{R}{m_{\alpha i}} (c_i l_i \cos\alpha_i + G_{i'} \tan\varphi_i) + \left[\sum_{i=1}^{n} (G_i - G_{i'}) \cdot \tan\varphi_0 + c_0 l_0 \right] \cdot H}{\sum_{i=1}^{n} G_i \cdot d_i - \sum_{i=1}^{n} (G_i - G_{i'}) \cdot d_0} \tag{6-28}$$

式（6-28）即为组合滑移面的水平条分法安全系数计算公式。

6.2.3.2　水平条分法在模袋中的应用

水平条分法分析模袋法尾矿坝的基本思路：如图 6-10 所示的模袋法尾矿坝，

其破坏滑移面由圆弧面和水平面组成，图 6-10 中只示意性标出了沿模袋层间滑移的三种可能滑移线。剩下所有的滑移面都是这三种滑移面中的一种。三种滑移面的区别主要是水平滑移面的材料参数不一样。如图 6-10 所示，滑移线①中的水平滑移面是模袋和尾砂的接触面；滑移线②中的水平滑移面既有模袋和模袋的接触，又有模袋与尾矿砂的接触；滑移线③中的水平滑移线是模袋与模袋的接触面。不同的接触面，在计算时要赋予不同的材料参数。圆弧滑移线与水平滑移线相接，其中接点为圆弧滑移线滑出点的位置。这样，在计算沿每层模袋滑移的最小安全系数时，只有圆弧滑移线不确定，而决定圆弧滑移线的变量只有一个，即圆弧的圆心位置。

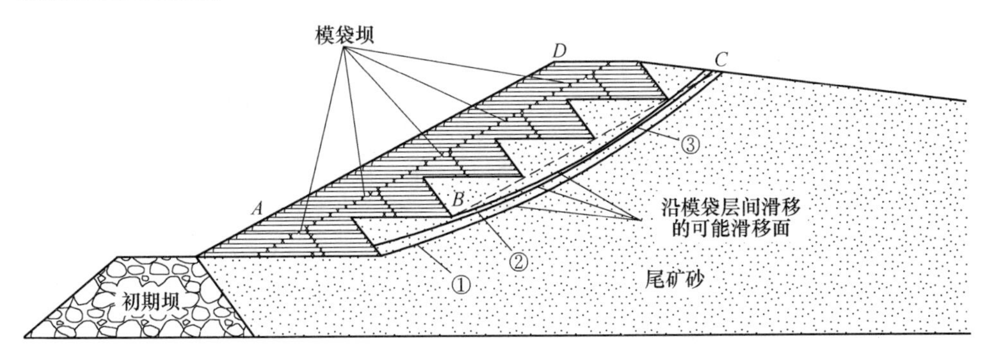

图 6-10 水平条分极限平衡法在模袋法尾矿坝稳定性分析中的应用

在具体计算中，本书是通过如下途径实现最危险滑移面的搜索。如图 6-11 所示，指定圆弧的圆心的搜索范围，然后指定滑出点的位置，在没有模袋的情况下，一般指定滑移面滑出点位置在坝脚处。在计算的过程中，程序会在指定的圆心搜索范围内从左向右，从下往上依次计算相应圆心对应的圆弧滑移面的安全系数（由于指定了滑出点的位置，所以，一旦圆弧滑移面的圆心位置确定，圆弧滑移面就确定了，圆弧滑移面的半径为圆心与滑出点的距离）。在计算的过程中，当圆弧滑移面的圆心位置在 CD 线段的左侧时，对应的滑移面为圆弧滑移面，如图 6-11 中所示的滑移面①；当滑移面的圆心位置在 CD 线段的右侧时，对应的滑移面为圆弧滑移面和水平滑移面的组合滑移面，如图 6-11 中所示滑移面②。其中，组合滑移面中的水平滑移面是通过如下方法确定的，如图 6-11（b）所示，当以 O_2为圆心，以 O_2A 为半径的圆弧与 AB 的延长线交于 C 点，则原来的圆弧滑移面 $\widehat{BCD}$ 则成为折线滑移面 BCD，其中组合滑移面中的圆弧滑移面和水平滑移面相交于 C 点。

由于前面假设滑移线不穿过模袋，所以当存在模袋时，为了节省计算量，以及比较容易确定搜索范围，一般指定滑移面的滑出点位置在模袋坝的内侧，如图 6-11（c）所示。

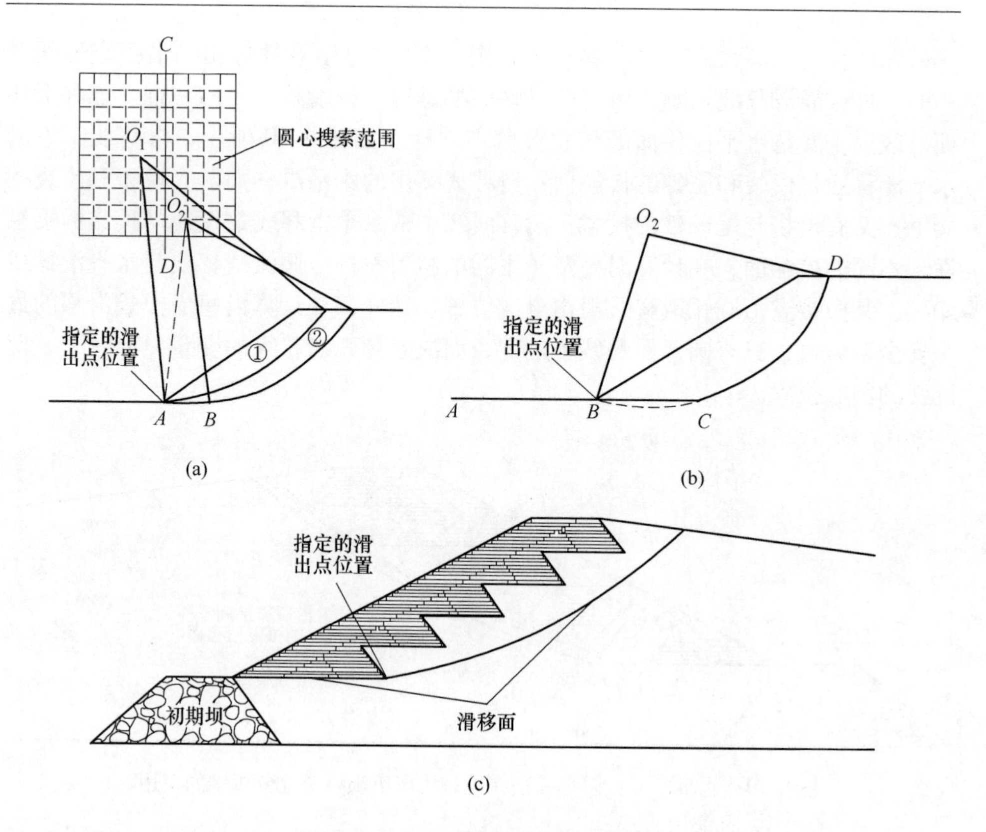

图 6-11　水平条分法滑移线的搜索

在本书的计算中，笔者首先采用逐步网格试算法求出了该尾矿坝沿每层模袋滑出的最小安全系数；然后比较这些最小安全系数，找出最小的安全系数。该安全系数对应的滑移线即为该模袋法尾矿坝的可能滑移线。

因为模袋是一层一层布置的，所以在用水平条分法时，最好以一层模袋或者几层模袋的厚度为水平条块的厚度，如图 6-12 所示为一种水平条分法的水平条块分法，该条块的厚度取一级模袋子坝的厚度。

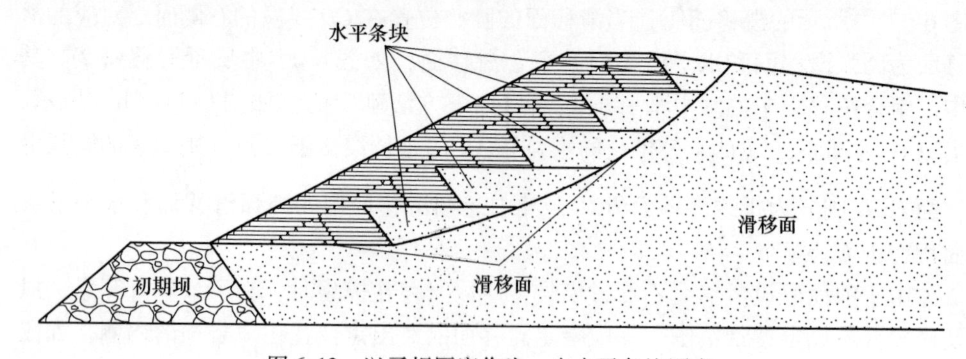

图 6-12　以子坝厚度作为一个水平条块厚度

6.3 基于模袋层间接触的有限单元分析法

6.3.1 岩土工程有限元分析

有限单元法（Finite Element Method，FEM）是在20世纪60~70年代发展起来的非常有效的数值分析方法，它使许多复杂的工程问题迎刃而解，而且由于前后处理技术的发展，计算效率非常高，实际应用越来越广泛。

有限单元法发展至今天，已成为求解复杂的岩石力学及岩土工程问题的有力工具，并已为工程科技人员所熟悉。在求解弹塑性及流变、动力、非稳定渗流等时间相关性问题，以及温度场、渗流、应力场的耦合等复杂的非线性问题中，已成为岩土力学领域中应用最广泛的数值分析手段。近20多年来，在工程应用方面已有了较大的发展，并引起广大工程科技人员的兴趣。

有限元分析中最基本的思想就是单元离散，即将求解域剖分为若干单元，把一个连续的介质换成一个离散的结构物，然后将物理方程、平衡方程、几何方程结合起来就各单元进行分析，集成求解整体位移的线性方程组问题（基于最小势能原理的位移法）。为了方便而有效地离散复杂的岩土结构及建于其上的建筑物，用各种实体单元、接触面单元，分别模拟岩土及混凝土的连续区、断层及接触面。

岩土工程中最基本的两种有限元分析方法是总应力分析法和有效应力分析法。1966年，Clough等人首先将总应力分析有限元法用于土坝的应力和变形分析。1969年，Sandhu和Wilson用有限元法分析了Biot二维固结问题，开创了岩土工程有效应力分析有限元法的先河。在国内，沈珠江（1977年）首先将有效应力分析有限元法应用于软土地基的固结变形分析。其中，总应力分析方法是将土体作为固体来分析的，而有效应力分析法则将土骨架、孔隙水承受的应力区别开，并考虑两者之间的耦合作用。因此，有效应力法比总应力法更接近实际土体，但也更为复杂，后者可以视为前者的一种特殊形式。对透水性强的地基或土工建筑物，可用总应力法进行计算。一般情况下，饱和黏土地基或土工建筑物，较严密的方法为有效应力法。

有限元是根据物理的近似，用网格将连续体划分成有限数目的单元体，这些单元体之间在结点处互相铰接，形成离散结构，用这些离散结构来代替原来的连续体结构。在满足相邻单元间变形的相容条件、作用于单元上的力的平衡条件、各单元的位移与单元材料的力学性质相对应（应力应变关系式）这三个条件的情况下，将荷载移置作用于离散结构的结点上，成为结点荷载。其应力应变关系为：

$$\{\sigma\} = [\boldsymbol{D}]\{\varepsilon\} \tag{6-29}$$

式中　$\{\boldsymbol{\sigma}\}$——单元应力；

$[\boldsymbol{D}]$——弹性矩阵；

$\{\boldsymbol{\varepsilon}\}$——单元应变。

由虚位移原理和应力应变关系，可建立结点荷载与结点位移之间的关系，即用位移表示的结点平衡方程组：

$$[\boldsymbol{K}]\{\boldsymbol{\delta}\} = \{\boldsymbol{R}\} \tag{6-30}$$

$$[\boldsymbol{K}] = \sum[\boldsymbol{K}_e] \tag{6-31}$$

$$\boldsymbol{K}_e = \int_e [\boldsymbol{B}]_e^T [\boldsymbol{D}]_e [\boldsymbol{B}]_e \mathrm{d}v \tag{6-32}$$

式中　$[\boldsymbol{K}]$——刚度矩阵；

$\{\boldsymbol{\delta}\}$——结点位移列阵；

$\{\boldsymbol{R}\}$——结点荷载列阵；

$[\boldsymbol{D}]_e$——单元弹性矩阵；

$[\boldsymbol{B}]_e$——单元应变矩阵。

解方程组式（6-29）~式(6-31）可得到位移场，进而可推出应变 $\{\boldsymbol{\varepsilon}\}$ 和应力 $\{\boldsymbol{\sigma}\}$ 的分布，这就是有限元的基本思路，它实际上是微分方程的一种数值解法。

6.3.1.1　弹塑性屈服准则

根据角岩与南坑排土场边坡岩石的特征，本次研究采用摩尔-库仑屈服准则，其表达式如下：

$$F = \frac{I_1}{3}\sin\varphi + \sqrt{J_2}\left(\cos\theta - \frac{1}{3}\sin\theta\sin\varphi\right) - c\cos\varphi \tag{6-33}$$

式中　φ——内摩擦角；

c——黏聚力；

$I_1 = \sigma_1 + \sigma_2 + \sigma_3 = 3\sigma_m$；

$J_2 = \frac{1}{2}(s_x^2 + s_y^2 + s_z^2) + \tau_{xy}^2 + \tau_{yz}^2 + \tau_{zx}^2$；

$\theta = \frac{1}{3}\arcsin\frac{3\sqrt{3}J_3}{2J_2^{1/2}}$；

$J_3 = s_x s_y s_z + 2\tau_{xy}\tau_{yz}\tau_{zx} - s_x\tau_{yz}^2 - s_y\tau_{xz}^2 - s_z\tau_{xy}^2$；

$s_x = \sigma_x - \sigma_m, s_y = \sigma_y - \sigma_m, s_z = \sigma_z - \sigma_m$。

6.3.1.2　弹塑性应力应变关系

介质整体的弹塑性应力应变关系为：

$$\mathrm{d}\{\boldsymbol{\sigma}\} = [\boldsymbol{D}]_{ep}\mathrm{d}\{\varepsilon\} \tag{6-34}$$

$$[\boldsymbol{D}]_{\mathrm{ep}}=[\boldsymbol{D}]_{\mathrm{e}}-[\boldsymbol{D}]_{\mathrm{p}}=[\boldsymbol{D}]_{\mathrm{e}}-\frac{[\boldsymbol{D}]_{\mathrm{e}}\left\{\frac{\partial F}{\partial\{\sigma\}}\right\}\left\{\frac{\partial F}{\partial\{\sigma\}}\right\}^{\mathrm{T}}[\boldsymbol{D}]_{\mathrm{e}}}{H'+\left\{\frac{\partial F}{\partial\{\sigma\}}\right\}^{\mathrm{T}}[\boldsymbol{D}]_{\mathrm{e}}\left\{\frac{\partial F}{\partial\{\sigma\}}\right\}} \tag{6-35}$$

式中，$[\boldsymbol{D}]_{\mathrm{ep}}$为弹塑性矩阵；$H'$为硬化系数，对于理想弹塑性分析，$H'=0$。$\frac{\partial F}{\partial\{\sigma\}}$为屈服函数对应力分量的偏导数向量，对以式（6-32）表示的屈服函数，$\frac{\partial F}{\partial\{\sigma\}}$可表示为：

$$\frac{\partial F}{\partial\{\sigma\}}=\alpha\begin{bmatrix}1\\1\\1\\0\\0\\0\end{bmatrix}+\frac{\sqrt{3}}{2\sigma_{\mathrm{e}}}\begin{bmatrix}s_x\\s_y\\s_z\\2\tau_{xy}\\2\tau_{yz}\\2\tau_{zx}\end{bmatrix} \tag{6-36}$$

式中，σ_{e} 为有效应力，且 $\sigma_{\mathrm{e}}^2=3\sigma_{\mathrm{D}}^{\mathrm{T}}\sigma/2$，其中，$\sigma_{\mathrm{D}}^{\mathrm{T}}=\{s_x s_y s_z\ \sqrt{2}\tau_{xy}\ \sqrt{2}\tau_{yz}\ \sqrt{2}\tau_{zx}\}$。

6.3.2　岩土工程接触问题分析

计算对象的不连续性是岩土工程问题的一个重要特点，这些不连续面主要是存在于基础-土体、挡土结构-土体、地下结构-围岩等结构与周围岩土介质间的界面，或是岩体中的节理或软弱夹层、土（岩）滑坡的滑动面等。不连续面的存在显然对结构及岩土体的受力变形有着不可忽略的影响，因此在计算中不应无视它的存在。将不连续面以接触面单元模拟是目前有限元计算中最常用的一种方法，此外，离散单元法也是针对不连续介质的一种已相当成熟的计算方法。

接触面单元最早由 Goodman 等人于 1968 年提出[6]，它通过引入接触面单元模拟岩体中的节理和软弱夹层，因其原理简单且在计算中容易处理，而得到广泛的应用，除节理和软弱夹层外，还用于结构-岩土体如挡墙-土体、基础-地基、隧道-围岩的接触面，并在不断地改进和发展。但也正是由于对接触面力学特性的过度简化，使该类单元存在着难以弥补的缺陷。

如图 6-13 所示，假设为平面问题，则接触面单元是一维的，即各量只在长度方向（s）上变化。接触面单元有 1、2、3、4 四个结点，3—4 边上各点的位移 $u_{\mathrm{n}}^{\mathrm{T}}$、$u_{\mathrm{s}}^{\mathrm{T}}$ 由结点 3、4 的位移确定，1—2 边上的位移 $u_{\mathrm{n}}^{\mathrm{B}}$、$u_{\mathrm{s}}^{\mathrm{B}}$ 由 1、2 的位移确定，由于 1、2、3、4 四个结点具有相互独立的自由度，因此 1—2 边上的点与相对应的 3—4 边上的点之间可发生相对位移，即：

$$\{\Delta\boldsymbol{u}\}=\begin{Bmatrix}\Delta\boldsymbol{u}_{\mathrm{n}}\\\Delta\boldsymbol{u}_{\mathrm{s}}\end{Bmatrix}=\begin{Bmatrix}\boldsymbol{u}_{\mathrm{n}}^{\mathrm{T}}-\boldsymbol{u}_{\mathrm{n}}^{\mathrm{B}}\\\boldsymbol{u}_{\mathrm{s}}^{\mathrm{T}}-\boldsymbol{u}_{\mathrm{s}}^{\mathrm{B}}\end{Bmatrix} \tag{6-37}$$

另一方面，假设接触面单元任一点处的作用力与相对位移的关系为：

$$p_n = K_n \Delta \boldsymbol{u}_n \quad (6\text{-}38)$$

$$p_s = K_s \Delta \boldsymbol{u}_s \quad (6\text{-}39)$$

式中，K_n、K_s分别称为接触面的法向刚度和切向刚度系数，应用虚功原理可得到局部坐标系下，结点位移与结点荷载之间的关系：

$$[\boldsymbol{k}^e]\{\delta^e\} = \{F^e\} \quad (6\text{-}40)$$

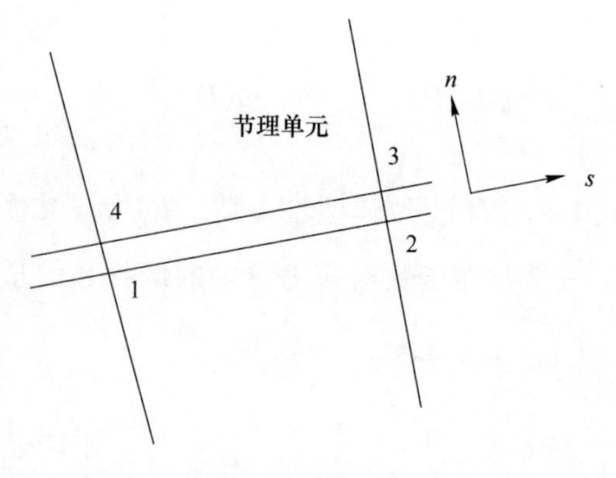

图 6-13　Goodman 单元

式中，$[\boldsymbol{k}^e]$ 为接触面单元在局部坐标系下的单元刚度矩阵，由单刚可组装得到总坐标系下的总刚矩阵。

Goodman 接触面单元最大的优点是原理简单、使用方便，在岩土工程数值计算中得到了广泛的应用，除用于模拟岩体中的节理外，也经常用于结构-岩土体接触面的模拟。自提出后，Goodman 接触面单元也一直在改进和完善。Goodman 单元在法向取一个较大的弹性系数以反映接触面法向特性，但在使用中存在两大问题：一是在受压时会使两侧的单元有可能相互嵌入，二是当求解的法向位移有一个较小的偏差就可能引起法向应力的计算有一个较大的偏差，有时甚至是不合理的。土体沿结构材料表面的抗剪性质与材料表面的粗糙度密切相关，只有相当光滑的材料表面剪切破坏才发生在接触面上。对于在实际工程中大量遇到的粗糙接触面，剪切破坏将发生在土体中，因此采用无厚度接触面单元，将滑动限制在两种材料的交界面上，似乎是不合适的。基于土与结构的接触面发生剪切破坏的部分常是在靠近接触面的土体内，且破坏区具有一定的厚度，Zienkiewicz、Ghaboussi、Desai 等都提出了有厚度的接触面单元模型。

FLAC3D 等软件中采用一种更能反映复杂接触关系的接触面单元，具有滑移失效、拉伸及剪切黏结特性，得到了较多学者的采用。图 6-14 是该接触面单元的本构模型示意图。

接触面单元通过接触面结点和目标面（实体单元表面）之间建立联系。在每一计算时步内，首先计算每一个接触面节点与目标面之间的绝对法向位移及相对剪切速度的大小，然后根据接触面的本构模型来确定其法向力和剪切力的大小。

弹性阶段，$t+\Delta t$ 时刻的接触面法向力和切向力通过式（6-41）得到：

$$\begin{aligned} \boldsymbol{F}_n^{t+\Delta t} &= k_n u_n A + \boldsymbol{\sigma}_n A \\ \boldsymbol{F}_s^{t+\Delta t} &= F_s^t + k_s \Delta u_s^{t+0.5\Delta t} A + \boldsymbol{\sigma}_s A \end{aligned} \quad (6\text{-}41)$$

式中　$\boldsymbol{F}_n^{t+\Delta t}$ ——$t+\Delta t$ 时刻的法向力矢量；

$\boldsymbol{F}_s^{t+\Delta t}$ ——$t+\Delta t$ 时刻的切向力矢量；

u_n ——接触面结点贯入到目标面的绝对位移；

$\Delta\boldsymbol{u}_s$ ——相对剪切位移增量矢量；

σ_n ——接触面应力初始化造成的附加法向应力；

σ_s ——接触面应力初始化造成的附加切向应力；

k_s ——接触面单元的切向刚度；

k_n ——接触面单元的法向刚度；

A——接触面结点代表面积。

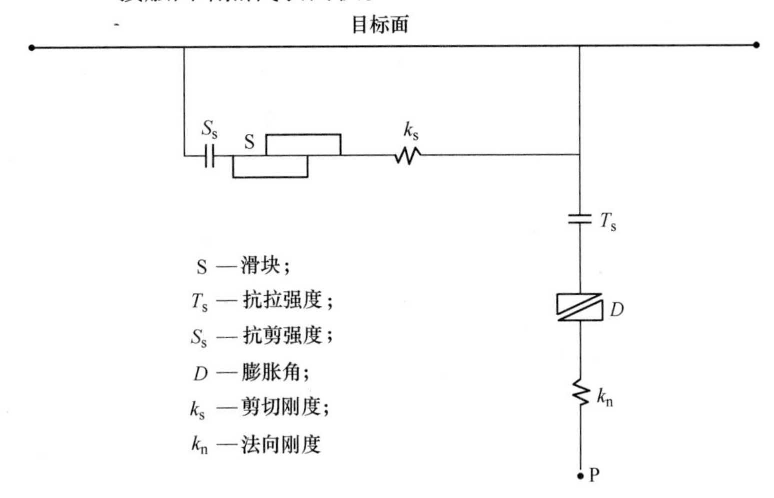

图 6-14 FLAC3D 接触面单元的本构模型示意图

当处于塑性阶段时，即接触面上切向力等于最大切向力，切向力保持不变，但剪切位移会导致有效法向应力的增加。根据 Coulomb 抗剪强度准则可以得到接触面发生滑动所需切向力：

$$F_{s\max} = cA + \tan\varphi'(F_n - uA) \tag{6-42}$$

式中 c——接触面的凝聚力；

φ' ——接触面摩擦角；

u——孔压。

在滑动过程中，有效法向应力按式（6-42）变化：

$$\sigma_{n\,new} = \sigma_n + \frac{|F_s|_0 - F_{s\max}}{Ak_s}\tan\psi k_n \tag{6-43}$$

式中 ψ ——接触面的膨胀角；

$|F_s|_0$ ——修正前的剪力大小。

此外，法向应力为拉应力且超过接触面的抗拉强度时，接触面发生破坏，切向力和法向力归零。

6.3.3 有限元强度折减法

20 世纪 70 年代，英国科学家 Zienkiewicz 最早提出了通过增加外荷载或降低岩土强度来计算岩土工程安全系数的方法[7]，可以看做是岩土工程极限分析有限元法的雏形。随着计算机技术发展，这种方法逐渐被岩土工程界认可和接受，其中有限元强度折减法的研究和应用取得了许多成果。国内许多学者无论从理论上对安全系数的定义、屈服准则和流动法则的选取、边坡破坏判据的标准、岩土参数的取值、提高计算精度的措施等方面的研究，还是对边坡、土石坝、边滑/坡支挡结构，甚至三维边坡、矿山开采、隧道、地基承载力等的稳定性分析，都进行了大量的探索和创新。研究表明，采用有限元强度折减法不仅可以获得与传统极限平衡方法精度相当的安全系数，而且适合于非均质材料，能够直接求解出临界滑动面，考虑岩土体内部的应力-应变或变形关系，反映出岩土结构变形破坏的全过程和局部变形对边坡稳定性的影响。这些研究实例充分肯定了有限元强度折减法的可行性、优越性与实用性，被认为是极有前景的方法，与其他方法的结合互补，可能使数值方法在岩土工程中的应用不断扩大[8]。

在模袋坝的极限平衡分析中，利用接触面单元模拟模袋坝体的堆筑，采用弹塑性有限元计算方法，选取初始折减系数，将岩土体强度参数进行折减，将折减后的参数作为输入，进行有限元计算，若程序收敛，则岩土体仍处于稳定状态，然后再增加折减系数，知道计算恰好不收敛，此时的折减系数即认为是稳定安全系数。如果采用 Mohr-Cloumb 强度准则，则将土体材料的强度参数黏聚力 c 和内摩擦角的正切值 $\tan\varphi$ 同时除以一个折减系数 F，则其强度参数折减为：

$$\left.\begin{aligned} c_{e} &= \frac{c}{F} \\ \tan\varphi_{e} &= \frac{\tan\varphi}{F} \end{aligned}\right\} \tag{6-44}$$

式中 c——黏聚力；

φ——内摩擦角；

F——折减系数；

c_e，φ_e——分别为折减后新的黏聚力和内摩擦角。

有限元强度折减法用于边坡稳定性分析的一个关键问题是如何根据计算结果来判别边坡是否到达极限破坏状态。目前的失稳判据主要可分为两类：

（1）以有限元数值计算不收敛作为边坡失稳的标志。

（2）以广义塑性应变或者等效塑性应变从坡脚到坡顶贯通作为边坡破坏的标志。

两种判别方法各有优缺点，数值计算不收敛跟人为设定的收敛标准及计算精度有关，存在一定的人为任意性。塑性区贯通也不一定意味着边坡发生破坏，特别是对于应变硬化弹塑性模型，即使土体进入塑性区，强度仍会随着应变发展有所增强。所以还要看是否产生了很大的且无限发展的塑性变形。对于理想弹塑性材料，当土体单元得到屈服状态且没有其他约束条件下，塑性变形就会一直发展下去。而当周围土体仍处于弹性状态，或存在边界约束条件时，就会限制该单元塑性变形的发展。

另一方面，采用极限破坏状态来作为安全系数的定义偏重于考虑强度和稳定，而对变形的大小没有考虑。在有限元计算时，达到极限破坏状态时，土体的变形可能会很大，超出了岩土结构的正常使用极限状态，比如对变形限制要求很高的地下工程、高铁路基，可能在远未达到极限破坏状态时，变形已经超出正常使用的限制。所以安全系数的定义是一个很复杂的问题，涉及土体强度和变形的双重要求。

在一般的岩土工程有限元强度折减法分析中，根据计算的收敛情况，不断提高折减系数进行试算，直到安全系数增量小于预设的值 ε，最终得到一个满足一定精度的安全系数，即根据式（6-43）折减后的强度参数 c_e、φ_e 作为新的土体强度参数，再进行试算，图 6-15 给出了有限元强度折减法的一般计算流程图。

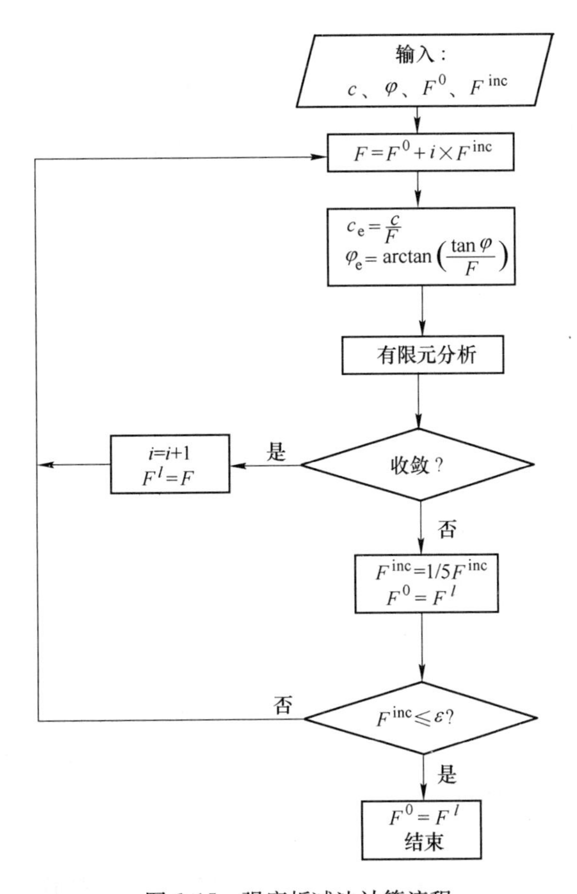

图 6-15　强度折减法计算流程

6.4　工程应用

本章针对典型细粒尾矿筑坝工程，分别采用改进刚体极限平衡法和有限元法进行了稳定性分析，对模袋法的作用效果进行了多角度的分析。

6.4.1　背景介绍

大平掌尾矿库是云南思茅山水铜业有限公司原选矿厂生产配套的尾矿库，该库位于普洱市思茅区思茅港镇境内小黑江下游段南岸，属山谷型尾矿库。尾矿库原设计总库容958万立方米，总坝高150m，为三等库。

大平掌尾矿库初期坝为透水堆石坝，坝高30m，坝顶宽度4m，坝内坡为1:1.8，外坡1:2.0。后期坝采用上游法尾矿堆坝，堆积坝外坡为1:5。

上游法堆坝过程中，企业为了提高选矿回收率，加大磨矿细度，导致尾矿粒度变细，加之生产规模扩大至4000t/d，导致大平掌尾矿库运行出现大量问题：

（1）入库尾矿量增大，造成子坝上升速度过快；

（2）尾矿平均粒度偏细，造成快速堆坝困难；

（3）库内沉积滩坡度小，滩长和安全超高难以控制；

（4）库内调洪库容较小，现有排洪系统泄洪能力不足；

（5）坝体内浸润线较高，在地震荷载下，稳定性没有保障。

由于上述问题的存在，原设计传统上游法尾矿堆坝无法继续实施，成为企业持续发展的瓶颈问题，加之生产规模扩大，尾矿入库量超过原设计能力造成子坝上升速度过快、调洪库容不足、坝内浸润线较高，致使大平掌尾矿库的运行存在多项重大安全隐患，如果不实施安全措施整改，将面临闭库停产。截至开展模袋法堆坝前，上游法共堆积坝高43m（标高+993m），总坝高为73m。

在积极发掘工程特点、深入了解分析行业先进技术基础上，针对该库存在的安全问题提出一整套技术先进、经济可行的安全处理措施。主要措施包括：采用模袋法堆坝解决尾矿快速堆坝困难、坝体上升速度快的问题；采用辐射井与排渗盲沟等构成三维联合排渗系统控制坝内浸润线高度；采用虹吸管降低库水位拉长干滩长度；增设排洪系统以满足防洪要求。

其中，模袋法快速筑坝主要利用模袋材料本身的透水固砂特性堆筑子坝，解决了细粒尾砂堆坝困难问题。模袋法堆坝方式采用宽顶子坝形式，每级子坝坝底宽度42m。每级模袋子坝坝高4m，内坡比1:2，外坡比1:4。同时在坝内埋设加筋及排渗设施，加强坝体排渗，提高坝体抗滑稳定性。目前，模袋法已实施5级子坝，总高度20m，尾矿库运行正常。

然而，模袋子坝与常规上游法尾砂子坝的坝体结构有着本质不同。首先，灌入模袋体内的固结尾砂与模袋一起构成固结充填体，其力学特性与常规尾砂不同；其次，由于模袋子坝堆坝过程中层状堆载的结构特点，模袋体与模袋体层间接触力学性能也与常规尾砂不同。因此，采用模袋法加高部分的坝体稳定性应结合坝体构造特征进行单独论证。本书尝试采用改进刚体极限平衡法及考虑接触特性的有限单元法对模袋坝体的稳定性进行分析，为模袋法尾矿坝的坝体稳定性提供依据。

6.4.2　基于改进刚体极限平衡法的模袋坝体稳定性分析

本章节拟采用上述推求的模袋法尾矿坝稳定性计算方法，计算分析采用模袋法加高部分的稳定性安全系数，并验算该计算方法在模袋法稳定性分析计算中的适用性。计算所用参数中模袋坝体采用试验所得的模袋体间黏聚力 $c=40\text{kPa}$，$\phi=28°$，其他参数与上述分析一致。图 6-16 为采用模袋法加高后的尾矿库堆载示意图，图 6-17 则为采用常规上游法加高坝体。

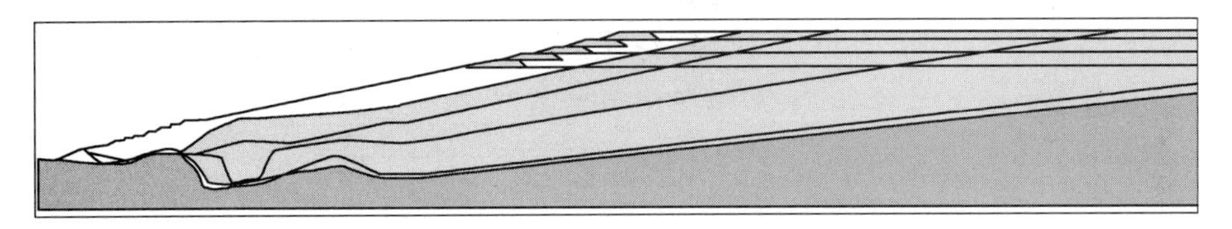

图 6-16　模袋法上游法加高坝体

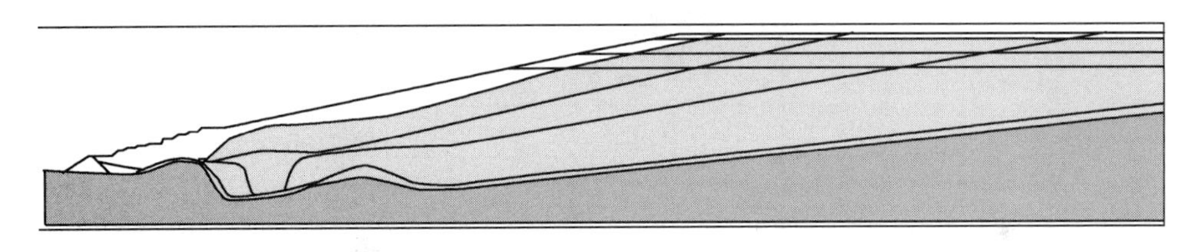

图 6-17　传统上游法加高坝体

计算模型选取采用模袋法加高部分作为研究对象开展稳定性计算对比分析研究，按照模袋尾砂法和传统尾砂上游法分别加高 12m、20m、28m、36m 建立稳定性计算模型。模袋法每级子坝高 4m，内坡比 1∶2，外坡比 1∶4，顶宽 18m，综合外坡比 1∶5，对比工况的传统上游法控制综合外坡比为 1∶5。

（1）模袋坝体加高 12m 方案。堆坝方案和计算方法分别见表 6-1 和表 6-2。

表 6-1　模袋坝体加高 12m 堆坝方案

堆坝方案	滑　动　模　式
常规上游法	3.611

续表 6-1

堆坝方案	滑 动 模 式
改进的竖直条分极限平衡法	4.711
水平条分极限平衡法	4.520
模袋刚体压坡极限平衡法	4.726

表 6-2 模袋坝体加高 12m 计算方法

计算方法	安全系数	常规上游法安全系数
改进的竖直条分极限平衡法	4. 711	3. 611
水平条分极限平衡法	4. 520	
模袋刚体压坡极限平衡法	4. 726	

（2）模袋坝体加高 20m 方案。堆坝方案和计算方法分别见表 6-3 和表 6-4。

表 6-3 模袋坝体加高 20m 堆坝方案

堆坝方案	滑 动 模 式
常规上游法	2.980
改进的竖直条分极限平衡法	3.491

续表 6-3

堆坝方案	滑动模式
水平条分极限平衡法	3.240
模袋刚体压坡极限平衡法	3.560

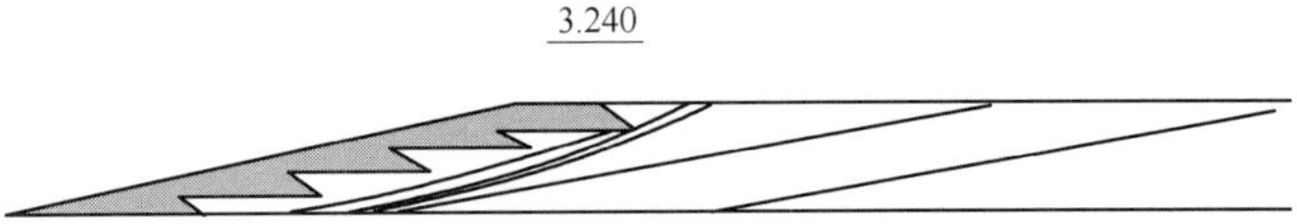

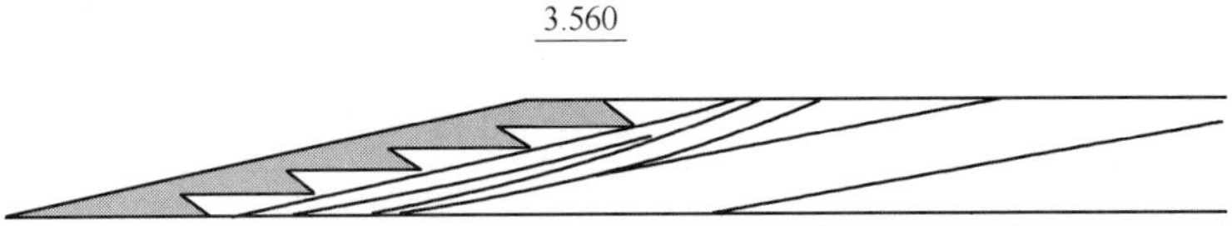

表 6-4　模袋坝体加高 20m 计算方法

计算方法	安全系数	常规上游法安全系数
改进的竖直条分极限平衡法	3. 491	2. 980
水平条分极限平衡法	3. 240	
模袋刚体压坡极限平衡法	3. 560	

（3）模袋坝体加高 28m 方案。堆坝方案和计算方法见表 6-5 和表 6-6。

表 6-5　模袋坝体加高 28m 堆坝方案

堆坝方案	滑动模式
常规上游法	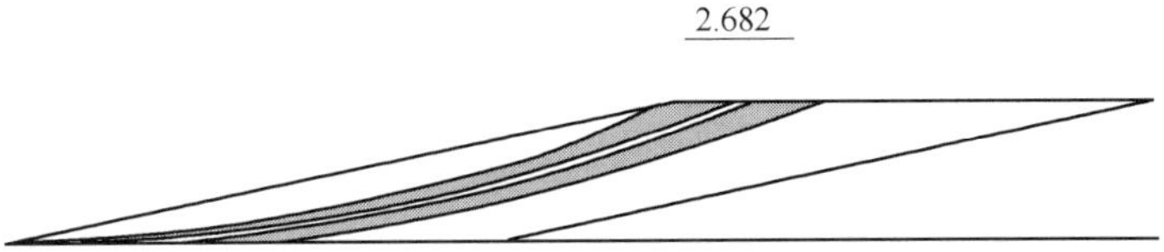 2.682
改进的竖直条分极限平衡法	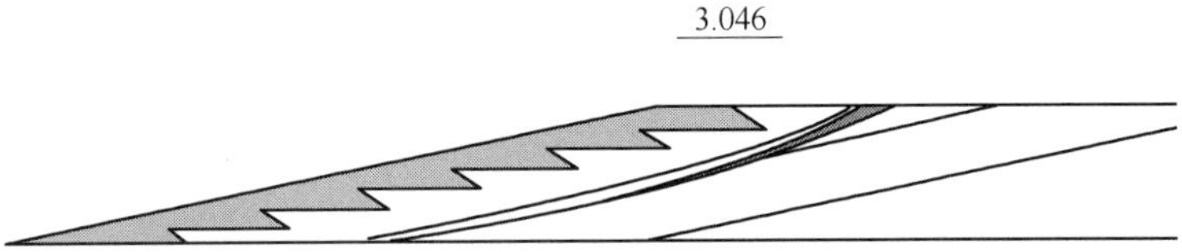 3.046
水平条分极限平衡法	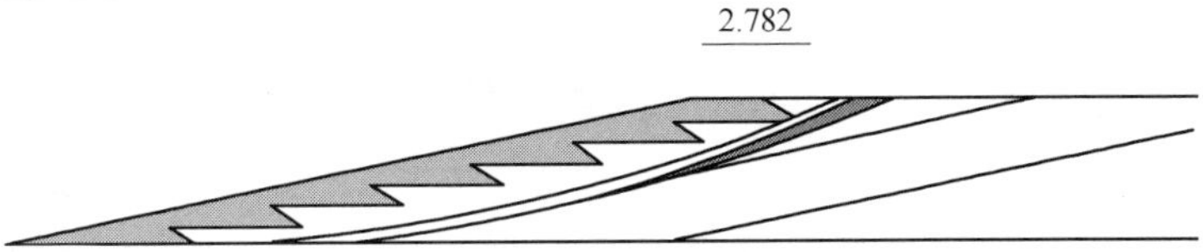 2.782
模袋刚体压坡极限平衡法	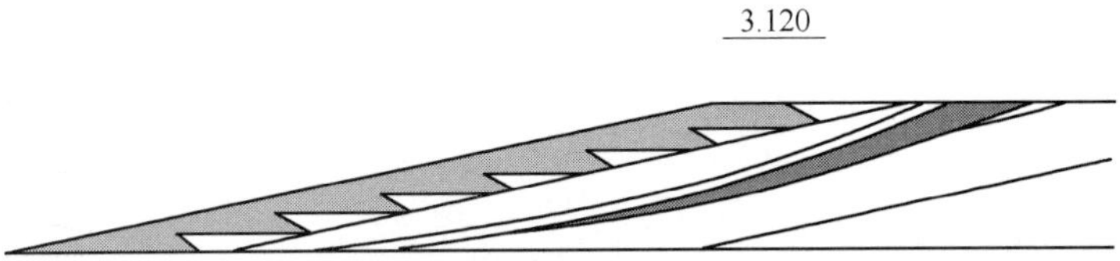 3.120

表 6-6　模袋坝体加高 28m 计算方法

计算方法	安全系数	常规上游法安全系数
改进的竖直条分极限平衡法	3. 046	2. 682
水平条分极限平衡法	2. 782	
模袋刚体压坡极限平衡法	3. 120	

(4) 模袋坝体加高 36m 方案。堆坝方案和计算方法见表 6-7 和表 6-8。

表 6-7　模袋坝体加高 36m 堆坝方案

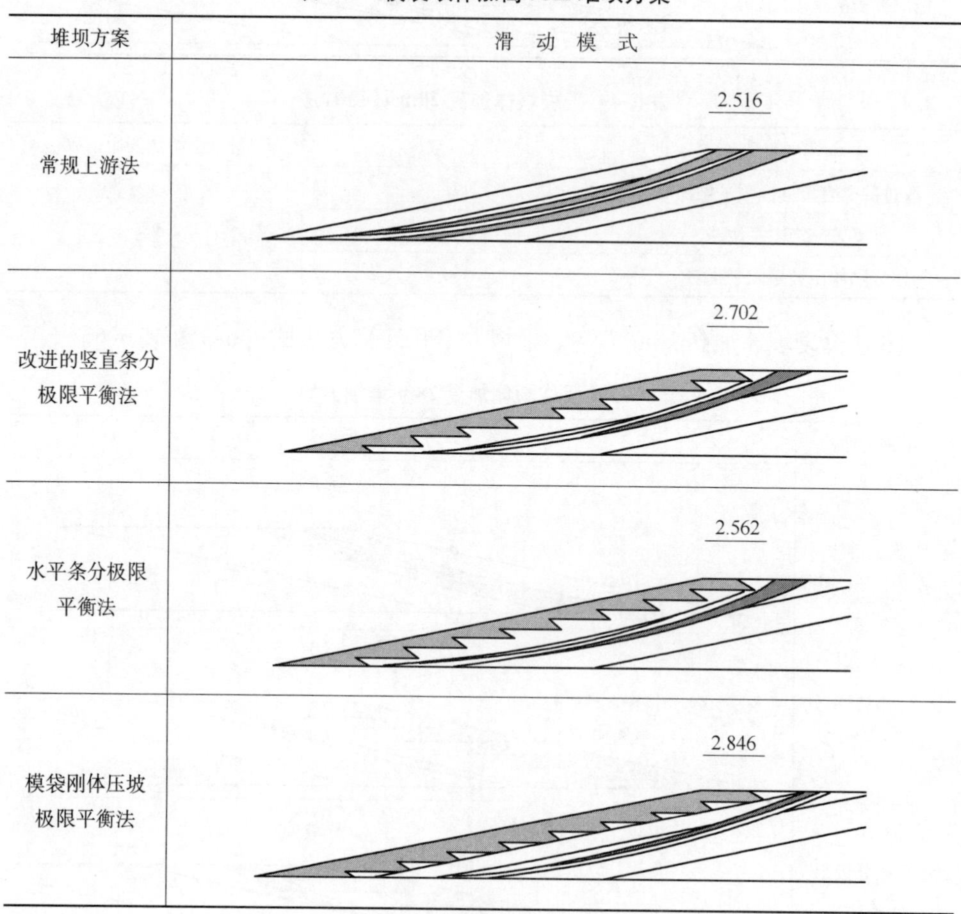

堆坝方案	滑 动 模 式
常规上游法	2.516
改进的竖直条分极限平衡法	2.702
水平条分极限平衡法	2.562
模袋刚体压坡极限平衡法	2.846

表 6-8　模袋坝体加高 36m 计算方法

计算方法	安全系数	常规上游法安全系数
改进的竖直条分极限平衡法	2. 702	2. 516
水平条分极限平衡法	2. 562	
模袋刚体压坡极限平衡法	2. 846	

表6-1～表6-8分别为不同模袋坝体加高情况下、各种计算方法得到的滑动破坏面及坝体稳定性安全系数。

从表6-1～表6-8中分析可知：

（1）提出的模袋坝体稳定性计算方法，条块的划分与模袋体的铺设方法一致，理论推导过程严密，其计算过程更符合模袋体应用现状。与传统计算方法相比较，在模袋体相对整体坝高作用较小时与传统计算结果基本一致，验证了该方法在模袋法坝体稳定性分析中的适用性。

（2）在坝体稳定性提高方面。

在12～36m加高坝体的情况下，模袋法尾矿坝较传统上游法安全系数均有所提高。当坝体加高高度较低时，模袋法尾矿坝对坝体稳定性提高作用较大；以局部稳定性为例，在初始加高12m的工况下，局部安全系数提高1.0（25.0%）以上；这种现象可解释为：当坝体较低时，坝体自然状态下的安全系数相对较高，在同等模袋子坝底宽的情况下，模袋部分对坝体稳定性的贡献相对较大。

随着模袋法坝体的不断加高，宽顶子坝形式模袋法尾矿堆坝对坝体稳定性的提高作用逐渐减小，在最终加高36m的工况下，局部安全系数仅提高0.05（2%）左右；分析其原因在于当前限定了模袋体的平均底宽为42m，当坝体较高时，滑弧较深，滑移线较长，沿水平滑出的模袋部分相对于整个滑移带的比例不断降低。因此，对于该工况下要继续提高坝体安全系数，应采取的措施为延长坝体模袋体的宽度或进一步优化模袋体的整体堆积形式。

（3）此次稳定性计算仅针对采用模袋法宽顶子坝堆坝方式进行局部分析与比较，同时也留下了更多可拓展的空间，如果初期坝堆坝完成后即采用模袋法堆坝，该尾矿库是否还有继续服务的余地，以及采用何种坝型更适宜等等。为此本书将继续以此为背景，在下节中进一步深入的讨论研究。

6.4.3 基于有限元接触的模袋坝体稳定性分析

传统的建立在极限平衡理论基础上的各种稳定性分析方法没有考虑岩体内部的应力应变关系，无法分析边坡破坏的发生和发展过程，而有限元法能适应各种边界条件和几何形态变化，能考虑岩体的非均质和不连续性，以及边坡工程与其环境因素的共同作用，还能考虑非线性应力应变关系，因而它是一种边坡稳定性分析的有用工具。

为了和基于刚体极限平衡法的模袋坝体稳定性分析进行比较，下面采用有限元方法对模袋尾矿坝进行应力应变分析和强度折减法安全评价。表6-9给出了各种材料的模型参数，包括天然容重、饱和容重、黏聚力、摩擦角、弹性模量和泊松比。限于篇幅，本章仅采用有限元法对模袋坝体高为20m的方案进行了分析。

表 6-9　有限元计算材料参数

材　料	γ/kN · m^{-3}	γ_s/kN · m^{-3}	c/kPa	φ/(°)	E/kPa	v
模袋坝体	19.1	20.1	33	30	12500	0.25
尾粉砂	18.6	19.8	12	24	4985	0.35
尾粉土	19.2	20.4	16	20	4985	0.35
尾粉质黏土	19.0	20.2	42	12	3738	0.35
接触面	—	—	40	28	—	—

图 6-18 给出了有限元计算的网格和材料分区。有限元网格共有 970 个结点和 860 个单元。其中单元包括四面体单元和三角形单元，模袋坝体和尾粉砂分区的网格密度较大，而尾粉土和尾粉质黏土分区网格较为稀疏。模型边界条件为：坝坡面和库顶面为自由面，边坡两侧端面水平方向固定，底部固定。为了更好地模拟坝体结构中的不连续接触关系，在模袋层间以及模袋与尾矿交界面设置接触面单元，如图 6-19 所示。

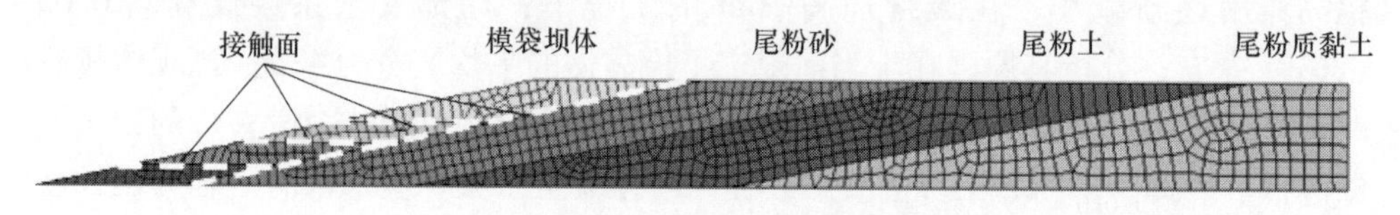

图 6-18　材料分区及计算网格

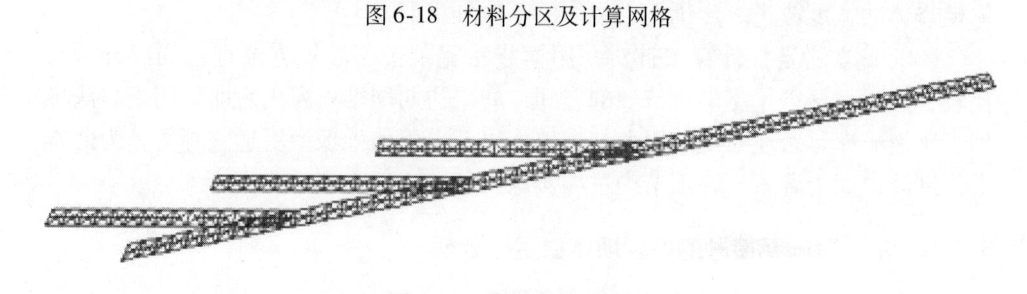

图 6-19　接触面单元网格

通过模型的主应力等值线分布图（见图 6-20）可知：尾矿库的应力大小随深度的增加而增大，大主应力最大值约为 0.41MPa，小主应力最大值约为 0.22MPa，计算中应力以受拉为正。

采用强度折减法计算得到安全系数为 3.24，和刚体极限平衡法计算结果相近（见表 6-3）。图 6-21 为强度折减法计算安全系数的过程，从强度折减系数 F_s 取值为 1.5、2.0、2.5、3.0 和 3.24 的情况下计算出坝体内剪应变增量的发展趋势来看，破坏区逐步发展、贯通，最终形成完整的滑移面。

图 6-22 给出了折减系数分别为 1.0（即不折减）和 3.24（安全系数）时，接触面单元的状态。其中，黑色圆圈表示发生剪切破坏。从图 6-22 中可以看出，

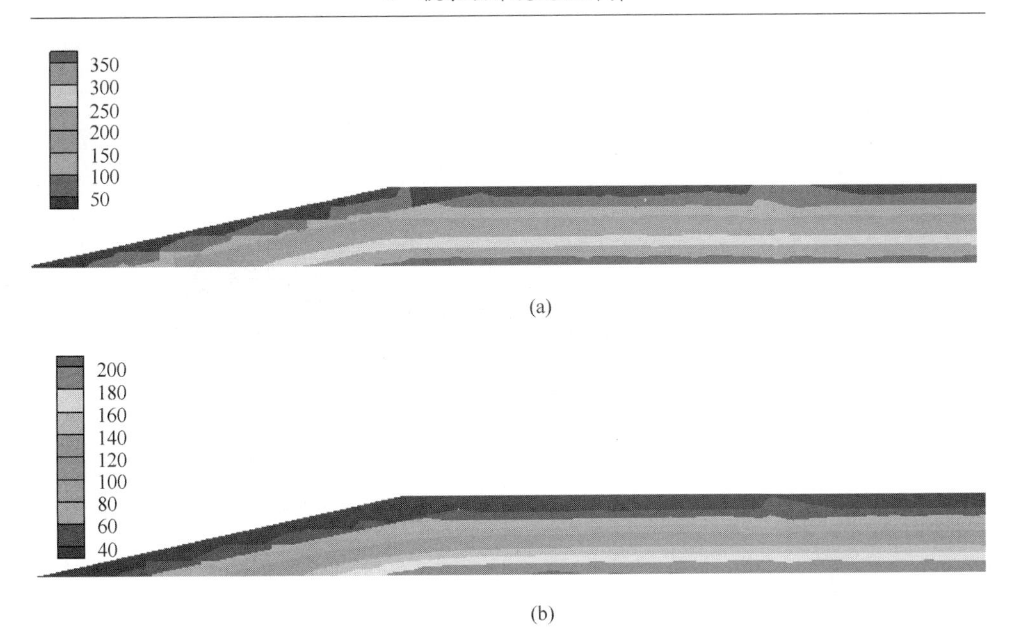

(a)

(b)

图 6-20 主应力分布

（a）大主应力；（b）小主应力

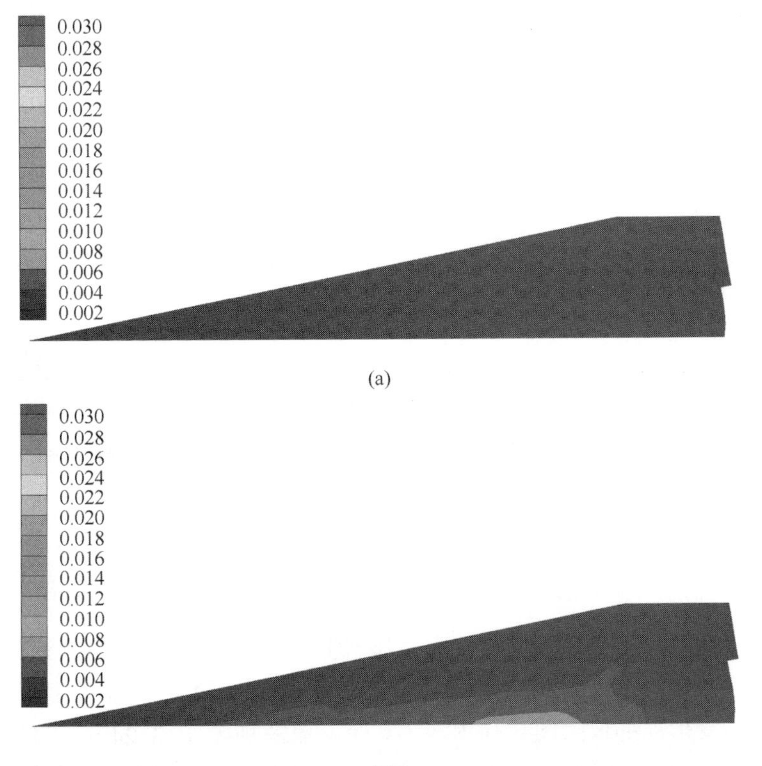

(a)

(b)

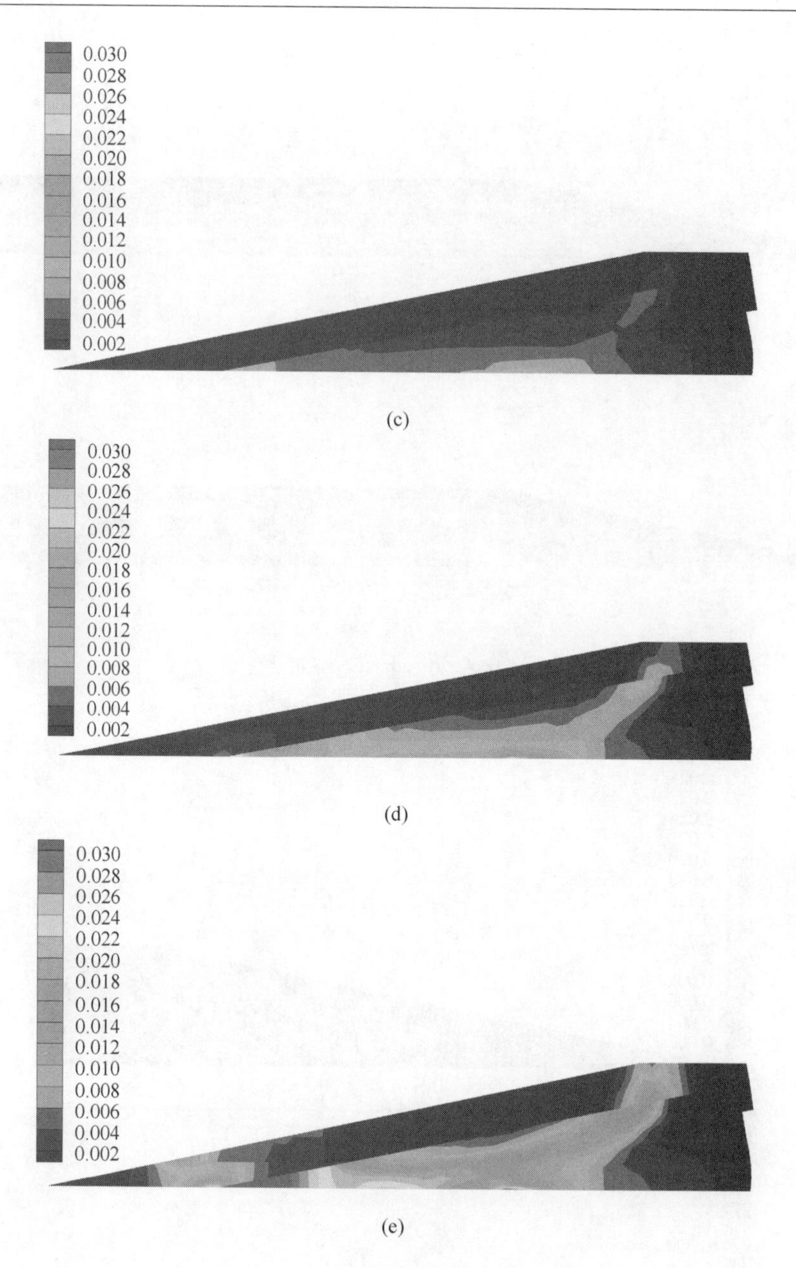

图 6-21　不同折减系数时剪应变增量分布

(a) $F_s=1.5$；(b) $F_s=2.0$；(c) $F_s=2.5$；(d) $F_s=3.0$；(e) $F_s=3.24$

在不进行折减时，模袋体强度足够高，接触面单元没有发生剪切破坏。而当折减系数为安全系数时，最下面的模袋层间接触面单元几乎发生了整体剪坏。图 6-23 为模袋坝体变形局部放大图。在 $F_s=1.0$ 时，模袋坝体变形很小，层间也未发生滑移错动，说明坝体稳定性较好。而在 $F_s=3.24$ 时（坝体处于临界破坏状态），模袋体发生了较大的变形，且层间发生了滑移破坏，在图 6-23（b）中可以看到，接触面上下对应结点发生了错动，与图 6-22（b）中接触面单元的破坏区域相符。

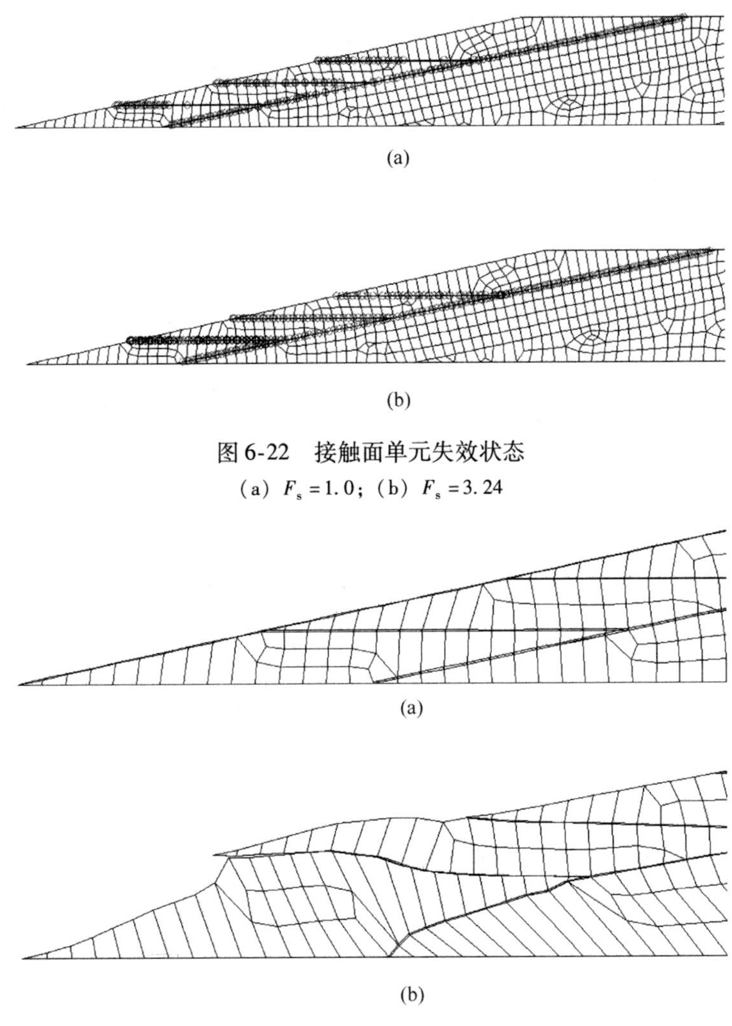

图 6-22 接触面单元失效状态

（a）$F_s=1.0$；（b）$F_s=3.24$

图 6-23 网格变形图

（a）$F_s=1.0$；（b）$F_s=3.24$

6.5 小结

本章采用极限平衡法以及有限元强度折减法等多种方法对模袋坝体的稳定性进行了系统研究。首先详细介绍了刚体极限平衡法和有限元法的基础理论，在此基础上结合典型细粒尾矿筑坝工程，分别采用以上方法进行了稳定性分析，可得到以下主要结论：

（1）刚体极限平衡法和有限元强度折减法都可用于模袋坝体的稳定性分析，安全系数整体结果相近。

（2）有限元法的计算结果更为丰富，不仅可以得到安全系数，还可以给出应力变形结果、滑移面的贯通过程等。

（3）从多种方法的计算结果来看，模袋坝体的安全系数较高，稳定性较好，是一种实用有效的细粒尾矿筑坝新方法。

参 考 文 献

[1] Sihong Liu, Fuqing Bai, Yisen Wang, et al. Treatment for Expansive Soil Channel Slope with Soilbags [J]. Journal of Aerospace Engineering, 2013 (26).

[2] 陈昌富，杨宇. 边坡稳定性分析水平条分法及其进化计算 [J]. 湖南大学学报（自然科学版），2004，31 (4)：72-75.

[3] 邓东平，李亮. 水平条分法下边坡稳定性分析与计算方法研究 [J]. 岩土力学，2012，33 (10)：3179-3188.

[4] 陈仲颐，周景星，王洪瑾. 土力学 [M]. 北京：清华大学出版社，1994.

[5] 邓东平，李亮，赵炼恒. 基于 Janbu 法的边坡整体稳定性滑动面搜索新方法 [J]. 岩土力学，2011，32 (3)：891-898.

[6] Goodman R E, Tylor R L, Brekke T L. A Model for the Mechanics of Jointed Rock [J]. Journal of the Soil Mechanics. and Foundations Division, American Society of Civil Engineering, 1968, 94 (SM3)：638-659.

[7] 郑颖人，赵尚毅. 岩土工程极限分析有限元法及其应用 [J]. 土木工程学报，2005，38 (1)：91-98.

[8] 梁庆国，李德武. 对岩土工程有限元强度折减法的几点思考 [J]. 岩土力学，2008，29 (11)：3053-3058.

下篇　工程应用篇

云南某铜多金属矿尾矿库安全措施专项工程

7.1　工程概述

云南某铜多金属矿尾矿库于2005年投入运行，该库初期坝采用透水堆石坝，坝底标高 +920m，坝高30m，坝顶宽4.0m，坝内坡比1∶1.8，外坡比1∶2.0，坝内坡设有由土工布构成的反滤层，坝面及坝顶有干砌石护面。后期尾矿堆积坝采用上游法冲积筑坝，堆积坝外坡比1∶5。尾矿最终堆积坝顶标高为 +1070m，尾矿堆积坝高120.00m，总坝高150.00m，总库容958万立方米，设计服务年限为15.5年，为三等库。尾矿堆积子坝高度为2m。每4.00m设E-131型土工格网进行加筋，在各级子坝筑坝前，在尾矿沉积滩上设 ϕ100mm排渗软管，坝坡面每4.0m设置一条排水沟，并与坝外坡排洪沟相接，形成坡面排水网。尾矿库排洪设施采用钢筋混凝土框架式排水井与排水涵管结合的形式。排水井直径为4.5m，高度为21m，共设6级排水井。尾矿库的排渗主要通过初期坝及排渗席垫与排水软管结合的方式。

该尾矿库运行至2010年，尾矿堆积坝高43m（标高 +993m），总坝高达到73m。尾矿堆积过程中，因生产能力扩大及选矿工艺改变，产生了一些问题，主要包括：子坝上升速度过快；尾矿平均粒度偏细，快速堆坝困难；库内沉积滩坡度偏小；坝体内浸润线偏高等问题。自2008年以来，公司先后投入了大量人力及物力对该尾矿库进行治理。

针对这些问题，北京矿冶研究总院2010年设计了以模袋法堆坝为主的安全措施专项工程，工程于2011年5月9日正式开工，2014年1月竣工，模袋堆坝高度20m。

7.2　尾矿特性及其堆坝困难

该尾矿库为两个选厂生产，三选厂生产V1矿石，四选厂生产V2矿石，V1

矿石为铜多金属矿，V2 矿石为单铜矿。三选厂、四选厂产生的尾矿浆统一经过硫铁车间进行硫铁再选。选厂生产规模为三选厂 2000t/d，四选厂 2000t/d，合计 4000t/d。尾矿的产生率及尾矿量见表 7-1。

表 7-1　各选厂尾矿产率及尾矿量

选厂名称	生产规模/$t \cdot d^{-1}$	尾矿产出率/%	尾矿量/$t \cdot d^{-1}$
三选厂（硫铁）	2000	49.46	958.00
四选厂（单铜）	2000	96.85	1937.00
小　计	4000	72.38	2895.00

尾矿堆积干密度：1.45t/m^3；混合尾矿浓度：18%。

7.2.1　尾矿粒度

尾矿粒度是一项能够综合反映尾矿特性的重要指标。尾矿中各种不同粒组的相对含量决定着尾矿的物理力学性质。粒径级配曲线是尾矿粒度组成的一种表达方式，因此在研究尾矿物理力学性质前，一般应先分析其颗粒组成。

试验取样选择硫铁车间最后形成的尾矿浆，分别采用激光粒度分析和筛分法进行尾矿粒度组成分析。试验结果如图 7-1 和图 7-2 所示。

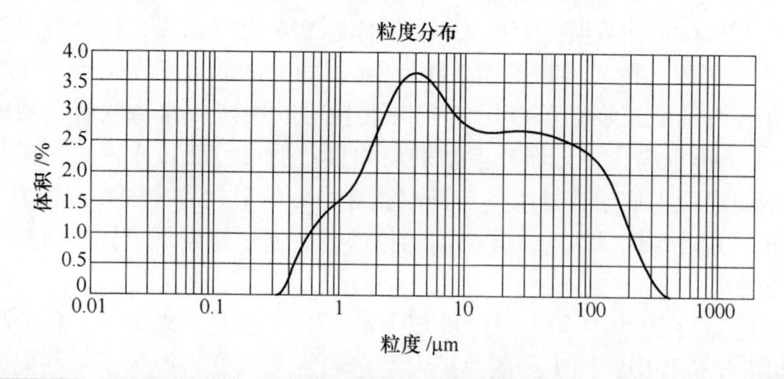

粒度/μm	体积不足/%	粒度/μm	体积不足/%	粒度/μm	体积不足/%	粒度/μm	体积不足/%	粒度/μm	体积不足/%	粒度/μm	体积不足/%
0.010	0.00	0.350	0.00	3.000	23.70	33.000	71.04	74.000	84.65	150.000	94.91
0.050	0.00	0.400	0.13	4.500	33.25	34.000	71.56	75.000	84.66	160.000	95.65
0.070	0.00	0.450	0.46	5.500	37.92	35.000	72.07	85.000	86.65	170.000	96.29
0.080	0.00	0.500	0.90	6.000	39.85	36.000	72.56	90.000	87.74	200.000	97.75
0.090	0.00	0.550	1.42	7.000	43.16	37.000	73.04	95.000	88.57	250.000	99.10
0.100	0.00	0.600	1.98	8.000	45.85	38.000	73.50	100.000	89.35	300.000	99.71
0.110	0.00	0.650	2.57	9.000	48.12	39.000	73.95	105.000	90.09	350.000	99.93
0.120	0.00	0.700	3.15	10.000	50.07	40.000	74.39	110.000	90.77	400.000	100.00
0.140	0.00	0.750	3.73	15.000	57.21	45.000	76.42	120.000	92.02	500.000	100.00
0.160	0.00	0.800	4.30	20.000	62.21	50.000	78.20	125.000	92.58	600.000	100.00
0.180	0.00	0.850	4.86	25.000	65.14	55.000	79.80	130.000	93.11	700.000	100.00
0.200	0.00	0.900	5.40	30.000	69.35	60.000	81.24	135.000	93.61		
0.250	0.00	1.000	5.44	31.000	69.94	65.000	82.55	140.000	94.07		
0.300	0.00	2.000	15.49	32.000	70.49	70.000	83.75	145.000	94.51		

图 7-1　硫铁车间尾矿粒度分析图

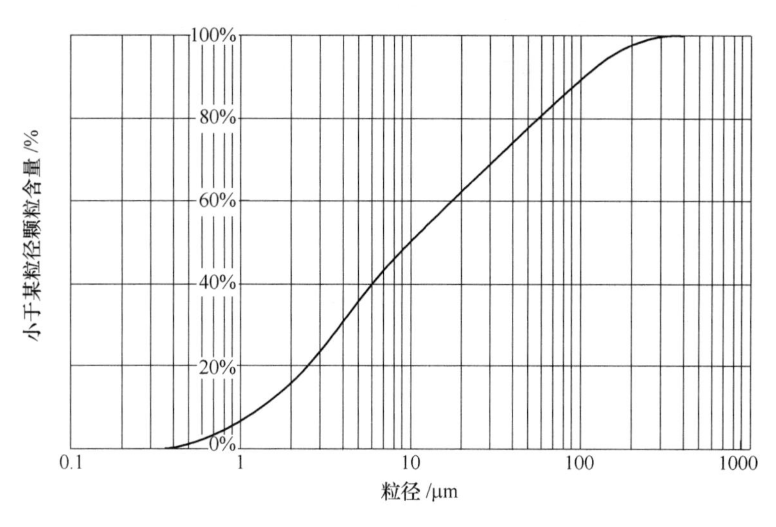

图 7-2 硫铁车间尾矿粒度曲线图

粒径级配曲线上，纵坐标为 10% 所对应的粒径 d_{10} 称为有效粒径；纵坐标为 60% 所对应的粒径 d_{60} 称为限定粒径；d_{60} 与 d_{10} 的比值称为不均匀系数 C_u，即：

$$C_u = \frac{d_{60}}{d_{10}}$$

不均匀系数是表示土颗粒组成的重要特征。当 C_u 很小时曲线很陡，表示土均匀；当 C_u 很大时曲线平缓，表示土的级配良好。

曲率系数 C_c 是表示土颗粒组成的另一特征，其计算式如下：

$$C_c = \frac{d_{30}^2}{d_{10} \times d_{60}}$$

式中 d_{30}——粒径级配曲线上纵坐标为 30% 所对应的粒径。

不均匀系数和曲率系数同样可以描述尾矿的粒度组成特征。一般按照工程经验，把同时满足 $C_u > 5$ 和 $C_c = 1 \sim 3$ 的土定为级配良好的土；把不能同时满足这两个条件的土定为级配不良的土。以上硫铁车间取样的尾矿，从粒度曲线可得其尾矿的不均匀系数及曲率系数见表 7-2。

表 7-2 尾矿不均匀系数及曲率系数

项 目	d_{10}/μm	d_{30}/μm	d_{60}/μm	C_u	C_c
硫铁车间	1.37	3.95	17.64	12.88	0.65

从表 7-2 可见，硫铁车间的尾矿属于级配不良尾矿。

一般在尾矿筑坝时，会将 -0.074mm 尾矿颗粒所占的质量百分比作为能否采用上游法筑坝的重要指标。因此本次全尾砂粒径试验也对这一指标进行了筛分，试验结果见表 7-3。

表 7-3　全尾砂筛分试验结果

项　目	硫铁车间尾矿（V1、V2 混合）
尾砂干样样品质量/g	341.51
盆重/g	279.13
筛后 0.074mm 以上质量/g	54.49
尾砂 0.074mm 以下比重/%	84.04

根据以上两种试验方法得到的结果整理见表 7-4。

表 7-4　全尾砂粒径分析 -0.074mm（-200 目）所占比重

项　目	试样 1	试样 2	试样 3	筛分试验	平均值
硫铁车间尾砂/%	84.68	84.65	89.53	84.04	85.73

根据以上试验结果，确定该矿山三选厂、四选厂尾砂在进入硫铁车间进行硫铁再选后直接排入尾矿库，尾砂粒径较细，-0.074mm（-200 目）占 85.73%。国内尾矿行业认为当尾砂粒径 -0.074mm（-200 目）超过 85% 时不能采用尾砂直接筑坝。可见细粒尾矿偏多是造成该尾矿库筑坝困难的主要原因。

7.2.2　尾矿沉积规律

7.2.2.1　*堆积尾矿沉积规律*

堆积尾矿沉积规律受尾矿性质、粒度、矿浆浓度和排放形式控制。根据勘察结果和各项控制因素的分析及对室内土工试验的统计分析，总结出该尾矿坝堆积尾矿的沉积规律如下：

（1）堆积尾矿宏观平面上具有坝前粗、库尾细的特点。

当尾矿浆由坝顶向库尾流动时，根据水动力规律，随着浆液的流动，水力梯度逐渐消散，浆液所能携带尾矿的能力逐渐降低，从而尾矿逐渐按照颗粒由粗到细依次沉淀下来，从而在平面上，形成了坝前粗库尾细的沉积特点。

（2）堆积尾矿宏观纵向上具有上粗下细的特点。

随着尾矿浆由坝顶向库内流动，水力梯度消散，每层平面上尾矿逐渐按照颗粒由粗到细沉淀下来。随着堆积坝的升高，坝顶不断向上游推移，对于每一固定的纵断面来说，其浆液流动的里程在逐段减小，浆液经过该断面时所能携带的尾矿颗粒的粒径在逐渐增大。因此，随坝体加高，子坝向上游推移，该断面上即呈现出上粗下细的沉积特性。

（3）堆积尾矿微观上具夹层、互层、交错层、千层饼结构等。

尾矿坝剖面图如图 7-3 所示。

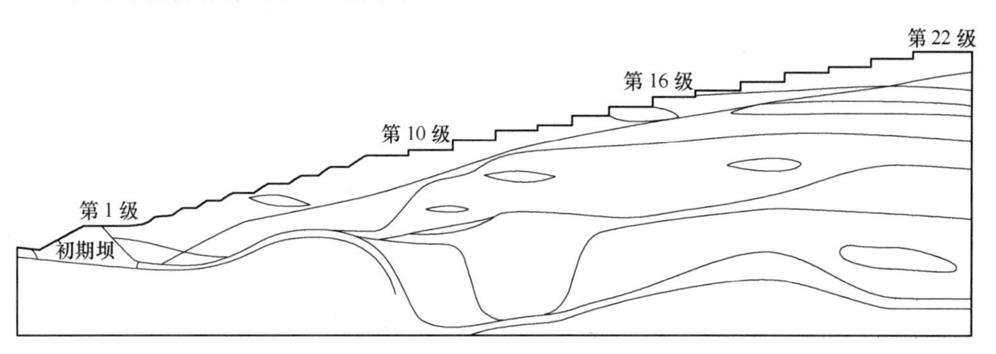

图 7-3　尾矿坝剖面图

该尾矿库放矿方式为软管分散放矿，在每根软管每次放矿结束后，水力骤降，尾矿浆液即很快就地沉淀，且在这一骤降沉淀过程中，即呈现出类似静水环境下的沉积规律，粗颗粒在下，细颗粒及黏粒在上的特点。同时由于原浆液冲沟不平，在停止放矿后，在局部冲沟中凸凹地会出现缺失、夹层、透镜体现象。且在正常运行期间，停放某一软管的同时会打开其他相应软管放矿，新开放矿管的浆液将有可能在停止放矿软管前场地沉积新尾矿，覆盖了原沉淀尾矿，产生新一轮的沉淀，如此重复交错沉淀则尾矿沉积在微观上即出现交错层理的沉淀韵律结构。由于每根放矿软管的放矿时间很短，一般为 2～4h，故每个韵律单元层的层厚很薄。图 7-4 和图 7-5 为两个钻孔土样的平均粒径 d_{50}随孔深变化曲线，出现跳跃和迂回的现象可以表明这一现象。

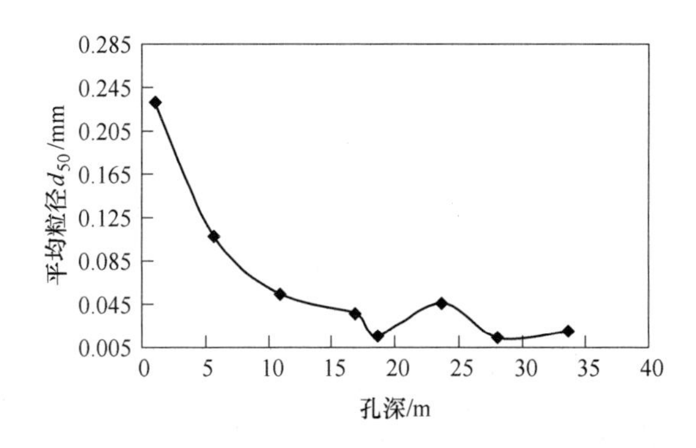

图 7-4　ZK29 钻孔土试样平均粒径 d_{50}随孔深变化曲线

该尾矿坝在平面上体现坝前粗库尾细、纵向上体现上粗下细的特点。这些特点是上游法尾矿坝均易出现的，但当尾矿粒度偏细时，特征体现得更为明显，并且会产生夹层、互层、交错层、千层饼结构等现象，不利于坝体内渗水的排出，往往导致坝体内浸润线偏高等现象，于坝体稳定性有害无益。

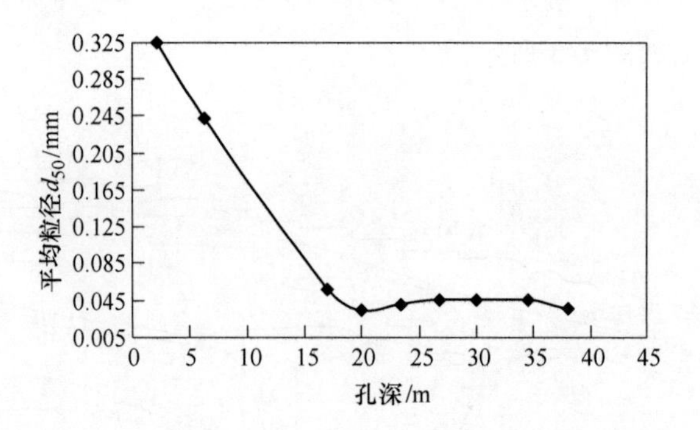

图 7-5　ZK30 钻孔土试样平均粒径 d_{50} 随孔深变化曲线

7.2.2.2　沉积滩滩面尾矿沉积规律

滩面上尾矿的沉积规律是尾矿库稳定性的影响因素之一，对其测试试验非常重要。对该尾矿坝沉积滩滩面尾矿沉积规律的测试，通过在滩面上随尾矿浆液流动和垂直坝轴线方向，布置两条取样勘探线，取样点间距为 8～10m 不等，取样位置在滩面 20～50cm 以下。对试样进行室内试验，两条取样勘探线上各探井试样的平均粒径 d_{50} 随探井距离放坝脚的距离变化曲线如图 7-6 和图 7-7 所示。

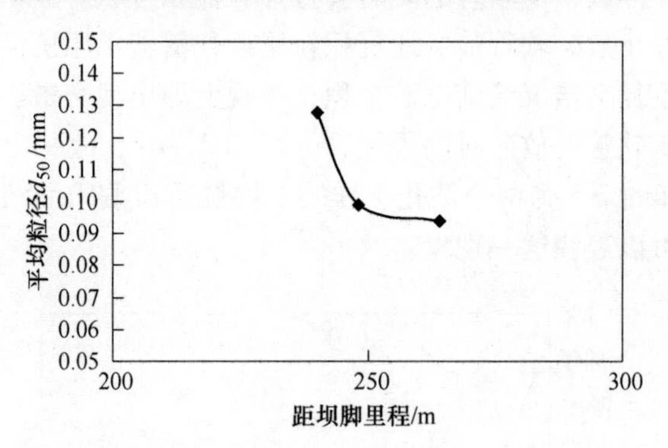

图 7-6　沉积滩上剖面 6-6′平均粒径 d_{50} 的变化曲线

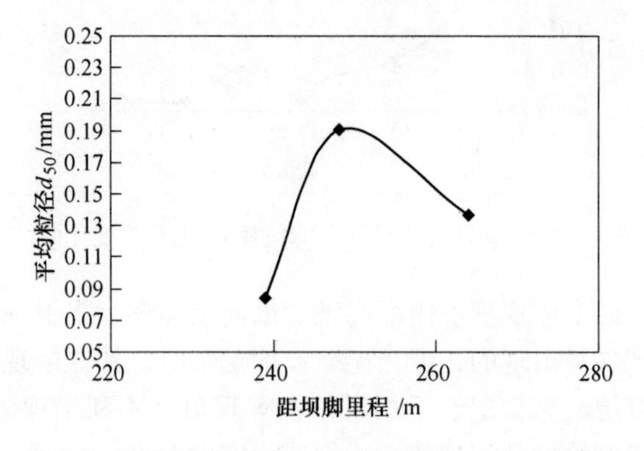

图 7-7　沉积滩上剖面 8-8′平均粒径 d_{50} 的变化曲线

从图 7-6 和图 7-7 中曲线可以看出，从放矿口开始随尾矿浆液流动，平均粒径 d_{50} 总体呈由大变小的规律，符合尾矿浆液的水力沉积规律，沉积尾矿颗粒由粗变细；局部有所起伏，这是由于分散放矿时，浆液向四周扩散，各个放矿管放矿压力不一致等因素，打乱原有沉积规律所引起的，这也是尾矿沉积中各微薄层相互交替叠加、夹层透镜体发育的一种表现。

7.2.3　堆积尾矿颗粒组成及其物理力学指标

根据本次勘察的室内土工试验颗分资料，堆积尾矿的颗粒组成从上至下依次分布为尾粉砂、尾粉土、尾粉质黏土和尾黏土，具体各项颗分结果统计见表 7-5。

结合尾矿沉积规律，根据室内试验和原位测试结果，对尾矿堆积坝的工程地质单元层由上至下，可依次划分为：尾粉砂$①_1$、尾粉土$①_2$和尾粉土$①_3$、尾粉质黏土$①_4$及尾黏土$①_5$层。下卧尾黏土$①_5$层强度低，压缩性高，为库底的软弱层，对坝体稳定极为不利，应引起重视。综合各项试验测试结果，对数据进行综合整理，堆积坝的各单元层的主要物理力学指标建议值见表 7-6。其中对于抗剪强度，总应力主要按直剪快剪指标统计结果和考虑变异系数及工程经验后取值，有效应力是综合考虑了直剪固结快剪和静三轴固结排水剪切及考虑变异系数和工程经验后的取值。

为获得堆积尾矿和下伏地层的物理力学性质，针对堆积尾矿和下伏地层均进行了多项土工试验，试验结果分析统计见表 7-6。

根据表 7-6 的统计结果，对堆积尾矿进行比较分析如下：

（1）和同粒组类的土比较，尾矿比重较大，同时导致各尾矿层的天然密度和干密度均较大，说明堆积尾矿的比重主要由其矿物成分控制。

（2）受浸润线影响，在浸润线以上，尾矿处于非饱和状态；浸润线以下，尾矿处于饱和状态，饱和度接近 100%。

（3）按照压缩性分类标准，尾粉砂$①_1$、尾粉土$①_2$和尾粉土$①_3$属中等偏低压缩性，尾粉质黏土$①_4$和尾黏土$①_5$属高压缩性。

（4）根据详勘报告，堆积尾矿的超固结比 OCR 均小于 1，堆积尾矿属欠固结土，这和实际堆积尾矿时间较短一致，尾矿仍处于固结过程，符合正常沉积的规律。

（5）和同粒组类的土比较，尾矿的抗剪强度指标较高，这主要是尾矿颗粒形状呈片状为主，且级配良好，易密实。

（6）堆积尾矿水平渗透系数大于垂直渗透系数，这是尾矿成层堆积特征的反映，也反映了尾矿的各向异性特点。

表 7-5 尾矿颗分试验分析统计

土类名称	统计参数	粗砂（2 ~ 0.50mm）/%	中砂（0.50 ~ 0.25mm）/%	细砂（0.25 ~ 0.075mm）/%	粉砂（0.075 ~ 0.050mm）/%	粉粒粗（0.050 ~ 0.010mm）/%	粉粒细（0.010 ~ 0.005mm）/%	黏粒（< 0.005mm）/%	胶粒（< 0.002mm）/%	d_3	d_5
尾粉砂①$_1$	组数	—	12	12	12	12	12	12	12	6	10
	最小值	—	10.6	35.7	8.8	5.3	0.4	2.5	1.3	0.002	0.002
	最大值	—	38.3	56.1	18.2	23	7.3	10.4	6.6	0.008	0.026
	平均值	—	20.6	42.1	12.6	16.7	2.4	5.7	3.6	0.005	0.011
尾粉土①$_2$	组数	5	34	36	36	36	36	36	32	14	14
	最小值	8.9	0.9	4.2	9.1	4.4	0.2	0.9	4.2	0.001	0.002
	最大值	13.3	38.3	56.8	53.6	47.6	13.4	18.2	79.0	0.035	0.038
	平均值	11.1	18.0	32.0	23.3	18.0	2.3	5.8	46.6	0.010	0.019
尾粉土①$_3$	组数	—	11	11	11	11	11	11	11	—	2
	最小值	—	0.4	2.5	5.2	25.1	3.7	6.3	3.5	—	0.003
	最大值	—	8.1	32.8	31.1	50.6	14.7	25.4	13.1	—	0.003
	平均值	—	2.9	18.3	20.5	37.8	6.7	13.8	8.2	—	0.003
尾粉质黏土①$_4$	组数	—	5	9	9	9	9	9	9	—	—
	最小值	—	0.5	1.7	8.1	39.9	6.2	9.9	7.1	—	—
	最大值	—	4.4	17.5	26.5	46.2	14.7	31.6	17.5	—	—
	平均值	—	1.6	8.6	17.5	42.7	9.9	20.3	12.4	—	—
尾黏土①$_5$	组数	—	6	11	12	12	12	12	12	—	—
	最小值	—	0.9	1.6	2.8	6.7	1.8	6.6	0	—	—
	最大值	—	6.7	43.6	83.3	54.4	17.2	40.0	50.3	—	—
	平均值	—	2.3	11.3	19.8	36.6	10.3	21.8	11.5	—	—

续表 7-5

土类名称	统计参数	有效粒径 d_{10}	d_{20}	中间粒径 d_{30}	平均粒径 d_{50}	限制粒径 d_{60}	d_{70}	不均匀系数 C_u	曲率系数 C_c	塑性指数 I_p
尾粉砂①$_1$	组数	12	12	12	12	12	12	12	12	4
	最小值	0. 005	0. 023	0. 043	0. 081	0. 111	0. 147	4. 05	0. 87	5
	最大值	0. 055	0. 081	0. 112	0. 191	0. 240	0. 297	32. 4	3. 34	6
	平均值	0. 021	0. 042	0. 062	0. 110	0. 146	0. 192	11. 6	1. 71	6
尾粉土①$_2$	组数	33	19	36	36	36	19	33	33	17
	最小值	0. 002	0. 006	0. 010	0. 027	0. 039	0. 051	0. 51	0. 48	4
	最大值	0. 058	0. 087	0. 125	0. 231	0. 298	0. 357	22. 00	11. 67	9
	平均值	0. 031	0. 044	0. 062	0. 105	0. 136	0. 175	4. 94	3. 16	6
尾粉土①$_3$	组数	7	11	11	11	11	11	7	7	11
	最小值	0. 002	0. 004	0. 006	0. 014	0. 018	0. 024	5. 9	1. 88	5
	最大值	0. 010	0. 027	0. 042	0. 057	0. 070	0. 093	27	5. 79	8
	平均值	0. 005	0. 012	0. 024	0. 043	0. 051	0. 062	13	3. 21	6
尾粉质黏土①$_4$	组数	2	6	6	6	6	6	2	2	21
	最小值	0. 004	0. 002	0. 005	0. 013	0. 018	0. 026	10. 6	2. 00	11
	最大值	0. 005	0. 014	0. 025	0. 046	0. 053	0. 060	12. 5	2. 36	16
	平均值	0. 005	0. 006	0. 012	0. 028	0. 036	0. 045	11. 6	2. 18	14
尾黏土①$_5$	组数	7	9	12	12	12	11	7	7	11
	最小值	0. 002	0. 002	0. 003	0. 009	0. 013	0. 018	3. 1	0. 8	8
	最大值	0. 025	0. 039	0. 067	0. 076	0. 096	0. 124	22. 5	4. 8	29
	平均值	0. 007	0. 010	0. 018	0. 029	0. 038	0. 047	12. 7	2. 2	18

注：表中尾粉土①$_2$层及尾黏土①$_5$层数据利用了详勘报告资料。

表 7-6　土工试验成果统计

统计指标 \ 岩土名称		尾粉砂①$_1$	尾粉土①$_2$	尾粉土①$_3$	尾粉质黏土①$_4$	尾黏土①$_5$
孔隙比 e		$\frac{0.47\sim0.93}{0.63}$ (11)	$\frac{0.510\sim1.304}{0.745}$ (28)	$\frac{0.52\sim0.79}{0.63}$ (11)	$\frac{1.00\sim1.88}{1.28}$ (19)	$\frac{1.180\sim1.828}{1.469}$ (8)
天然重力密度 γ/kN · m^{-3}		$\frac{16.2\sim23.8}{20.2}$ (11)	$\frac{19\sim23.3}{20.8}$ (26)	$\frac{21.1\sim26.9}{24.7}$ (11)	$\frac{16.4\sim21.4}{18.7}$ (20)	$\frac{16.4\sim19.8}{17.8}$ (9)
土粒比重 G_s		$\frac{2.64\sim3.23}{2.86}$ (11)	$\frac{2.72\sim3.57}{3.08}$ (37)	$\frac{3.13\sim3.63}{3.46}$ (11)	$\frac{2.76\sim3.51}{3.13}$ (21)	$\frac{2.86\sim3.49}{2.95}$ (12)
含水量 w/%		$\frac{10\sim25}{17}$ (11)	$\frac{11\sim40}{20}$ (32)	$\frac{13\sim21}{16}$ (11)	$\frac{27\sim55}{37}$ (19)	$\frac{37\sim60}{49}$ (8)
饱和度 S_r		$\frac{52\sim90}{74}$ (12)	$\frac{59\sim100}{84.9}$ (30)	$\frac{78\sim97}{89}$ (11)	$\frac{81\sim98}{91}$ (20)	$\frac{71.0\sim97.0}{91.1}$ (10)
塑性指数 I_p		$\frac{5\sim6}{6}$ (4)	$\frac{4\sim9}{6}$ (17)	$\frac{5\sim8}{6}$ (11)	$\frac{11\sim16}{14}$ (21)	$\frac{5\sim29}{17}$ (12)
压缩模量 E_s /MPa		$\frac{7.4\sim16.1}{7.8}$ (6)	$\frac{4.19\sim16.73}{11.05}$ (23)	$\frac{5.9\sim17.4}{12.1}$ (7)	$\frac{2.4\sim4.9}{3.4}$ (11)	$\frac{2.1\sim4.70}{2.91}$ (7)
压缩系数 $\alpha_{1\text{-}2}$ /MPa^{-1}		$\frac{0.11\sim0.26}{0.15}$ (6)	$\frac{0.09\sim0.83}{0.21}$ (23)	$\frac{0.09\sim0.29}{0.15}$ (7)	$\frac{0.41\sim1.20}{0.71}$ (11)	$\frac{0.4\sim1.18}{0.91}$ (7)
浸水快剪	内摩擦角 φ/(°)	21.1 (1)	$\frac{16.8\sim31.7}{25.6}$ (9)	$\frac{9.6\sim23.0}{14.5}$ (7)	$\frac{2.6\sim9.2}{4.4}$ (10)	—
	黏聚力 c/kPa	29.3 (1)	$\frac{27.0\sim40.2}{33.6}$ (9)	$\frac{32.4\sim75.7}{58.1}$ (7)	$\frac{16\sim49.4}{33.6}$ (10)	—

续表 7-6

统计指标 \ 岩土名称		尾粉砂①$_1$	尾粉土①$_2$	尾粉土①$_3$	尾粉质黏土①$_4$	尾黏土①$_5$
固结快剪	内摩擦角 $\varphi/(°)$	$\frac{19.8 \sim 22.2}{20.7}$ (6)	$\frac{13.8 \sim 27.0}{17.5}$ (10)	$\frac{15.6 \sim 24.9}{20.2}$ (4)	$\frac{9.2 \sim 15.6}{13.0}$ (7)	$\frac{8.8 \sim 14.5}{12.4}$ (6)
	黏聚力 c/kPa	$\frac{28.4 \sim 56.7}{42.2}$ (6)	$\frac{25.8 \sim 46.5}{38.8}$ (10)	$\frac{37.2 \sim 64.9}{45.8}$ (4)	$\frac{16.5 \sim 36.1}{24.6}$ (7)	$\frac{22.7 \sim 48.4}{33.0}$ (6)
三轴（UU）	内摩擦角 $\varphi_u/(°)$	—	$\frac{6.1 \sim 32.9}{17.0}$ (5)	—	15.2 (1)	$\frac{1.4 \sim 7.1}{4.3}$ (2)
	黏聚力 c_u/kPa	—	$\frac{9.6 \sim 23.2}{16.6}$ (5)	—	46.6 (1)	$\frac{6.7 \sim 13.3}{10.0}$ (2)
三轴（CU）	内摩擦角 $\varphi_{cu}/(°)$	$\frac{31.4 \sim 34.6}{32.3}$ (5)	$\frac{26.6 \sim 26.6}{26.6}$ (1)	—	$\frac{15.6 \sim 28.6}{20.0}$ (3)	$\frac{23.7 \sim 25.0}{24.4}$ (2)
	黏聚力 c_{cu}/kPa	$\frac{26.5 \sim 56.1}{41.6}$ (5)	$\frac{66.5 \sim 66.5}{66.5}$ (1)	—	$\frac{13.8 \sim 49.5}{32.6}$ (3)	$\frac{23.5 \sim 29.0}{26.3}$ (2)
	内摩擦角 $\varphi'/(°)$	$\frac{33.6 \sim 36.8}{35.3}$ (5)	$\frac{33.4 \sim 33.4}{33.4}$ (1)	—	$\frac{22.6 \sim 30.5}{25.7}$ (3)	$\frac{30.7 \sim 34.4}{32.6}$ (2)
	黏聚力 c'/kPa	$\frac{7.3 \sim 40.2}{21.8}$ (5)	$\frac{35.0 \sim 35.0}{35.0}$ (1)	—	$\frac{21.4 \sim 31.9}{26.6}$ (3)	$\frac{5.5 \sim 32.5}{19.0}$ (2)
水平向渗透 K_h/cm·s^{-1}		—	$\frac{2.52 \times 10^{-5} \sim 2.97 \times 10^{-3}}{8.88 \times 10^{-4}}$ (8)	1.54×10^{-4} (1)	$\frac{2.10 \times 10^{-5} \sim 1.18 \times 10^{-4}}{6.95 \times 10^{-5}}$ (2)	
垂直向渗透 K_v/cm·s^{-1}		3.13×10^{-5} (1)	$\frac{5.57 \times 10^{-5} \sim 2.86 \times 10^{-3}}{6.77 \times 10^{-4}}$ (16)	$\frac{1.85 \times 10^{-5} \sim 1.31 \times 10^{-4}}{7.48 \times 10^{-5}}$ (5)	$\frac{1.43 \times 10^{-4} \sim 3.20 \times 10^{-4}}{2.32 \times 10^{-4}}$ (2)	$\frac{1.06 \times 10^{-5} \sim 1.75 \times 10^{-4}}{7.71 \times 10^{-5}}$ (5)

7.2.4 尾矿的动力特性指标

尾矿动力特性的试验研究是通过试验分析尾矿在动荷载作用下的力学性能，包括动强度、动模量、动阻尼比和抗液化性能等，为尾矿坝动力分析提供基础数据。尤其当尾矿粒度偏细时，坝体一般会发生浸润线偏高、动力性质变差、易液化等特点，因此为研究尾矿坝的动力稳定性，尾矿的动力特性指标研究必不可少。

土的动力特性试验方法很多，有动直剪试验、动三轴试验、共振柱试验、振动台试验等。目前，我国较常用的是动三轴试验。动三轴试验是将圆柱形试件在给定的轴向和侧向压应力作用下固结，然后施加激振力，使土样在剪切平面上的剪应力产生周期性的交变。

该尾矿库尾矿堆积坝的尾矿土样的动力特性试验是四川大学水利水电学院完成的，使用的三轴试验机为 DDS-30 动三轴试验系统，主机是 DZ78-1 型电磁式动三轴仪；拉压力传感器型号 BLR-1 型，最大荷载 2kN；孔压传感器型号 AK-1，量程 0～1MPa；大量程位移传感器型号（HP-DC-LVDT）DA-10 型，小量程位移传感器型号 DA-2。

按照《土工试验规范》(SL 237—1999）中要求进行试验。同时，考虑了表 7-7中的几种情况。

表 7-7 动三轴试验工况

名 称	固结比 k_c	σ_{3c}/kPa
工 况	1.0	100
	1.0	200
	1.0	400
	1.0	100
	1.5	100
	2.0	100
测试项目	σ_d，τ_d，γ_d，ε_d，λ_d，E_d，G_d，U_d	

经试验测得的动力特性参数见表 7-8 和表 7-9。

表 7-8 动弹性模量和阻尼比的试验成果

固结应力比 k_c	应变 ε_d	动应力 σ/kPa	动弹模量 E_d/MPa	阻尼比 λ_d	1/动弹模量 $1/E_d$	动模量比 R_e
$k_c=1.0$ $\sigma_{3c}=100$kPa	10^{-6}	0.211	211	0	0.004739	1
	5×10^{-6}	1.0445	208.9	0.4	0.004787	0.99
	10^{-5}	2.046	204.6	1.1	0.004888	0.97
	2×10^{-5}	3.882	194.1	2.8	0.005152	0.92
	5×10^{-5}	8.12	162.4	8.1	0.006158	0.77
	10^{-4}	12.87	128.7	13.7	0.00777	0.61

续表 7-8

固结应力比 k_c	应变 ε_d	动应力 σ/kPa	动弹模量 E_d/MPa	阻尼比 λ_d	1/动弹模量 $1/E_d$	动模量比 R_e
$k_c=1.0$ σ_{3c} = 100kPa	2×10^{-4}	17.72	88.6	20.4	0.011287	0.42
	5×10^{-4}	25.3	50.6	26.7	0.019763	0.24
	10^{-3}	31.6	31.6	29.8	0.031646	0.15
	2×10^{-3}	38	19	32	0.052632	0.09
	5×10^{-3}	52.5	10.5	33.4	0.095238	0.05
	10^{-2}	84	8.4	33.7	0.119048	0.04
$k_c=1.0$ σ_{3c} = 200kPa	10^{-6}	0.326	326	0	0.003067	1
	5×10^{-6}	1.6135	322.7	0.3	0.003099	0.99
	10^{-5}	3.162	316.2	1	0.003163	0.97
	2×10^{-5}	5.868	293.4	3.4	0.003408	0.9
	5×10^{-5}	12.225	244.5	8.6	0.00409	0.75
	10^{-4}	18.91	189.1	14.4	0.005288	0.58
	2×10^{-4}	28.04	140.2	19.6	0.007133	0.43
	5×10^{-4}	39.1	78.2	26.1	0.012788	0.24
	10^{-3}	45.6	45.6	29.5	0.02193	0.14
	2×10^{-3}	58.6	29.3	31.3	0.03413	0.09
	5×10^{-3}	81.5	16.3	32.6	0.06135	0.05
	10^{-2}	130	13	33	0.076923	0.04
$k_c=1.0$ σ_{3c} = 400kPa	10^{-6}	0.4263	426.3	0	0.002346	1
	5×10^{-6}	2.1105	422.1	0.3	0.002369	0.99
	10^{-5}	4.136	413.6	1	0.002418	0.97
	2×10^{-5}	7.76	388	3	0.002577	0.91
	5×10^{-5}	16.2	324	7.9	0.003086	0.76
	10^{-4}	25.58	255.8	13.2	0.003909	0.6
	2×10^{-4}	37.52	187.6	18.5	0.00533	0.44
	5×10^{-4}	55.45	110.9	24.4	0.009017	0.26
	10^{-3}	64	64	28.1	0.015625	0.15
	2×10^{-3}	76.8	38.4	30.1	0.026042	0.09
	5×10^{-3}	128	25.6	31.1	0.039063	0.06
	10^{-2}	213	21.3	31.4	0.046948	0.05

续表 7-8

固结应力比 k_c	应变 ε_d	动应力 σ/kPa	动弹模量 E_d/MPa	阻尼比 λ_d	1/动弹模量 $1/E_d$	动模量比 R_e
$k_c=1.5$ σ_{3c} = 100kPa	10^{-6}	0.29	287.8	0	0.003475	1
	5×10^{-6}	1.42	284.9	0.3	0.00351	0.99
	10^{-5}	2.82	282	0.7	0.003546	0.98
	2×10^{-5}	5.41	270.5	2	0.003697	0.94
	5×10^{-5}	11.51	230.2	6.6	0.004344	0.8
	10^{-4}	17.84	178.4	12.6	0.005605	0.62
	2×10^{-4}	25.9	129.5	18.3	0.007722	0.45
	5×10^{-4}	36	72	24.9	0.013889	0.25
	10^{-3}	43.2	43.2	28.2	0.023148	0.15
	2×10^{-3}	57.6	28.8	29.9	0.034722	0.1
	5×10^{-3}	86.5	17.3	31.2	0.057803	0.06
	10^{-2}	144	14.4	31.6	0.069444	0.05
$k_c=2.0$ σ_{3c} = 100kPa	10^{-6}	0.37	370	0	0.002703	1
	5×10^{-6}	1.83	366.3	0.3	0.00273	0.99
	10^{-5}	3.63	362.6	0.7	0.0027579	0.98
	2×10^{-5}	7.03	351.5	1.6	0.002845	0.95
	5×10^{-5}	15.17	303.4	5.9	0.003296	0.82
	10^{-4}	23.68	236.8	11.8	0.004223	0.64
	2×10^{-4}	33.3	166.5	18	0.006006	0.45
	5×10^{-4}	46.25	92.5	24.6	0.01081	0.25
	10^{-3}	59.2	59.2	27.5	0.016891	0.16
	2×10^{-3}	74	37	29.5	0.027027	0.1
	5×10^{-3}	111	22.2	30.8	0.045045	0.06
	10^{-2}	185	18.5	31.1	0.054054	0.05

表 7-9　动剪切模量和阻尼比试验成果

固结应力比 k_c	应变 ε_d	动剪模量 G_d/MPa	阻尼比 λ_d	剪模量比 R_g
$k_c=1.0$ σ_{3c} = 100kPa	10^{-6}	72.7	0	1
	5×10^{-6}	72	0.4	0.99
	10^{-5}	71.3	0.7	0.98
	2×10^{-5}	69.1	1.8	0.95
	5×10^{-5}	61.1	5.6	0.84

续表 7-9

固结应力比 k_c	应变 ε_d	动剪模量 G_d/MPa	阻尼比 λ_d	剪模量比 R_g
$k_c=1.0$ σ_{3c} = 100kPa	10^{-4}	50.9	10.5	0.7
	2×10^{-4}	37.8	16.9	0.52
	5×10^{-4}	21.8	24.6	0.3
	10^{-3}	13.8	28.4	0.19
	2×10^{-3}	8.7	30.9	0.12
	5×10^{-3}	4.4	33	0.06
	10^{-2}	3.6	33.4	0.05
$k_c=1.0$ σ_{3c} = 200kPa	10^{-6}	112.4	0	1
	5×10^{-6}	111.3	0.3	0.99
	10^{-5}	110.2	0.7	0.98
	2×10^{-5}	105.7	2.1	0.94
	5×10^{-5}	92.2	6.2	0.82
	10^{-4}	75.3	11.3	0.67
	2×10^{-4}	57.3	16.8	0.51
	5×10^{-4}	34.8	23.7	0.31
	10^{-3}	21.4	27.8	0.19
	2×10^{-3}	12.4	30.6	0.11
	5×10^{-3}	6.7	32.3	0.06
	10^{-2}	5.6	32.6	0.05
$k_c=1.0$ σ_{3c} = 400kPa	10^{-6}	147	0	1
	5×10^{-6}	145.5	0.3	0.99
	10^{-5}	144.1	0.7	0.98
	2×10^{-5}	138.2	2	0.94
	5×10^{-5}	122	5.6	0.83
	10^{-4}	101.4	10.2	0.69
	2×10^{-4}	77.9	15.5	0.53
	5×10^{-4}	48.5	22.1	0.33
	10^{-3}	30.9	26.1	0.21
	2×10^{-3}	17.6	29.1	0.12
	5×10^{-3}	8.8	31.1	0.06
	10^{-2}	7.4	31.4	0.05

续表 7-9

固结应力比 k_c	应变 ε_d	动剪模量 G_d/MPa	阻尼比 λ_d	剪模量比 R_g
$k_c=1.5$ $\sigma_{3c}=100kPa$	10^{-6}	99.2	0	1
	5×10^{-6}	98.2	0.3	0.99
	10^{-5}	97.3	0.7	0.98
	2×10^{-5}	96.3	1	0.97
	5×10^{-5}	86.3	4.3	0.87
	10^{-4}	71.5	9.3	0.72
	2×10^{-4}	53.6	15.3	0.54
	5×10^{-4}	32.7	22.3	0.33
	10^{-3}	19.8	26.6	0.2
	2×10^{-3}	11.9	29.2	0.12
	5×10^{-3}	6.9	30.9	0.07
	10^{-2}	6	31.2	0.06
$k_c=2.0$ $\sigma_{3c}=100kPa$	10^{-6}	127.6	0	1
	5×10^{-6}	126.3	0.3	0.99
	10^{-5}	125	0.7	0.98
	2×10^{-5}	123.8	1	0.97
	5×10^{-5}	113.6	3.6	0.89
	10^{-4}	94.4	8.5	0.74
	2×10^{-4}	70.2	14.8	0.55
	5×10^{-4}	40.8	22.3	0.32
	10^{-3}	25.5	26.2	0.2
	2×10^{-3}	15.3	28.9	0.12
	5×10^{-3}	8.9	30.5	0.07
	10^{-2}	7.7	30.8	0.06

其中，动弹性模量与动应变、动剪切模量与动剪应变、动剪切模量与阻尼比相关曲线分别如图 7-8 ~ 图 7-10 所示。

综合上述多种方法判断结果，现状尾矿库堆积尾矿在 8 度地震作用下易于液化，液化等级由坝脚向库内逐渐提高，属轻微-严重液化，对坝体稳定极为不利，建议进行相应地震抗液化设计，采取必要的措施以消除尾矿液化的影响因素，且尾矿堆积应严格按照高标准严要求进行抗震设防，并加强尾矿库的管理。

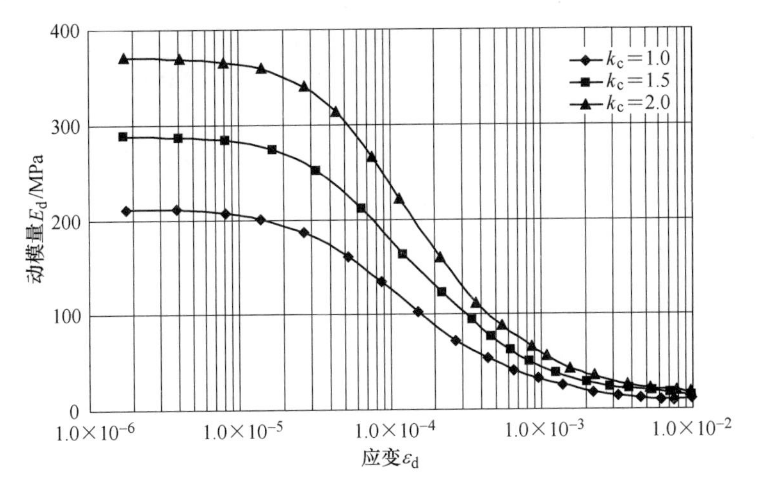

图 7-8 不同固结比时 E_d-ε_d 关系曲线

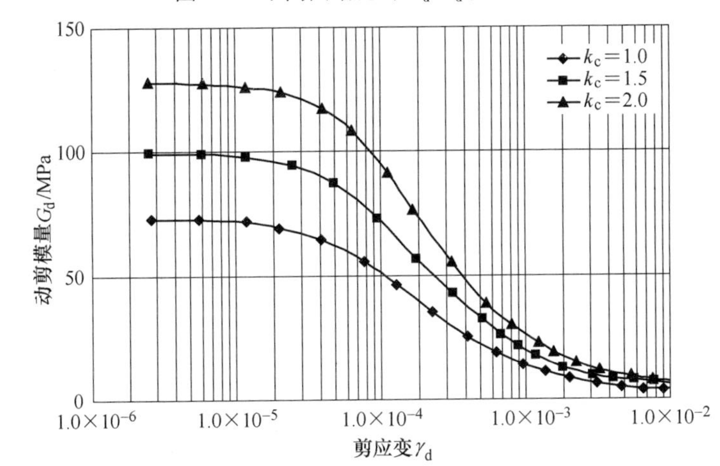

图 7-9 不同固结比时 G_d-γ_d 关系曲线

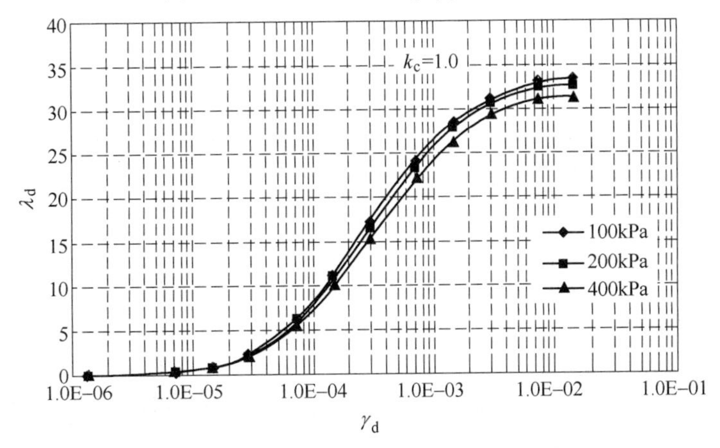

图 7-10 固结比 k_c = 1.0 时的 γ_d-λ_d 关系曲线

通过对该尾矿库尾矿粒度、沉积规律及堆积尾矿颗粒组成、物理力学指标及动力特性指标的研究，得出入库尾矿 -0.074mm（-200 目）颗粒含量达到85.73%，规程尾矿宏观上坝前粗、库尾细，上粗下细，并且存在矿泥夹层、交错层、千层饼结构等现象，这样的尾矿性质，不利于坝体内渗水排出，并且尾矿动力性质较差，尾矿粒度偏细，采用上游法尾矿堆筑子坝产生尾矿固结速度较慢，堆坝存在一定的困难。

7.3　模袋堆坝工程应用

针对该尾矿库的特点，设计中主要考虑的安全治理措施包括：

(1) 针对尾矿颗粒细，筑坝上升速度快的问题，设计采用模袋法堆子坝，可加快坝体固结时间，提高坝体的固结强度，满足坝体快速上升的生产要求。此外，通过模袋法堆坝，加宽子坝坝底宽度，可解决调洪滩长不足的缺陷。

设计采用模袋法施工工艺进行后期堆坝的起始高程为 +995m，单级坝高4.0m，坝顶宽 18.0m，底宽 42m，外坡平台 4.0m。模袋子坝的坝体内坡比为1:2.0，外坡比 1:4.0，坝中心轴线随地形变化。

筑坝方式为直接将模袋铺设在现状坝前尾砂面上，根据模袋规模分层施工，单层模袋堆坝成型后厚度预计 40cm，实际厚度按现场测算，模袋沉降量按现场实际测算。模袋经尾砂充填后将尾砂内的水滤干，再堆上一层模袋坝。堆模袋坝时，在潜在滑动带附近铺设单向土工格栅，可提高该部分坝体材料的强度，对坝体稳定性有利。模袋法堆坝工艺图如图 7-11 所示。

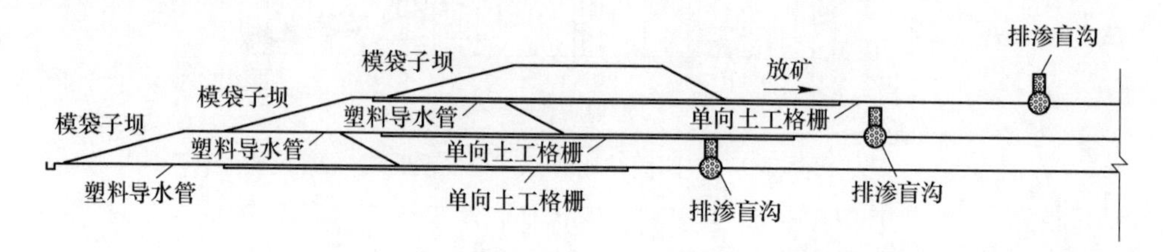

图 7-11　模袋坝体剖面图

模袋坝成型后，需对外坡进行覆土护坡，坝面排水沟按原设计实施。

模袋法堆坝的施工顺序：

1）取砂点选择。根据昆勘院报告，库内滩面尾砂的沉积规律为上粗下细，坝前粗粒（100m 内平均粒径 0.07 ~0.1mm）、库尾细粒的特点。设计模袋砂取料点在坝前 52m 外，取砂面宽度 42m，保持取砂与筑坝量基本平衡。取砂坑在放矿时可作为粗砂沉积池。

2）堆坝顺序。为保证堆坝与生产能协调作业，堆坝分为南北两个区域，中部隔离带 10m，在南区堆坝时，北部放矿，如此交替作业。

模袋堆坝平面图如图7-12所示。

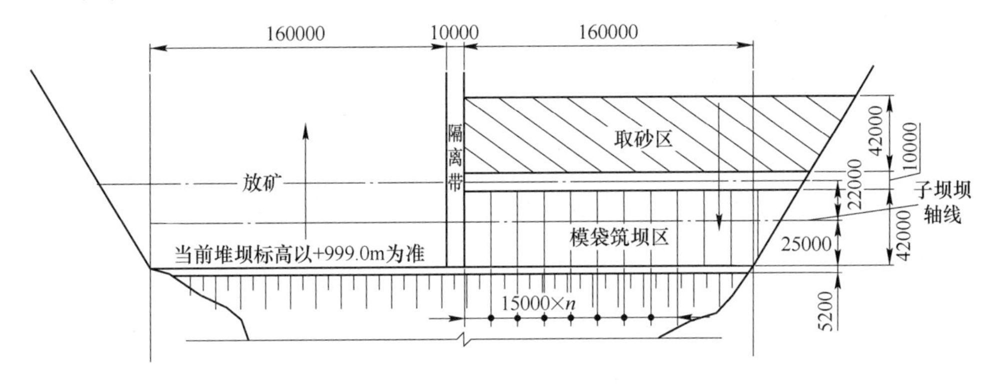

图7-12　模袋堆坝平面图

模袋法堆坝的施工说明：

模袋法堆坝的关键工艺为充灌尾矿，充灌畅通过程就是“润滑”、“有序”、“充灌压力与速度合宜”等贯穿全过程。具体表现在：

1）陆上部分的模袋充灌在充灌前应洒水湿润；

2）模袋灌浆口与输送泵的橡胶软管连接，并绑扎紧密，以防泄漏；

3）充灌应从已充灌的相邻块处开始，沿自下而上、从两侧向中间的次序进行，在充灌过程中应及时调整模袋上缘的拉力，确保土工模袋厚度一致；

4）充灌速度应控制在10~15m^3/h范围内，出口压力以0.2~0.3MPa为宜；

5）土工模袋尾砂充灌将近饱满时，应暂停5~10min，等模袋中的水析出后，再充灌至饱满；

6）土工模袋充灌成型后，应及时用水将模袋表面和滤点孔内的灰泥冲洗、清理干净，并进行养护，7天内要保持表面湿润；

7）一个单元完成后再铺设、搭接、充灌下一个单元；

8）作好模袋砂的原始施工记录。

（2）由于该库现状浸润线偏高，因此设计在第17级子坝设置辐射井排渗，可有效降低现有坝体内的浸润线高度。

辐射井排渗系统由集水井、辐射集渗管、塑料排渗插排和导水设施组成。集水井井体采用钢筋混凝土结构，混凝土等级C30，钢筋保护层厚度40mm。集水井井体采用沉井法施工，沉井封底材料采用C20水下混凝土。

根据地形和方位的不同在辐射井内分别设置了3层辐射管；辐射管出口标高根据地形确定；辐射管均向辐射井内倾斜。对于局部辐射管的长度受到限制，可减小长度。辐射管用UPVC塑料管外包二层400g/m^2土工布制作而成，UPVC塑料管外土工布用铅丝绑扎。辐射管连接采用大小头连接方式。

塑料排渗插排用于增加垂直排渗能力，使上部的水通过垂直插板渗入辐射管内，其安装分布于排渗管两侧，插板底标高低于上层水平滤管标高。

导水设施采用能够自流的钢管，将辐射井内的集水引至坝体外。导水钢管下游端部与坝体间如存在缝隙，应采用二次灌浆处理，处理范围从导水钢管下游端部开始，往上游方向长度不小于10.0m。导水钢管内外均进行防腐处理。导水钢管与辐射井井壁间连接形式可根据实际施工情况进行修正。

（3）在模袋法堆坝中，铺设垂直向-水平向立体排渗盲沟，可有效控制坝体内的浸润线。

对于高尾矿坝，坝体内水位高低对坝体稳定性极为重要，如何保持坝体的安全稳定，控制坝体内的浸润线至关重要。

现状坝体内的排渗设施为排水软管，从现场效果看，基本没有出水。其原因主要是由于坝前沉积滩内没有有效的排渗设施。

本次设计采用垂直水平联合排渗，其中垂直排渗采用塑料排渗管外包土工布，水平排渗为横向排渗盲沟及纵向塑料导水管的方式组成。为了不影响模袋法堆坝，排渗盲沟采用新型塑料盲沟，该材料以改性聚乙烯为原料，在热熔成型时挤出层管网状板（管）型材，外包一层针刺土工布作为反滤层。

塑料排渗盲沟选用直径为300mm，平行于坝轴线铺设在模袋坝前40m处，集水通过塑料排水管排至坝面排水沟，排水管间距为15m，铺设于模袋坝下部，出口至坝面排水沟。垂直塑料排渗盲沟高度为3m，铺设于每级排渗盲沟之上，间距为15m。可形成三维排渗系统，有利于尾砂的快速固结。

由于入库尾矿颗粒较细，长时间后排渗盲沟会有淤堵，影响排渗效果，因此，需在尾矿库运行一年后，根据排渗盲沟运行效果，看是否需要在后期坝体内增设辐射井排渗措施。

7.4　模袋堆坝安全稳定性验证

7.4.1　现状稳定性

本设计引用中国有色金属工业昆明勘察设计研究院在2010年10月提交的现状稳定分析结果。勘察结合现场实际情况，选择剖面2-2′、剖面3-3′、剖面4-4′共3条剖面为坝体的典型代表剖面，采用理正岩土计算软件，采用总应力法进行尾矿堆积坝抗滑稳定性验算。

7.4.1.1　确定荷载工况

参照《选矿厂尾矿设施设计规范》（ZBJ1—1990）中关于坝体抗滑稳定性计算的相关规定，本次计算分析所采用的工况荷载组合如下：

工况1：正常条件下，考虑坝体自重、浸润线影响，考虑水的渗透压力；

工况2：正常条件下，考虑坝体自重、浸润线影响、水的渗透压力及洪水影响；

工况3：特殊条件下，考虑坝体自重、浸润线影响、水的渗透压力和地震荷载。

7.4.1.2　坝体材料的计算参数

根据勘察的室内试验和原位测试结果，参考类似工程资料和相关规范，现状尾矿堆积坝抗滑稳定性验算所需的岩土计算参数见表7-10。

表7-10　坝体材料的计算参数

指标名称	天然重度 γ/kN·m^{-3}	饱和重度 γ_{sat}/kN·m^{-3}	抗剪强度指标（总应力法）			
			水上		水下	
			内聚力 c/kPa	内摩擦角 φ/(°)	内聚力 c/kPa	内摩擦角 φ/(°)
尾粉砂①$_1$	18.6	19.8	14	27	12	24
尾粉土①$_2$	19.2	20.4	18	22	16	20
尾粉土①$_3$	19.8	20.8	20	25	18	23
尾粉质黏土①$_4$	19.0	20.2	40	13	38	12
尾黏土①$_5$	18.5	19.5	36	11	32	10
块石②$_1$	20.0	23.0	5	36	0	32
粉质黏土④	18.5	20.0	48	14	40	13
泥岩⑤$_1$	20.5	22.5	32	60	28	50

7.4.1.3　计算剖面

剖面2-2′、剖面3-3′、剖面4-4′共3条坝体的典型代表剖面图如图7-13所示。

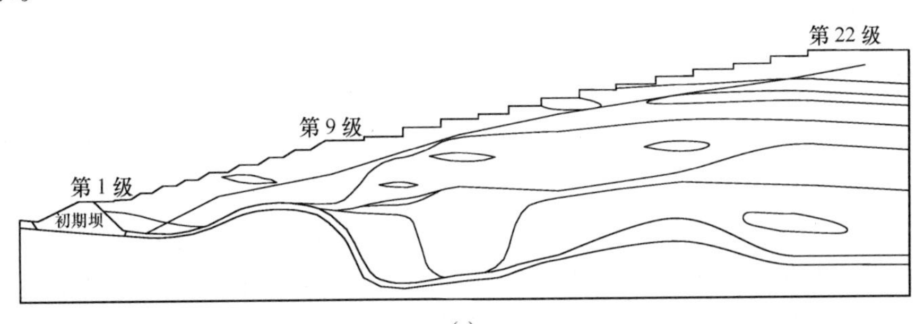

(a)

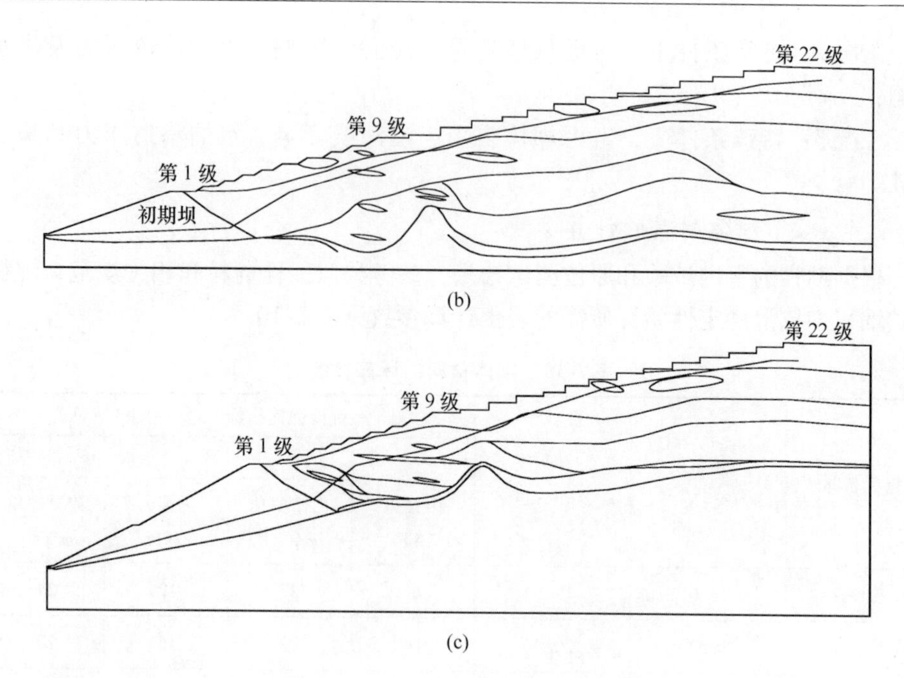

图 7-13　坝体典型代表剖面剖面图

（a）剖面 2-2′图；（b）剖面 3-3′图；（c）剖面 4-4′图

7.4.1.4　计算结果与评价

根据上述条件，按照不同工况对坝体的稳定性验算结果见表 7-11。

表 7-11　坝体抗滑稳定性验算结果

工况 / 安全系数 / 剖面	工况 1	工况 2	工况 3
2-2′	1.263	1.203	1.020
3-3′	1.226	1.190	1.010
4-4′	1.265	1.227	1.042
规范要求安全系数（按二等库考虑）	1.25	1.15	1.05

根据上述计算结果，参照《选矿厂尾矿设施设计规范》（ZBJ1—1990）规范要求，工况 1 条件下，坝体处于稳定状态，但坝体局部抗滑稳定安全系数不能满足规范要求；工况 2 条件下，坝体处于稳定状态，但抗滑稳定安全系数不能满足规范要求；工况 3 条件下，坝体处于极限平衡状态，抗滑稳定安全系数不能满足规范要求，因此，需采取治理措施。

影响坝体稳定主要因素为地下水作用和库底部分布的下卧尾黏土①$_5$软弱层。因此，坝体预先加固处理应主要针对上述两因素进行，一方面宜在堆积体内铺设一定的排渗设施，如盲管等，以改善堆积坝的渗透性，降低浸润线，减少高水位的渗透压力作用；另一方面宜对下卧软弱层进行强化处理。考虑到下卧尾黏土①$_5$软弱层一般位于库底，埋深大，加固处理难度大，费用高，建议优先选择降低浸润线法进行预加固处理。

现状尾矿库堆积尾矿在 8 度地震作用下易于液化，液化等级由坝脚向库内逐渐提高，属轻微-严重液化。

分析地震液化发生的两个主要因素：一是浸润线埋深，二是堆积尾矿自身的密实度。从尾矿排放的生产工艺分析，尾矿排至库区内沉淀后，在一定时期内将长时间处于饱水环境，不利于尾矿的密实固结。若采用工程措施提高堆积尾矿密实度，则工程量大，费用高；而采取工程措施降低浸润线，施工难度小，费用低，且降低浸润线后也有利堆积尾矿自身的固结，提高坝体稳定性。因此，建议采取降低浸润线的方法对堆积尾矿堆积体进行处理，防止堆积坝体产生地震液化破坏。

7.4.2　模袋法堆坝后的坝体稳定性分析

7.4.2.1　计算目的及剖面选取

本次计算仍然选择剖面 2-2′、剖面 3-3′、剖面 4-4′为坝体的典型代表剖面，+995m 以上采用模袋法堆坝，利用加拿大 Geo-slope 岩土计算软件，采用有效应力法进行尾矿堆积坝抗滑稳定性进行计算。

根据中国有色金属工业昆明勘察设计研究院本次的试验及推荐力学指标，对不同堆积高度的坝体总体稳定性分别进行计算，得出坝体的极限堆积高度及稳定性安全系数。

7.4.2.2　计算荷载组合情况

计算工况组合参考现状并按设计方案延伸，选取三种工况，符合规范要求。

7.4.2.3　计算参数选取

尾矿堆积坝的工程地质单元层由上至下，可依次划分为：尾粉砂①$_1$、尾粉土①$_2$和尾粉土①$_3$、尾粉质黏土①$_4$及尾黏土①$_5$层，地基地层为：块石②$_1$、粉质黏土④、泥岩⑤$_1$。

经与勘查单位商讨，本次计算对尾粉砂①$_1$和尾粉土①$_2$进行了合并，力学参数按低值选取。

各层物理力学参数选取为中国有色金属工业昆明勘察设计研究院的建议值，见表 7-12 和表 7-13。

表 7-12　各岩土层物理力学指标值

指标名称		符号/单位	尾粉砂①$_1$	尾粉土①$_2$	尾粉土①$_3$	尾粉质黏土①$_4$	尾黏土①$_5$
天然重力密度		γ/kN · m^{-3}	18.6	19.2	19.8	19.0	18.5
孔隙比		e	0.63	0.85	0.70	0.80	1.40
压缩模量		E_{s1-2}/MPa	12.1	8.00	10.00	6.00	3.00
压缩系数		a_{1-2}/MPa^{-1}	0.15	0.20	0.15	0.40	0.60
三轴固结不排水试验（CU）	总应力法	c_{CU}/kPa	18	18	20	38	32
		φ_{CU}/(°)	30	22	26	12	10
	有效应方法	c'/kPa	10	10	15	42	38
		φ'/(°)	35	28	32	12	12
渗透系数	水平	K_h/cm · s^{-1}	9.0×10^{-4}	8.0×10^{-4}	4.0×10^{-4}	8.0×10^{-5}	6.0×10^{-5}
	垂直	K_v/cm · s^{-1}	8.0×10^{-4}	6.0×10^{-4}	2.0×10^{-4}	4.0×10^{-5}	3.0×10^{-5}

表 7-13　库区内各主要岩土层的物理力学性质指标建议值

指标名称	重力密度 γ/kN · m^{-3}	内聚力 c/kPa	内摩擦角 φ/(°)	饱和单轴抗压强度 f_r/MPa
块石②$_1$	20.0	5	36	—
粉质黏土④	18.5	48	14	—
泥岩⑤$_1$	20.5	32	60	11.3 ~ 46.6

7.4.2.4　计算结果

不同高程不同工况下的稳定性计算结果见表 7-14 ~ 表 7-16。

表 7-14　正常运行工况下安全系数

坝顶高程/m	剖面	计算方法	圆心		半径	K	《规范》允许 K 值
			X	Y			
1011	2-2′	瑞典圆弧法	231.678	128.873	107.174	1.592	1.250
		Bishop	171.335	278.887	253.713	1.858	
		M-P	171.335	278.887	253.713	1.849	
	3-3′	瑞典圆弧法	264.032	169.941	139.313	1.685	
		Bishop	254.671	359.738	327.157	1.901	
		M-P	254.671	359.738	327.157	1.902	
	4-4′	瑞典圆弧法	226.864	309.711	270.197	1.746	
		Bishop	228.452	307.601	267.561	1.857	
		M-P	228.452	307.601	267.561	1.854	

续表 7-14

坝顶高程/m	剖面	计算方法	圆心		半径	K	《规范》允许K值
			X	Y			
1019	2-2′	瑞典圆弧法	234.530	174.965	153.261	1.489	1.250
		Bishop	224.206	274.820	252.816	1.734	
		M-P	224.206	274.820	252.816	1.731	
	3-3′	瑞典圆弧法	271.284	222.138	190.992	1.546	
		Bishop	261.235	391.759	359.468	1.709	
		M-P	261.235	391.759	359.468	1.710	
	4-4′	瑞典圆弧法	297.297	245.524	199.720	1.707	
		Bishop	262.354	502.638	456.793	1.874	
		M-P	262.354	502.638	456.793	1.874	
1027	2-2′	瑞典圆弧法	229.338	229.966	208.443	1.420	1.250
		Bishop	222.119	294.338	271.716	1.626	
		M-P	222.119	294.338	271.716	1.621	
	3-3′	瑞典圆弧法	269.922	305.537	274.347	1.427	
		Bishop	269.065	425.538	393.983	1.553	
		M-P	269.065	425.538	393.983	1.553	
	4-4′	瑞典圆弧法	322.168	264.885	216.982	1.501	
		Bishop	248.062	557.568	514.838	1.637	
		M-P	248.062	557.568	514.838	1.636	

表 7-15　洪水运行工况下安全系数

坝顶高程/m	剖面	计算方法	圆心		半径	K	《规范》允许K值
			X	Y			
1011	2-2′	瑞典圆弧法	233.443	137.662	115.959	1.397	1.150
		Bishop	197.037	340.679	315.729	1.712	
		M-P	183.947	334.908	309.500	1.707	
	3-3′	瑞典圆弧法	262.689	169.925	139.340	1.380	
		Bishop	254.376	358.538	325.687	1.614	
		M-P	254.376	358.538	325.687	1.614	
	4-4′	瑞典圆弧法	234.054	309.365	269.050	1.605	
		Bishop	234.054	309.365	269.050	1.723	
		M-P	234.054	309.365	269.050	1.719	

续表 7-15

坝顶高程/m	剖面	计算方法	圆心		半径	K	《规范》允许K值
			X	Y			
1019	2-2′	瑞典圆弧法	241.772	174.695	152.318	1.324	1.150
		Bishop	225.808	384.299	361.442	1.575	
		M-P	225.808	384.299	361.442	1.573	
	3-3′	瑞典圆弧法	270.758	222.908	192.392	1.279	
		Bishop	264.838	392.700	360.633	1.462	
		M-P	259.696	390.930	358.451	1.462	
	4-4′	瑞典圆弧法	323.507	196.089	148.439	1.525	
		Bishop	274.373	513.428	467.704	1.668	
		M-P	274.373	513.428	467.704	1.669	
1027	2-2′	瑞典圆弧法	290.354	158.908	131.345	1.281	1.150
		Bishop	231.053	415.949	393.400	1.480	
		M-P	231.053	415.949	393.400	1.477	
	3-3′	瑞典圆弧法	270.335	305.777	274.682	1.228	
		Bishop	269.711	424.640	392.898	1.358	
		M-P	269.711	424.640	392.898	1.359	
	4-4′	瑞典圆弧法	330.579	264.658	216.038	1.431	
		Bishop	257.712	554.427	510.302	1.557	
		M-P	257.712	554.427	510.302	1.555	

表 7-16　特殊运行工况下安全系数

坝顶高程/m	剖面	计算方法	圆心		半径	K	《规范》允许K值
			X	Y			
1011	2-2′	瑞典圆弧法	223.320	161.417	140.555	1.246	1.050
		Bishop	216.326	349.861	326.220	1.428	
		M-P	216.326	349.861	326.220	1.430	
	3-3′	瑞典圆弧法	259.680	260.009	228.189	1.304	
		Bishop	255.355	360.204	327.733	1.417	
		M-P	255.355	360.204	327.733	1.420	
	4-4′	瑞典圆弧法	227.493	307.056	266.985	1.373	
		Bishop	227.493	307.056	266.985	1.456	
		M-P	227.493	307.056	266.985	1.455	

续表 7-16

坝顶高程 /m	剖面	计算方法	圆心		半径	K	《规范》允许 K 值
			X	Y			
1019	2-2′	瑞典圆弧法	224.450	213.644	192.411	1.164	1.050
		Bishop	227.861	386.269	363.775	1.317	
		M-P	227.861	386.269	363.775	1.318	
	3-3′	瑞典圆弧法	267.067	284.379	253.487	1.201	
		Bishop	263.353	393.079	361.085	1.298	
		M-P	263.353	393.079	361.085	1.300	
	4-4′	瑞典圆弧法	294.097	244.654	198.701	1.347	
		Bishop	277.678	515.470	469.717	1.427	
		M-P	277.678	515.470	469.717	1.431	
1027	2-2′	瑞典圆弧法	232.172	229.842	208.082	1.120	1.050
		Bishop	230.344	416.105	393.584	1.245	
		M-P	230.344	416.105	393.584	1.245	
	3-3′	瑞典圆弧法	270.509	305.751	274.648	1.117	
		Bishop	268.823	423.305	391.273	1.200	
		M-P	268.823	423.305	391.273	1.202	
	4-4′	瑞典圆弧法	317.129	265.555	217.989	1.182	
		Bishop	258.614	558.150	514.372	1.268	
		M－P	258.614	558.150	514.372	1.269	

以下为三个典型剖面堆坝至 +1027m 时正常 + 地震工况运行时稳定性计算图（见图 7-14 ~ 图 7-16）。

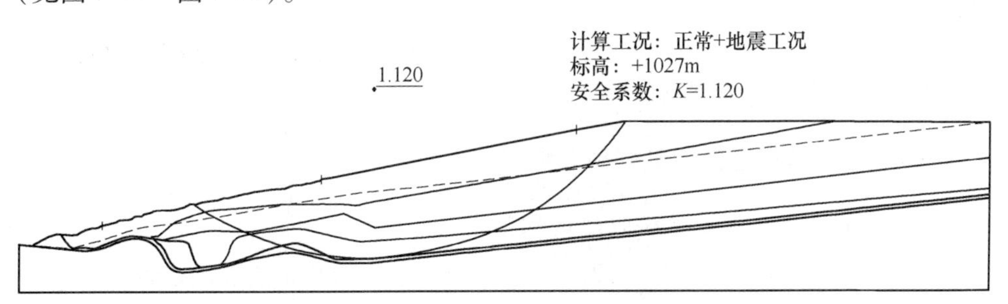

图 7-14 剖面 2-2′堆坝至 +1027m 正常 + 地震工况运行时稳定性计算图（瑞典圆弧法）

7.4.2.5 稳定性评价

通过以上计算可知，由于坝体目前处于高水位运行，中国有色金属工业昆明勘察设计研究院的现状坝体稳定性分析中认为：坝体目前处于稳定状态，当考虑

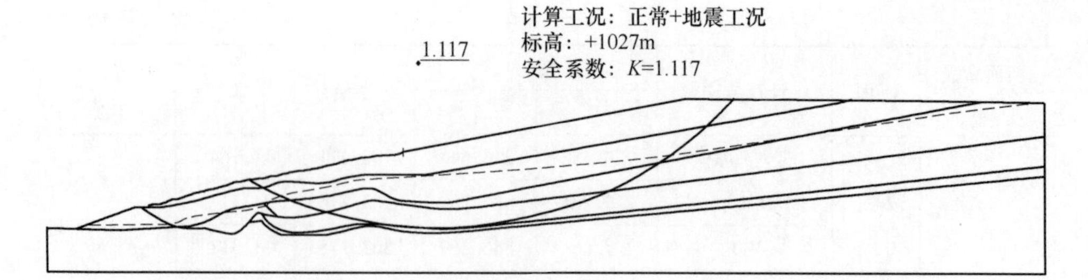

图 7-15　剖面 3-3′堆坝至 +1027m 正常 + 地震工况运行时稳定性计算图（瑞典圆弧法）

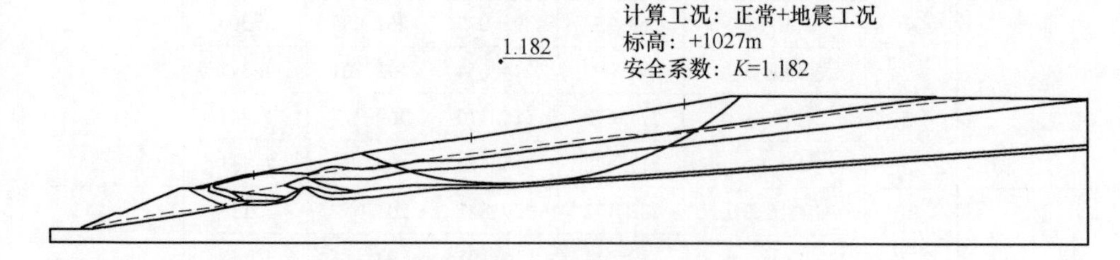

图 7-16　剖面 4-4′堆坝至 +1027m 正常 + 地震工况运行时稳定性计算图（瑞典圆弧法）

地震荷载后，坝体处于极限稳定状态，不符合规程的要求，需采取相关治理措施确保安全。

本次设计计算假设的前提为：降低坝体浸润线措施有效，控制库内运行水位并保障干滩长度。在此条件下，通过不同堆积坝体高度的详细计算，得出如下结论：

（1）坝体内的浸润线高低对坝体总体稳定性影响非常大，在有效控制坝体浸润线的情况下，+1027m 以下坝体稳定性均符合规程要求。

（2）剖面 2-2′为最不利剖面，计算得出的安全系数最低，可作为本设计的控制性剖面。

（3）计算中各地层所有力学参数均采用中国有色金属工业昆明勘察设计研究院提供的勘察报告推荐值。

7.4.3　模袋法堆坝后的尾矿坝动力稳定性时程分析

7.4.3.1　国内外尾矿坝地震破坏形式

1965 年智利中部发生 7 ~ 7.25 级地震，给震中 100km 范围内的许多矿山尾矿坝造成了严重破坏，损失惨重。1976 年我国唐山大地震导致天津碱厂尾矿库（坝高 18.5m）发生液化破坏，波及范围 0.4km。除此之外，国内其他几座经历过地震的尾矿坝主要表现为库内滩面和个别坡面局部液化、喷砂冒水等，但尾矿库仍然可以使用。

从国内外尾矿坝地震破坏的实例来看，地震对尾矿坝的破坏具有下列特点：

（1）尾矿坝的破坏是由尾矿的液化引起的；

（2）尾矿坝的破坏形式表现为流滑；

（3）遭地震破坏的尾矿坝，其坡度大多较陡（1∶175～1∶1.2）；

（4）停用或不用的尾矿坝地震稳定性比正在使用的要高一些。

国内外尾矿坝震害经验表明，地震时尾矿坝易产生液化，使尾矿坝稳定性降低或丧失，所以对尾矿堆积坝的地震动力稳定性分析主要是分析其抗液化能力。

7.4.3.2 模袋加高后尾矿坝整体动力时程分析

尾矿坝的地震动力反应分析方法从基于的本构模型来分可分为两大类：一类是基于等价黏弹性模型的等价线性分析方法，另一类是基于（黏）弹塑性模型的真非线性分析方法。真非线性分析方法理论上较为合理，但由于弹塑性模型比较复杂，虽然能够避免一些等价黏弹性模型的缺点但其参数的确定较为困难，建立求解方程所需时间长，而且其受应力路径的影响也很大，目前缺乏合理的计算模型，工程上的实际应用较少。等价黏弹性模型尽管存在一些缺点，但概念明确，应用方便，补充一些相关的计算模式后能够全面分析地震反应，而且在参数的确定和应用方面积累了较丰富的试验资料和工程经验，能为工程界所接受，实用性强，在尾矿坝地震反应分析中应用较广。

A 地震动加速度

在当地地震时程曲线无法提供情况下，动力计算输入的地震波时程曲线一般采用当前较常用的人工地震波合成方法——三角级数法人工合成，该方法可由地震反应谱推测出人工合成的地震波。尾矿坝抗震设计烈度为 8 度，峰值加速度为 0.2g，按此峰值加速度和现行水工抗震规范设计反应谱，生成了如图 7-17 所示水平向地震动时程。该地震动时程长度为 20s。

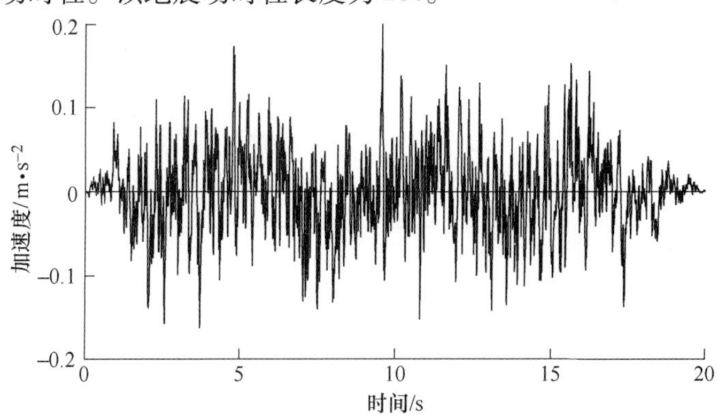

图 7-17 水平向地震动时程曲线

B 动力时程结果分析

a 坝体加速度响应

尾矿坝模袋法加高后，在地震波激励作用下，坝顶加速度时程变化如图 7-18 所示。最大加速度值为 2. 31m/s^2，加速度放大倍数为 1. 18。

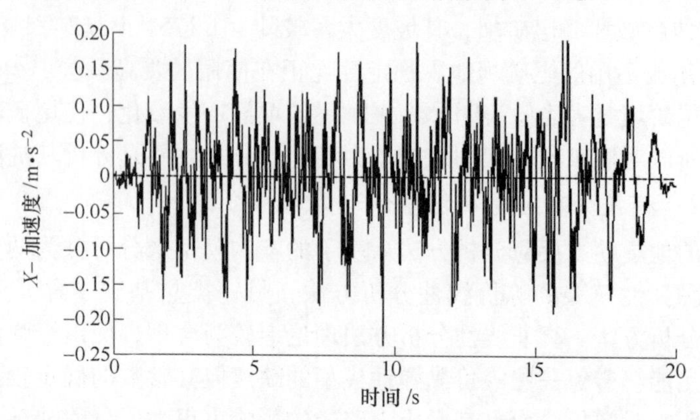

图 7-18　坝顶水平向地震加速度时程图

b　液化区

目前国内外应用最广泛的评定尾矿坝地震液化可能性的方法就是抗液化剪应力法，这个方法是由美国 Seed 等人首先提出的，将不规则变化的地震剪应力随时间变化概化为一种等效的一定循环次数的均匀剪应力，则可以用同样的应力循环数对砂土样进行振动三轴试验，测定出引起液化所需的动剪应力，或称抗液化剪应力。如果这个抗液化剪应力大于实际的地震剪应力，则在该处无液化的可能性，否则，将会引起液化现象。正常运行工况 + 地震条件下，坝体在地震波作用下产生的振动孔隙水压力及液化区如图 7-19 所示。

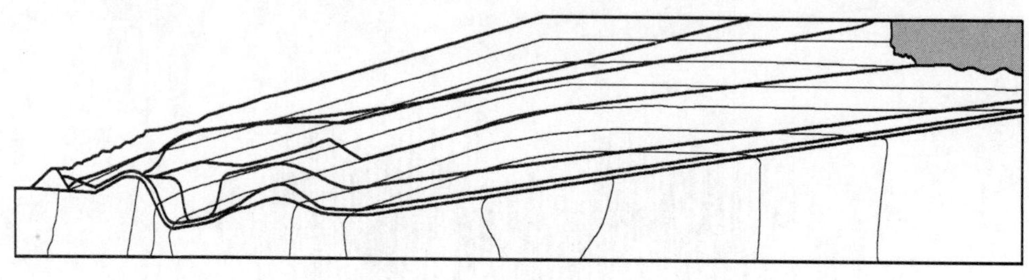

图 7-19　坝体液化区图

（图中黑色区域为液化区）

采用模袋法加高至标高 1019m 情况下，坝体的地震液化区域主要集中在库内浸润线以下的尾砂内，在坝前干滩面及下游坝体均没有出现液化区域，不能形成滑移通道，对坝体的整体稳定性不会造成很大影响。可见实施模袋法的同时，在坝内埋设了盲沟、排水井等排渗设施，模袋坝提高坝坡局部强度，排渗设施有效降低了坝内浸润线标高，地震作用下起到了消散孔压的作用，提高了坝体抗液化能力。

地震作用下的坝体液化区域受浸润线埋深影响较大，因此尾矿库运行过程中需严格控制干滩长度及按照设计水位运行，以满足坝体抗震稳定要求。

c 坝体动力稳定性

在采用有限元静动力计算得到的坝体的静应力和地震作用下每一瞬时的动应力的基础上，得到单元滑动面上的法向应力 σ_N 和切向应力 τ_N，在地震中的每一时刻对坝体进行动力稳定计算，其安全系数为：

$$F_s = \frac{\sum_{i=1}^{n} (c_i + \sigma_i \tan\varphi_i) l_i}{\sum_{i=1}^{n} \tau_i l_i}$$

式中 c_i，φ_i ——分别为第 i 单元土体的凝聚力和内摩擦角；

l_i ——第 i 单元滑弧面的长度；

σ_i，τ_i ——分别为第 i 单元滑弧面上法向应力和切向应力（静应力和动应力的叠加值）。

具体计算时是将静动分析得到的断面静动法向应力和剪应力代入到上式中以计算坝坡动力稳定性。

采用动力有限元计算下游坡面最小安全系数时程如图 7-20 所示。由计算结果可见，在地震波作用整个过程中，下游坝坡抗滑稳定安全系数最小值为 1.203，满足规范中安全系数不小于 1.05 的要求。

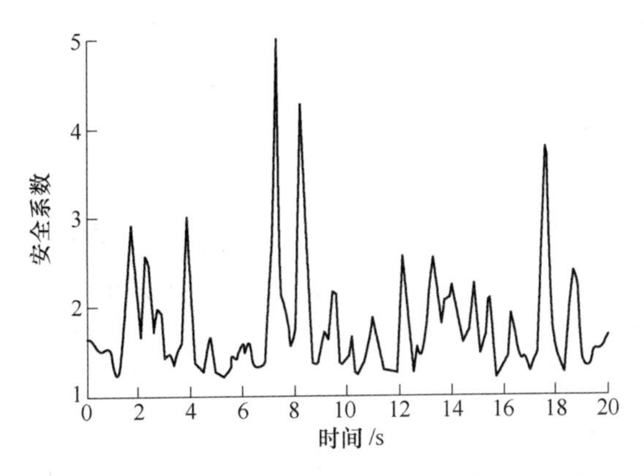

图 7-20 坝坡抗滑稳定最小安全系数时程曲线

7.5 工程实施

云南某铜多金属矿尾矿库以模袋法为主的安全措施工程于 2011 年 5 月 9 日正式开工，2014 年 1 月竣工，模袋累计堆高 20m。

模袋法实施时，根据第 7.2 节尾矿粒度及现场试验，选取模袋法堆坝所用模袋孔径为0.052mm，模袋经加工后运至现场铺放安置。按照具体的工艺进行堆坝过程的实施（模袋铺放→尾矿浆的造浆输送→模袋的挤水固结→模袋体交错堆坝→排渗措施+加筋措施的铺设）。具体为：将模袋坝前10~20m范围外干滩面作为取砂区，通过水力充填设备造浆充灌模袋。尾矿浆在压力排水作用下快速形成固结充填体，固结充填体尺寸可根据库型条件及堆坝过程有序调整，最后由多个固结充填体的连续交错堆筑即形成模袋坝体。从2012年12月至2014年1月，大平掌尾矿库共堆筑5级模袋子坝，模袋法实际堆坝高度20m；在保证堆坝坝体安全的情况下，较好地满足了生产要求的坝体上升速度要求，模袋法堆积现状如图7-21所示。

图7-21 云南某铜多金属矿尾矿库模袋堆坝整体效果

其余各相关分项工程完成情况如下：

（1）辐射井排渗工程运行情况。

北京矿冶研究总院编写并提交了该工程之辐射井工程施工组织设计，得到监理及业主单位的批准后正式开工，历时130天，按时完工。

辐射井施工顺序依次为：1号、2号辐射井沉井→1号辐射井导水钢管安装→1号辐射井辐射管安装→2号辐射井导水钢管安装→2号辐射井辐射管安装→3号辐射井沉井→3号辐射井导水钢管安装→3号辐射井辐射管安装→1号辐射井塑料排渗插排安装→2号辐射井塑料排渗插排安装→3号辐射井塑料排渗插排安装。

其中塑料排渗插排安装分布于排渗管两侧，插板底标高低于上层水平滤管标高。其主要目的是增加垂直排渗能力，使上部的水通过垂直插板渗入辐射管内。

依据设计资料，共完成辐射井三口；导水钢管三根；辐射管72根；塑料排渗插板5775m。施工102天完成了辐射井井筒、导水钢管及辐射管施工，辐射井开始排出坝体内部渗水，经现场监测统计，三口辐射井出水量约为 200m^3，施工 122 天完成塑料插排施工，排水量进一步增大，总出水量约为 300m^3。三口辐射井塑料插排施工完成后排水量如图 7-22 所示。

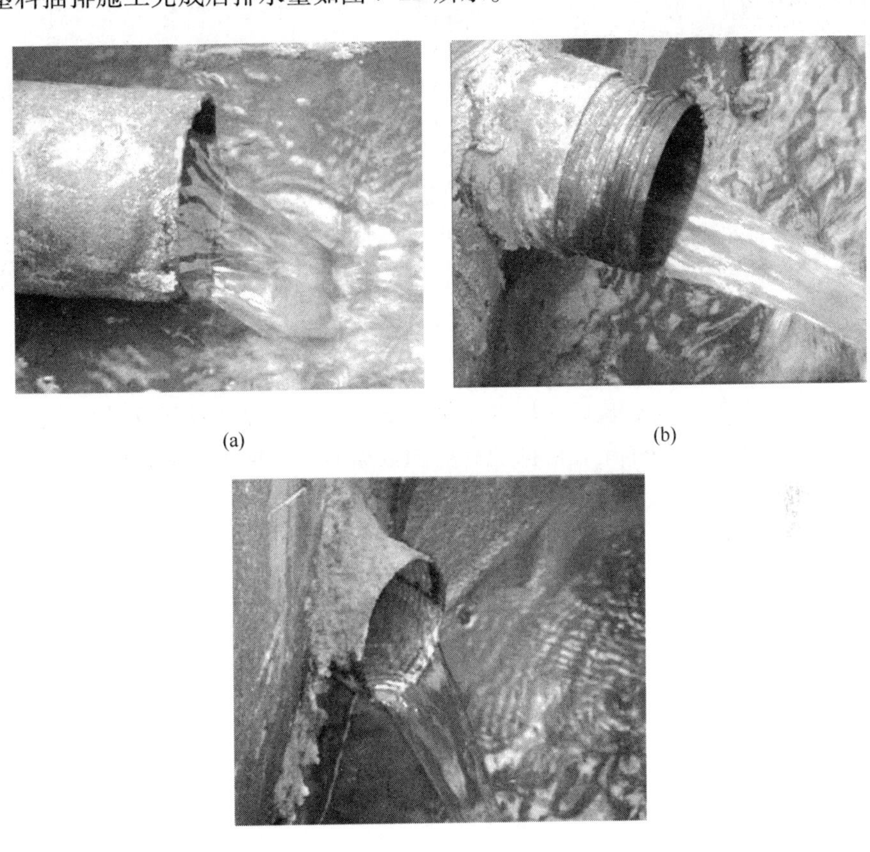

(a)　(b)　(c)

图 7-22　三口辐射井塑料插排施工完成后排水量

(a) 1 号辐射井导水钢管出水图；(b) 2 号辐射井导水钢管出水图；(c) 3 号辐射井导水钢管出水图

从 1 号、2 号、3 号辐射井排渗量来看，总体排渗效果较好，对于降低坝体浸润线起到了非常重要的作用。运行至 2014 年 1 月，坝体内部浸润线整体位于坝面以下 6m。对于提高坝体稳定性起到了非常重要的作用。随着辐射井的进一步排渗，坝体浅层水的逐步疏干，各辐射井排渗量在后期会形成一个衰减过程，浸润线将进一步下降。

(2) 尾矿库在线监测系统运行情况。

尾矿库在线监测系统于 2011 年 9 月 10 日开工，完成所有土建及管线铺设工作，各项设备已完成安装调试后，建成即投入使用，图 7-23 为在线监测系统浸

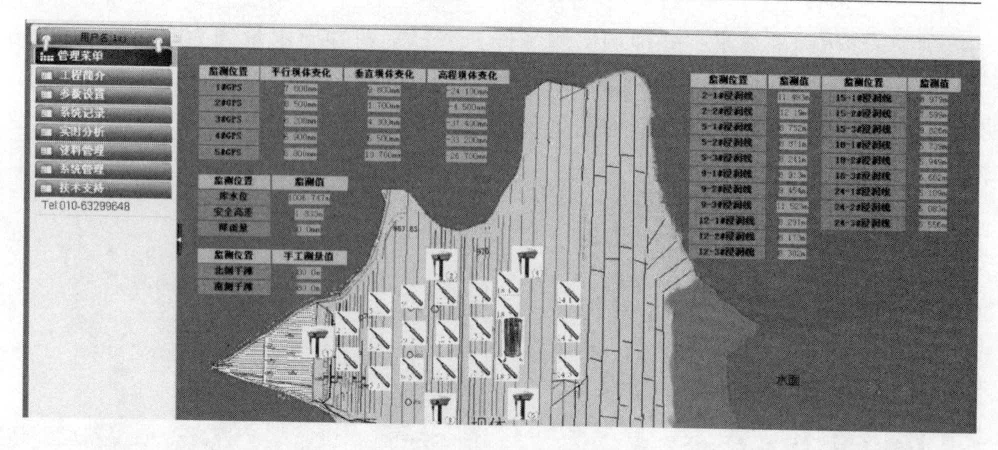

图 7-23　浸润线监测平面图

润线监测平面图。

在线监测系统的完成较好地反映了坝体实时运行情况，对于及时发布尾矿库运行状况起到了很好的作用。根据现有监测数据显示，坝体位移量较小，浸润线显著下降至坝面以下约 6m，坝体安全状况良好。随着在线监测系统的运行，对下步安全措施工程施工及尾矿库运行状况起到很好的预警和指导作用。

山西某铝厂赤泥库模袋堆坝试验及加高方案

8.1 赤泥概述

赤泥亦称红泥，是制铝工业提取氧化铝时排出的污染性废渣，赤泥一般含氧化铁量大，外观与赤色泥土相似，因而得名。一般平均每生产 1t 氧化铝，附带产生 1.0～2.0t 赤泥。我国作为世界第 4 大氧化铝生产国，每年排放的赤泥高达数百万吨。大量的赤泥不能充分有效地利用，只能依靠大面积的堆场堆放，占用了大量土地，也对环境造成了严重的污染。全世界每年产生的赤泥约 7000 万吨，我国每年产生的赤泥为 3000 万吨以上。

生产氧化铝的主要原料为铝土矿，生产方式有拜耳法、烧结法和联合法。铝土矿中铝含量高的，采用拜耳法炼铝，所产生的赤泥称拜耳法赤泥；铝土矿中铝含量低的用烧结法或用烧结法和拜耳法联合炼铝，所产生的赤泥分别称为烧结法赤泥或联合法赤泥。各类赤泥的化学组成及含量见表 8-1。

表 8-1　赤泥化学成分 (%)

赤泥种类	拜耳法赤泥	烧结法赤泥	联合法赤泥
SiO_2	3～20	20～23	20.0～20.5
CaO	2～8	46～49	43.7～46.8
Al_2O_3	10～20	5～7	5.4～7.5
Fe_2O_3	30～60	7～10	6.1～7.5
MgO		1.2～1.6	
Na_2O	2～10	2.0～2.5	2.8～3.0
K_2O		0.2～0.4	0.5～0.7
TiO_2	微量约 10	2.5～3.0	6.1～7.7
烧失量	10～15	6～10	

赤泥的 pH 值很高，其中，浸出液的 pH 值为 12.1～13.0，氟化物含量 11.5～26.7mg/L；赤泥的 pH 值为 10.29～11.83，氟化物含量 4.89～8.6mg/L。按有色金属工业固体废物污染控制标准，因赤泥的 pH 值小于 12.5，氟化物含量小于 50mg/L，故赤泥属于一般固体废渣。但赤泥附液 pH 值大于 12.5，氟化物含量小于 50mg/L，污水综合排放划分为超标废水，因此，赤泥（含附液）属于有害废渣（强碱性土）。

由于赤泥结合的化学碱难以脱除且含量大，又含有氟、铝及其他多种杂质等原因，对于赤泥的无害化利用一直难以进行。世界各国专家对赤泥的综合利用进行了大量的科学研究，但此类研究进展不大。而对赤泥的销纳主要采取的是海底或陆地堆放处置的方法，但随着铝工业的发展，生产氧化铝排出的赤泥量也日益增加，堆存处置所带来的一系列问题随之而出，造成了严重的环境问题。赤泥堆存不但需要一定的基建费用，而且占用大量土地，污染环境，并使赤泥中的许多可利用成分得不到合理利用，造成资源的二次浪费，严重的阻碍了铝工业的可持续发展。氧化铝厂大都将赤泥运输到堆场，筑坝湿法堆存，靠自然沉降分离使部分碱液回收利用。另一种方法是将赤泥干燥脱水后堆存，中国的平果铝业公司主要采用干法堆存，虽然减少了堆存量及可增加堆存的高度，但处理成本增加，并仍需占用土地，同时南方雨水充足，也容易造成土地碱化及水系的污染。

8.2　赤泥库简介

山西某铝厂年产拜耳法赤泥 330 万吨，生产产生的赤泥全部进入铝厂赤泥库内，赤泥库建于厂区附近山前坡地，距离厂区 3km，为平地形赤泥库，平面图如图 8-1 所示。

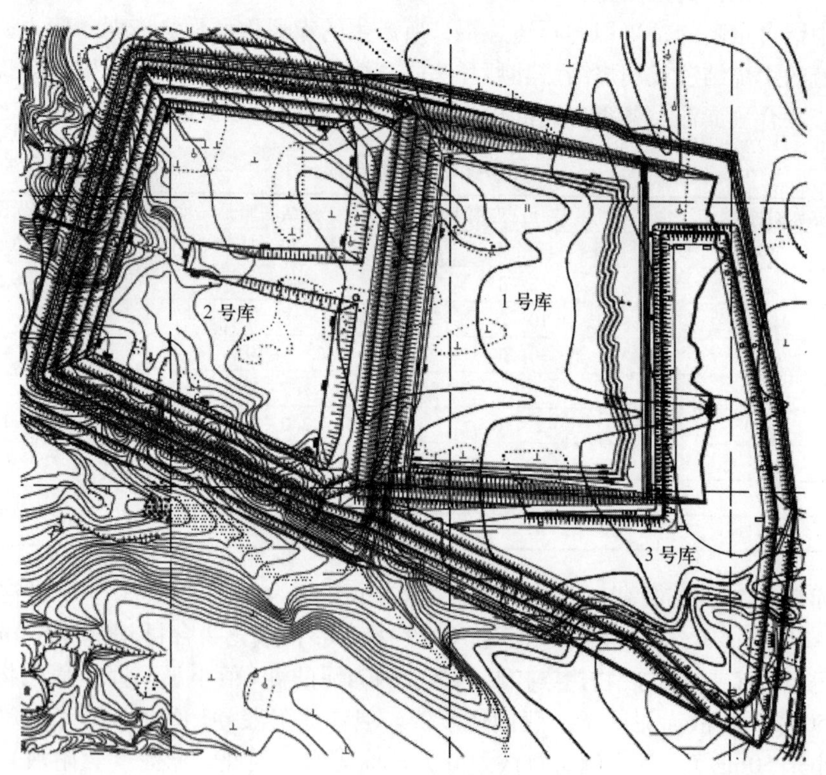

图 8-1　山西某铝厂赤泥库平面图

赤泥库呈不规则四边形分布，总占地面积约120万平方米，分1号、2号、3号三个子库，库区周长约4000m，坝体取库区储量丰富的黄土一次性堆坝而成，坝高为26～30m，总库容约1300万立方米，三等库。

截至开展模袋堆坝实验之前，该赤泥库已接近服务末期，剩余库容有限，根本无法满足生产需要，而新建赤泥库仍在建设中，企业将面临生产无法接续的问题。为缓解赤泥库无法满足过渡时期生产需要的矛盾，提高赤泥库的利用率，铝厂拟对赤泥库进行加高扩容，以满足后续生产的持续排放需要。

8.3　模袋法赤泥堆坝试验

由于模袋法堆坝在有色矿山尾砂模袋堆坝中已有较成功经验，坝体加高拟采用模袋法，但赤泥与尾砂性质有一定差异，能否灌袋堆坝有待试验验证。拜耳法赤泥粒度较细，模袋法堆坝技术将受到一定的影响。一方面滤水效率低、固结时间长，降低施工效率；另一方面，固结后强度能否达到堆坝要求仍需试验验证。基于以上情况，进行了模袋法赤泥堆坝现场试验，试验目的在于：

（1）验证赤泥模袋法堆坝的可行性；

（2）获得赤泥模袋充填体的力学强度指标，为坝体稳定性计算提供数据支持；

（3）获取赤泥模袋充填体滤水效率和固结时间，为模袋法施工组织提高数据支持。

8.3.1　细粒赤泥的粒径分级

铝厂赤泥粒径组成见图8-2及表8-2。

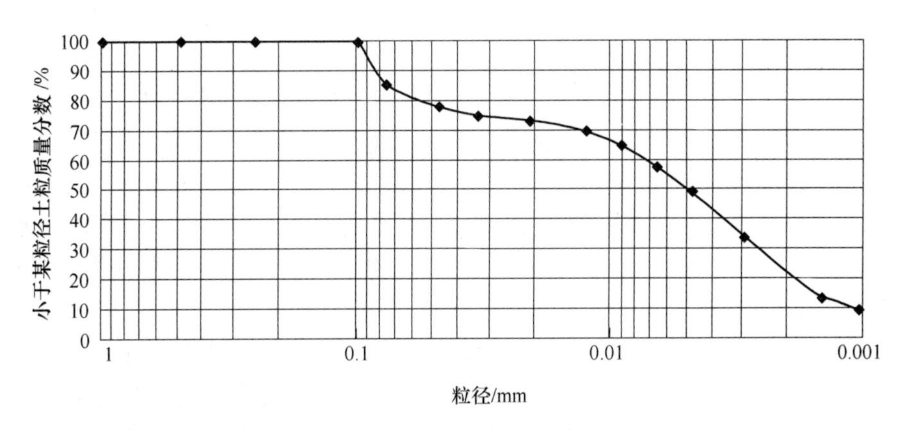

图8-2　赤泥粒径分布曲线

表 8-2　赤泥粒径分级统计

土样编号	土粒组成/%					d_{50}	C_u	C_c
	>0.5 mm	0.5～0.25 mm	0.25～0.075 mm	0.075～0.005 mm	<0.005 mm			
赤泥	0.245	0	14.88	35.1126	49.7624	0.005	6.08	0.83

根据赤泥尾矿的粒径分级情况，-0.074mm（-200 目）含量达 85% 左右；同时由于赤泥尾矿颗粒中含黏量较高，为有效地验证模袋体在赤泥堆坝中的适用性，堆坝试验选用防老化编织布、生态布、丙纶布三种土工材料所制成的模袋体。目的是通过以上多种土工材料的现场试验对比分析，以选择最合适的有效孔径以及模袋材料，使一部分黏粉粒能够排除而又尽可能多地保留赤泥料，做成的模袋充灌达到较好的滤水排泥效果，并尽量缩短模袋充填料的固结时间。

三种土工材料的技术参数见表 8-3，同时三种模袋材质还满足透水性、保土性、防淤堵、抗拉及抗老化等方面的规范所要求的标准。

表 8-3　模袋材料技术参数

技术参数	单　位	模 袋 材 料		
		防老化编织布	生态布	丙纶布
单位面积质量	g/m^2	151	≥140	231
抗拉强度	N	1520	490	2610
梯形撕裂强度	N	522	205	822
等效孔径	mm	0.09	0.06	0.07
造价	—	低	中	高

8.3.2　赤泥模袋法堆坝试验现场观测

由于赤泥放矿管中矿浆温度较高，不能直接充灌模袋，需提前对尾矿浆进行冷却。充灌过程为先将赤泥浆放入造浆池冷却一段时间，实验场地及造浆冷却池如图 8-3 和图 8-4 所示。按照模袋铺放→尾矿浆的冷却造浆输送→模袋的挤水固结的施工步骤充灌完成后的模袋照片如图 8-5 和图 8-6 所示，固结一周后各方案模袋照片如图 8-7 和图 8-8 所示。

本次试验采用三种模袋材料制作模袋，采用充灌机械方式进行赤泥灌袋。将充灌完成后第 1～7 天（第 1 天指充灌完成当天）模袋充填体高度测量值汇总于表 8-4，全赤泥方案三种材料模袋沉降量随时间变化曲线如图 8-9 所示。全赤泥方案三种材料模袋第 2～6 天固结排水情况则如图 8-10～图 8-12 所示。

图 8-3 试验地点照片

图 8-4 造浆冷却

图 8-5 赤泥大尺寸充灌完成后照片（一）

图 8-6　赤泥大尺寸充灌完成后照片（二）

图 8-7　赤泥小尺寸固结一周后照片

图 8-8　赤泥大尺寸固结一周后照片

表 8-4　模袋充填体高度测量

模袋材料	测量模袋高度/cm						
	第 1 天	第 2 天	第 3 天	第 4 天	第 5 天	第 6 天	第 7 天
防老化编织布	60	54	51	50	50	50	50
生态布	64	58	53	52	52	52	52
丙纶布	70	60	53	53	52	52	52

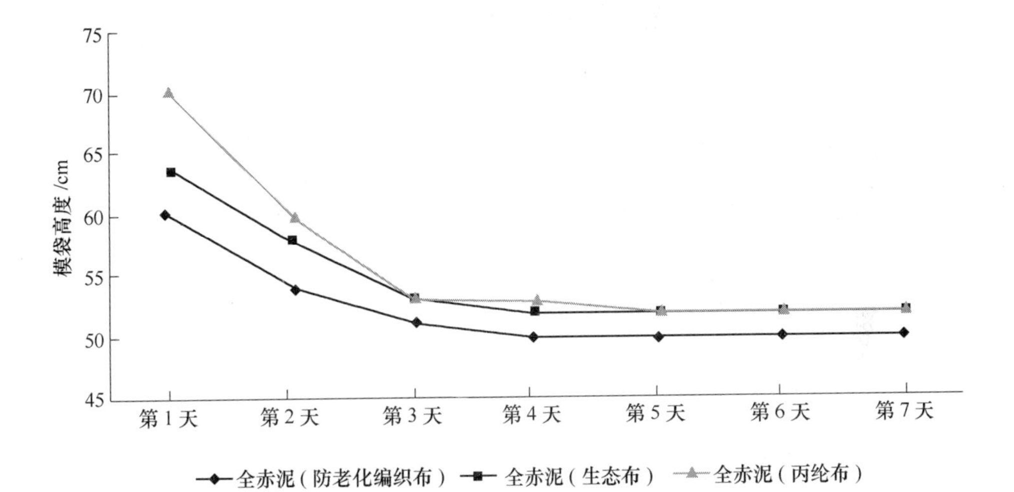

图 8-9　全赤泥方案三种材料模袋高度测量数据曲线

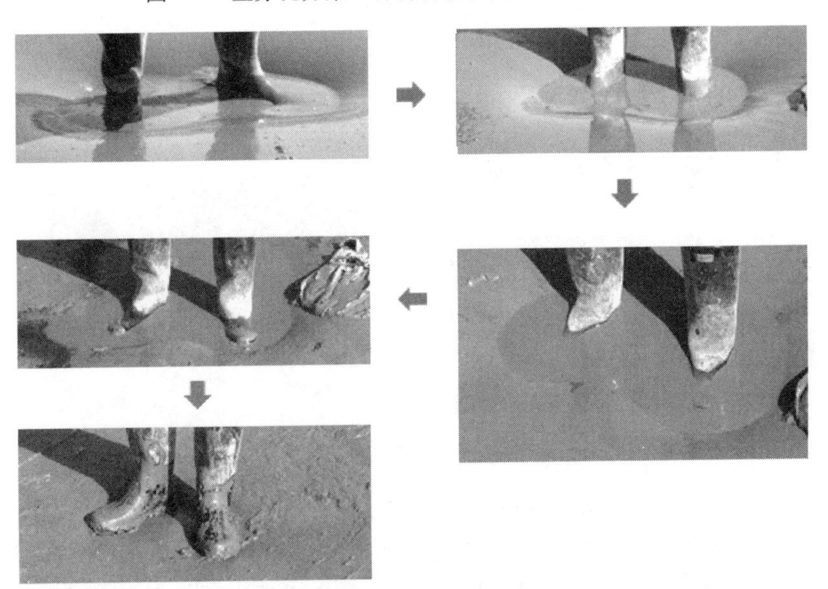

图 8-10　全赤泥防老化编织布灌袋固结第 2 ~6 天情况照片

图 8-11　全赤泥生态布模袋编织布灌袋固结第 2 ~ 6 天情况照片

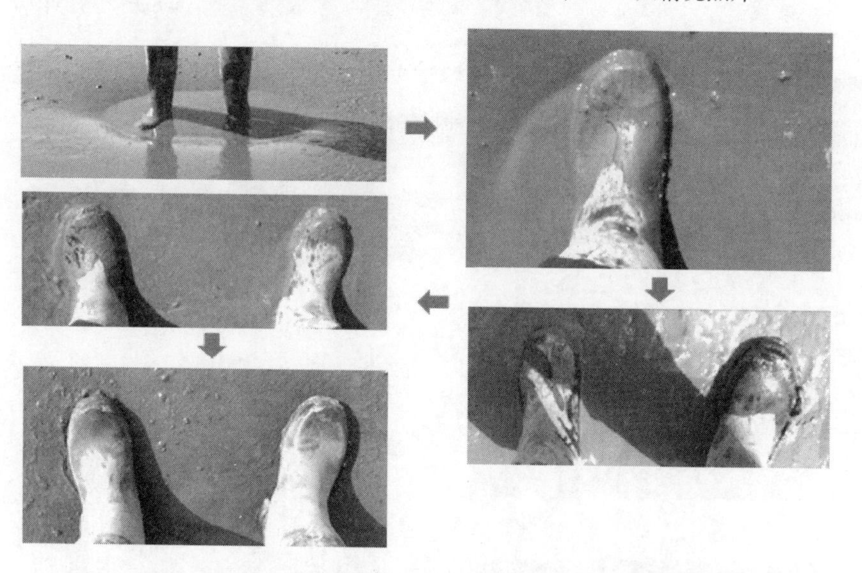

图 8-12　全赤泥丙纶布模袋灌袋固结第 2 ~ 6 天情况照片

从表 8-4 和图 8-9 中可以看出，三种材料的模袋充填体高度在充灌完成后 3 天左右时间基本都达到稳定值，并且，达到稳定高度所需的时间相差不大。从图 8-10 ~ 图 8-12 中可以看出：三种模袋材料充灌完成后都需 6 天左右的固结时间，模袋基本风干，上方站人才不会陷入形成水洼。在固结时间方面，三种模袋的效果相差不大。

8.3.3　模袋内赤泥尾砂力学强度测定

为全面分析赤泥尾矿灌袋筑坝试验效果，同时为研究模袋体尺寸效应对尾矿砂固结的影响效果，本文基于上述堆坝试验，选取固结 7 天后的赤泥尾矿进行试验。取样试验样品包括：库内沉积干滩面、大尺寸模袋（长 × 宽 = 25m × 10m）以及小尺寸模袋（长 × 宽 = 25m × 5m）内赤泥。综合对比试验研究灌袋后赤泥尾砂的力学性质改变，试验主要结论如下：

（1）根据以上试验结果，采用模袋法形成的大、小模袋充填体与库内干滩面赤泥相比：含水率降低 16%~21%，干密度提高 12%~15%，孔隙比降低 12%~15%，塑性指数降低 3%~5%，液性指数 44%~46%，压缩模型提高 35%~72%，凝聚力提高 21%~53%，内摩擦角提高 23%~29%。

（2）模袋法堆坝形成的模袋充填体与库内干滩面赤泥相比，物理力学参数均有不同幅度的改善；表明赤泥尾矿能够较好地固结排水，固结后尾砂强度提高，堆坝时将有利于坝体稳定性的控制。

（3）对于含黏粒较多的细粒径赤泥尾矿可采用模袋法堆坝技术，加速赤泥固结速度，以满足赤泥库的堆坝需求。

（4）模袋尺寸对模袋充填体固结后的赤泥力学性质有一定的影响，但相比于沉积干滩面尾砂均有较大程度的强度提高；实际应用过程中，可通过模袋体的尺寸优化，合理交错布置能够满足工业生产需求。

（5）采用模袋法进行含黏粒较高的赤泥细粒尾矿堆坝，在技术上是可行的，模袋法堆坝技术有效拓宽了细粒尾矿堆坝的粒径适用范围。

不同灌袋固结方案下尾砂力学参数对比见表 8-5。

表 8-5　不同灌袋固结方案下尾砂力学参数对比

试验方案	土的物理性质						界限含水率				压缩系数 a_v		压缩模量 E_s		剪切试验	
	含水率 w /%	土粒比重 G_s	湿密度 ρ_0 /g·cm^{-3}	干密度 ρ_d /g·cm^{-3}	饱和度 S_r /%	孔隙比 e	液限 W_l /%	塑限 W_p /%	塑性指数 I_p	液性指数 I_l	100~200 kPa/MPa^{-1}	200~300 kPa/MPa^{-1}	100~200 kPa/MPa	200~300 kPa/MPa	凝聚力 c/kPa	摩擦角 φ/(°)
小尺寸模袋充填体	55.73	2.79	1.66	1.07	97.64	1.63	53.56	43.78	9.78	1.23	0.47	0.39	5.44	6.59	13.13	22.37
大尺寸模袋充填体	60.84	2.90	1.64	1.02	98.44	1.85	57.89	48.22	9.67	1.29	0.55	0.42	4.96	6.44	16.05	20.25
库内干滩面赤泥	70.20	2.70	1.58	0.93	98.14	1.92	58.25	48.19	10.06	2.21	0.88	0.64	3.49	4.87	10.84	17.92

8.4 模袋法赤泥堆坝加高方案

8.4.1 加高方案的可行性分析

由于赤泥库为平地型赤泥库，四周均为耕地，征地困难。经调查，库区常年多风，最大风速达24.0m/s，大风扬尘天气较多。

针对库区现状，赤泥库加高通常有干堆、翻晒、沿坝体下游方向加高加厚等方案，结合本赤泥库的实际情况，对这些方案进行了应用条件分析，对各方案存在的问题简述如下。

8.4.1.1 沿坝体下游方向加高加厚现有坝体

实施该方案后，相当于在现有坝体外围重新筑坝，是最可靠、最易于实施的方案，但方案存在两个问题：（1）库区外围需要征地，且征地范围较大；（2）工程量非常大，虽然可以通过一边施工一边生产实现，但总体来说造价非常高。

8.4.1.2 干堆赤泥

赤泥干堆是近年来兴起的一项技术，其根本出发点为减少赤泥中水的含量，达到安全堆存的目的。干堆在一些有特定堆存要求处理的固废中有积极作用（如堆存处理量小且环保要求非常高），但干堆赤泥在该库使用可能存在的主要问题是：（1）运输问题，现有赤泥输送系统为湿法输送，已成功运行多年，干式堆存要么在厂区进行浓缩压滤，要么在库区进行浓缩压滤。在厂区浓缩压滤需要进行汽车或皮带运输至库内堆存，运输成本较高。如果先湿法输送到库区，再在库区浓缩压滤，无疑增加了一道工序，运行成本仍较高；（2）排放问题，干堆法赤泥运输至赤泥库后，需要通过汽车或皮带运输分区分层排放，排放成本较高；且库区冰冻期长，干堆法赤泥容易冻结，造成冬季排放困难；（3）征地问题，无论哪种运输方式，都需要新征用地建设浓缩、压滤厂房，征地费用高，手续繁杂；（4）环保问题，干堆在该库还有一个无法回避的问题，就是扬尘问题，库区气候干燥，风力较大，风期长。

8.4.1.3 翻晒赤泥

目前，翻晒法赤泥筑坝在国内只有平果铝等少数几个成功实例，翻晒法本身并不需要复杂的技术支撑。翻晒法在该库使用可能存在的主要问题是：（1）翻晒法需要具有足够大的平面布置，分区进行排放、翻晒、碾压筑坝。而该库区平面不足，翻晒法效率受到限制；（2）翻晒法需有充足的阳光与良好的排渗垫层相结合，才能发挥翻晒法的优势。对该库区而言日照难以保证，同时堆场底部不具备排渗条件，严重影响翻晒法的翻晒效率；（3）现有库区基础承载力不够，难以满足机械及人员安全作业；（4）现有库区周围为耕地，且离村庄较近，翻晒法对周围环境有不利影响。

上述几种方案均受征地困难、环境影响、效率等问题制约，难以很好地解决赤泥库加高所面临的困难。

8.4.2 模袋法堆坝加高扩容方案

鉴于上述其他方式实施中存在的征地、安全、环保及工期等问题，结合模袋法堆坝技术在有色矿山领域成功应用经验，在通过现场堆坝实验获得实验数据支撑的基础上，研究提出了采用模袋法堆坝技术的加高扩容方案。具体如下：

（1）赤泥软基处理。由于赤泥库只能采用库内加高方式，加高坝体位于库内赤泥滩面上，加高前需对赤泥基础进行加固处理，赤泥软基的加固方式采用真空-堆载联合预压法，为加高的坝体提供足够的承载力。

（2）原土坝处理。原土坝设计施工中，坝体部分均无排渗设施，仅依靠库内全断面防渗，但随着土工膜老化或其质量可靠性问题，坝体防渗风险较大，因此，在原坝体外坡增设一排水平排渗管，间距 20m，在发生防渗膜失效情况下及时排出坝体内渗水。

（3）模袋法加高。由于赤泥库坝顶标高不统一，其中 2 号库坝顶标高低于 1 号、3 号库 4.5m，首先采用模袋堆坝将 2 号库加高 4.5m，与 1 号、3 号库齐平，库区达到统一标高 863.5m。堆坝前对堆坝基础进行真空预压法处理。

在此基础上将三子库合并，采用模袋法进行全库整体加高。加高坝体部分分四期进行，每期堆积高度 5m，累计加高 20m，坝体加高最终剖面如图 8-13 所示。堆坝方式采用模袋堆筑两端小坝，中间部分赤泥填充，填充体经真空-堆载联合预压法处理。模袋法筑坝顺序依次为 0 号坝→1 号坝→2 号坝→3 号坝→4 号坝→5 号坝→6 号坝。

为提高坝体稳定性，沿坝高方向每 2.5m 铺设土工格栅加筋材料。沿库内方向加高坝体前 10m 处铺设垂直-水平向排渗盲沟，盲沟内渗水通过导水管排至坝外排水沟。

坝体加高最终剖面如图 8-13 所示。

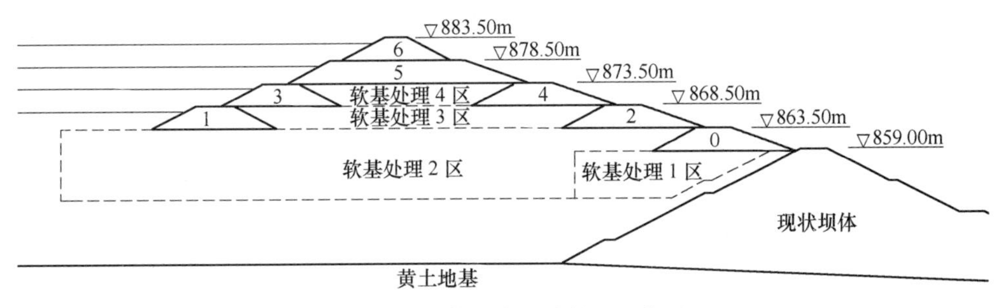

图 8-13 坝体加高最终剖面示意图

8.4.3 模袋法加高后的坝体稳定性论证

8.4.3.1 计算条件

本次计算考虑防渗膜的可靠性、加高坝体的加筋措施等对坝体稳定性的影响，对坝体的渗流及坝体稳定性进行分析。其中对于土工膜失效情况的计算，仅考虑由此引起的渗流场变化情况，不考虑因此引起的沉陷或者其他情况。加筋措施采用土工格栅，格栅长100m，每2.5m一层。

计算工况分三种：

正常工况：考虑干滩150m情况下浸润线影响、坝体自重；

洪水工况：考虑干滩70m情况下浸润线影响、坝体自重；

地震工况：考虑抗震设防烈度为8度，设计基本地震加速度值为0.20g。

8.4.3.2　计算参数

计算参数综合赤泥库勘察及设计资料选取，见表8-6。

表8-6　土体及赤泥物理力学参数

材料	密度		抗剪强度指标		渗透系数 $/cm \cdot s^{-1}$
	天然 $/g \cdot cm^{-3}$	饱和 $/g \cdot cm^{-3}$	黏聚力 c' /kPa	摩擦角 φ' /(°)	
原坝体填筑土	1.80	2.00	23.0	30.0	1.4×10^{-4}
坝基黄土	1.80	2.00	26.0	26.0	1.4×10^{-4}
库内赤泥	1.60	1.68	11.0	16.0	3×10^{-6}
赤泥软基加固区	1.60	1.68	15.0	18.0	3×10^{-6}
加高坝体	1.60	1.68	30.0	28.0	3×10^{-6}

8.4.3.3　计算结果

计算结果见表8-7。

表8-7　典型断面坝体稳定安全系数计算结果

计算工况	防渗膜状态	坝体失稳形式	计算方法	加高20m		规范允许值
				未加筋	加筋	
正常运行	防渗膜有效	原坝体	Ordinary	1.593	1.578	1.20
			Bishop	1.678	1.677	1.30
		加高坝体	Ordinary	1.306	1.427	1.20
			Bishop	1.688	1.734	1.30
	防渗膜无效	原坝体	Ordinary	1.283	1.286	1.20
			Bishop	1.497	1.497	1.30
		整体	Ordinary	1.462	1.480	1.20
			Bishop	1.623	1.643	1.30

续表 8-7

计算工况	防渗膜状态	坝体失稳形式	计算方法	加高 20m		规范允许值
				未加筋	加筋	
洪水运行	防渗膜有效	原坝体	Ordinary	1.590	1.578	1.10
			Bishop	1.677	1.683	1.20
		加高坝体	Ordinary	1.202	1.329	1.10
			Bishop	1.408	1.634	1.20
	防渗膜无效	原坝体	Ordinary	1.198	1.199	1.10
			Bishop	1.414	1.414	1.20
		整体	Ordinary	1.375	1.393	1.10
			Bishop	1.536	1.557	1.20
正常+地震	防渗膜有效	原坝体	Ordinary	1.402	1.393	1.05
			Bishop	1.482	1.482	1.15
		加高坝体	Ordinary	1.073	1.176	1.05
			Bishop	1.336	1.423	1.15
	防渗膜无效	原坝体	Ordinary	1.117	1.118	1.05
			Bishop	1.315	1.315	1.15
		整体	Ordinary	1.231	1.245	1.05
			Bishop	1.376	1.393	1.15

8.4.3.4　稳定性安全评价

坝体稳定安全系数计算结果汇总见表 8-7。由计算结果可知：

(1) 坝体失稳主要有以下三种形式（见图 8-14），即原坝体单独失稳、加高坝体单独失稳和整体失稳。

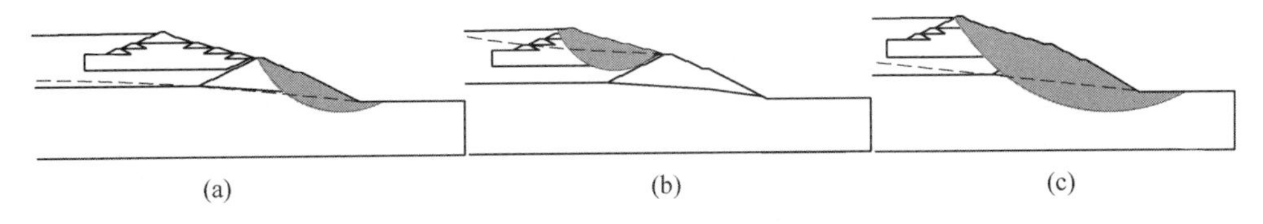

图 8-14　坝体失稳形式示意图

(a) 原坝体单独失稳；(b) 加高坝体单独失稳；(c) 整体失稳

(2) 考虑防渗系统有效性、加筋措施等各种情况下，各设计工况坝体稳定性满足规范要求，采用模袋法加高坝体后的稳定性有保证。

(3) 在各计算工况下，地震工况下的安全系数最小，最危险滑动面为防渗膜有效情况下的加高坝体失稳。

（4）加高坝体高度较低时，坝体稳定性主要受原坝体稳定性影响较大；随着加高坝体高度增加，坝体稳定性主要取决于加高坝体的稳定性。

（5）考虑到防渗膜可能出现失效情况，防渗膜失效会导致原坝体内浸润线升高，导致原坝体稳定性下降。

（6）采取加筋措施对原坝体稳定性影响均不大，但是可以增加加高坝体的整体性，提高其安全系数，加土工格栅后安全系数提高5%~10%。

9　云南某铜矿尾矿库加高工程

9.1　概述

云南某铜矿具有储量大、品位低、氧化率高、结合率高的特点。保有储量约100万吨铜金属，平均地质品位0.88%，属典型复杂难选矿。为提高其回收率，国内普遍采用细磨矿的思路，昆明理工大学对其开展闭路试验表明采用组合磨矿方式，即矿石先采用棒磨机磨矿（-0.074mm含量65%）再用球磨机磨矿（-0.074mm含量88%），其精矿品位为20.14%，回收率78.98%。然而，磨矿粒度的变细致使进入尾矿库的尾矿粒度变得更细。该尾矿库即因入库尾矿粒度细出现堆坝困难。

该尾矿库位于小江左岸山坡间台地上，属于傍山型三面筑坝尾矿库（见图9-1），已开展了两期设计建设。其中，一期于2007年9月设计完成，设计坝型为砂砾料一次性堆坝，坝高12.5m，库容240万立方米。二期设计坝型为砂砾料一次性堆坝，坝高10.5m，库容156万立方米。但两期加高形成的库容仍不能满足矿山生产需要。此时如仍按照原有方法加高，将会出现砂砾料坝体占据大部分库容、尾矿库容过小的尴尬局面。

图9-1　云南某铜矿尾矿库

该尾矿库堆积的尾矿来自多家选厂，各选厂排出尾矿组合后，-0.074mm（-200目）的含量达到82.7%。

此外该库地处小江地震带，属于抗震设防烈度9度区。并且库区各土层属于软弱场地土，为Ⅲ类建筑场地类别，设计特征周期为0.55s；尾矿库区属于建筑抗震不利地段。

因此综合考虑以上因素，北京矿冶研究总院提出采用以模袋法堆坝技术为主的尾矿坝加高扩容方案。

9.2　尾矿性质

某铜矿尾矿库由多家选厂共同使用，来自各选厂的尾矿组合后排放至库内，组合尾矿粒度分布及粒径分布曲线分别见表9-1及图9-2。

表9-1　组合尾矿粒径分级

真比重 /g·cm^{-3}	假比重 /g·cm^{-3}	含量	+0.074mm	-0.074～+0.051mm	-0.051～+0.040mm	-0.040～+0.028mm	-0.028～+0.019mm	-0.019～+0.009mm	-0.009mm
2.75	1.34	个别	17.3	10	12.3	8.2	16.8	15.5	19.9
		累计		27.3	39.6	47.8	64.6	80.1	100

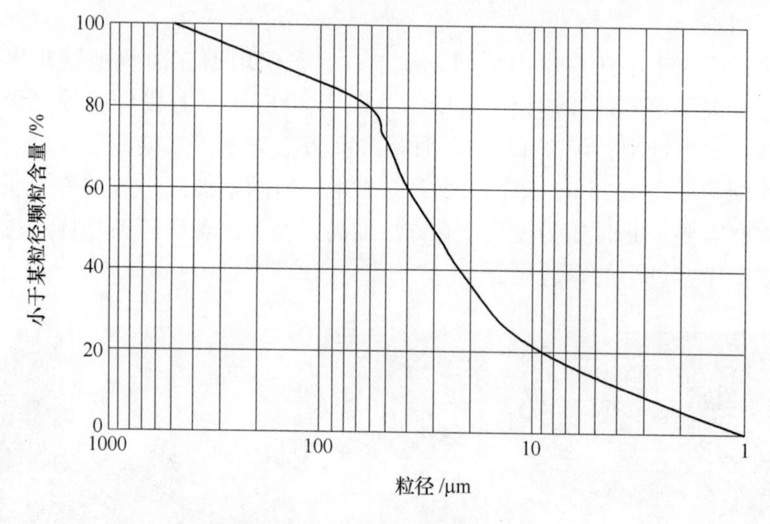

图9-2　组合尾矿粒径分布曲线

由表9-1可见，组合尾矿-0.019mm含量35.4%，-0.037mm粒径含量约为60.4%，-0.074mm粒径含量为82.7%，属于第1.1.2.1节提出的偏细粒尾矿，易形成干滩面坡度较缓、粗颗粒与细颗粒沉积不规则等问题。

该库采用橡胶支管分散在坝前排放尾矿，据2013年8月工勘结果，库区内尾矿沉积干滩面长度在100～150m，平均沉积坡度1.05%，库区尾矿滩面的平均沉积密度为1.76g/cm^3。沉积干滩面尾矿颗粒以细粒尾矿为主，沉积干滩面上尾矿主要为尾粉砂和尾粉土，距离放矿区愈近，颗粒相对愈粗；距离放矿区愈远尾矿沉积颗粒相对较细。

据库内尾矿钻孔取样试验，库区沉积尾矿总体以细粒尾矿为主，库区沉积尾矿上部约6m范围内砂颗粒含量相对较高，尾矿的颗粒相对较粗，以尾粉砂为主，下部沉积的尾矿颗粒较细，以尾粉土为主。库区沉积尾矿粒径大于0.075mm的颗粒质量约为40%，不超过总质量的50%，粒径小于0.005mm的黏粒含量为11.66%，大于10%。库区尾矿总体属于尾粉土中的尾黏质粉土。库区尾矿岩土特征描述及物理力学参数见表9-2及表9-3。

表9-2　库区尾矿岩土特征描述

地层名称	地层编号	时代成因	岩土特征描述	库区分布	层　厚
尾粉土	②$_1$	Q_4^{ml}	灰白，稍湿，松散，次圆形-棱角形，级配不良，细粒含量（粒径小于0.01mm）约占18%，层间夹薄层尾粉砂	现状库区上部	1.1～11.6m，平均厚度约5.1m
尾粉砂	②$_2$	Q_4^{ml}	灰白、灰褐色，稍湿、松散，颗粒次圆形，级配不良，细粒含量（粒径小于0.01mm）约占8%。层间夹薄层状尾细砂及尾粉土	现状整个库区均有分布	1.6～10.8m，平均厚度约5.9m
尾粉土	②$_{3-1}$	Q_4^{ml}	灰白，湿，松散-稍密，次圆形，级配不良，细粒含量（小于0.01mm）约占18%，层间夹薄层尾粉砂	库区钻孔揭露局部缺失，主要分布在库区中段	2.7～8.2m，平均厚度约5.4m
尾砾砂	②$_4$	Q_4^{ml}	灰白，稍湿，稍密，次圆形，级配不良，细粒含量（粒径小于0.01mm）约占10%	库区局部地段缺失，主要呈夹层、薄层状分布，厚度较薄	0.6～2.1m，平均厚度约1.2m

表9-3　库区尾矿物理力学参数

岩土编号	岩土名称	质量密度	土粒比重	天然孔隙比	重力密度	直剪（快剪）		三轴剪切（固结不排水剪CU）			
		ρ /g·cm^{-3}	G_s	e	γ /kN·m^{-3}	内摩擦角 φ_q /(°)	黏聚力 C_q /kPa	内摩擦角 φ_{cu} /(°)	黏聚力 C_{cu} /kPa	有效内摩擦角 φ' /(°)	有效黏聚力 c' /kPa
②$_1$	尾粉土	2.29	2.81	0.544	22.9	22.7	33.4	26.5	10.0	30.5	5.0
②$_2$	尾粉砂	1.80	2.76	0.684	18.0	20.8	44.9	35.9	36.6	38.1	16.3
②$_{3-1}$	尾粉土	2.14	2.77	0.415	21.4	21.4	37.4	28.3	12.0	33.7	8.0
②$_4$	尾砾砂	2.19	2.78	0.8	19.5	35.0	8.0	—	—	—	—

9.3 工程应用

该尾矿库的特点及加高扩容遇到的问题主要有：

（1）受库型条件限制，如继续采用一次性堆坝方式加高，坝体占用有效库容较多，不经济；入库尾矿粒度 -0.074mm（-200 目）含量 82.7%，粒度较细，采用传统上游法尾砂堆坝困难。

（2）库型扁长，库区长度约 1100m，宽度 180 ~ 280m，坝体与山体之间距离较短，库水澄清距离短。

根据这样的特点，北京矿冶研究总院设计了以模袋法为主的尾矿库扩容方案。模袋坝体的充灌材料为尾砂，充分利用库容，并且避免了传统上游法筑坝难题。

由于坝体上升速度较快，平均速度为 12m/a，因此模袋坝设计中还应采取强排渗措施来控制坝体浸润线，加速坝体固结；此外，库区地震设防烈度高，模袋坝体的抗震稳定性尤其重要，因此设计中应采取相应的工程措施，提高坝体稳定性。

9.3.1 模袋堆坝

为充分利用南侧库区堆存尾矿，模袋法堆坝工程首先在库区南侧一期坝前修建 7.5m 高土石坝，将南侧库区再次利用。待南侧土石坝形成库容排满后，在坝前滩面修建南侧模袋坝，坝高 3.0m，坝顶与二期坝找平，库区达到统一标高，在此基础上进行全库加高。

设计共分五级子坝进行加高，每级坝高 3.0m，总高度 15m，综合外坡比 1:4.8。模袋坝坡设置纵向和横向坝面排水沟，在坝坡与两岸山体交界处设置坝肩排水沟，用以收集库内尾砂渗水及排除坝坡降雨径流水。模袋法堆坝成型后，需对外坡进行覆土护坡，模袋堆坝纵剖面图如图 9-3 所示。

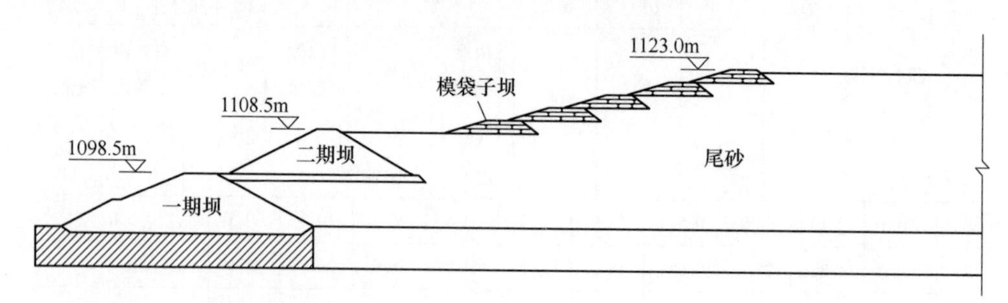

图 9-3　该尾矿库三期加高扩容工程模袋堆坝剖面图

该库的库容有限，并且库型狭长，如采用一次性堆坝，坝体将占用有效库容，不利于库容的充分利用。而尾矿偏细又使得采用上游式尾砂筑坝方式产生困难，作为接续库，在原库址上进行干堆尾矿会产生过高的投资。模袋堆坝较好地解决了以上问题，模袋内充灌尾砂固结形成模袋体作为坝体，最大程度利用了库容。

9.3.2　坝体排渗及加筋措施

三期模袋堆坝加高坝体，为加速尾砂固结，降低尾矿坝内浸润线，设计在每级子坝内侧埋设塑料盲沟，加强坝体排渗。塑料盲沟包括水平向和竖直向，水平盲沟平行于坝轴线布置，竖向盲沟沿水平盲沟均匀布置，构成立体排渗系统。渗水通过连接盲沟的导水管导入库外坝面排水沟内，汇集后采用清水泵输送至库内。导水管垂直于水平盲沟均匀布置。为加强排渗，库内导水管上部布置梅花型排水孔，外包400g/m^{2}土工布。

由于该尾矿库地处高地震烈度区，设计采用坝内加筋方式，以提高坝体抗震稳定性。加筋材料选用土工格栅，垂直坝轴线水平铺设。

9.3.3　库水澄清措施

该库库型较扁，坝轴线较长，因此在设计中应考虑库水澄清措施。模袋法施工较为灵活，除可以充灌尾砂固结形成模袋体，模袋体堆坝形成子坝外，模袋体亦可以作为库内分隔坝。在汤丹尾矿库中，可沿着坝轴线方向，在距坝一定距离处堆模袋坝体作为库内分隔坝。通过分隔坝的设置及放矿位置的调整，人为延长了尾矿水的澄清距离。模袋坝在类似库型中均可作为库水澄清的工程措施，实施简便快捷，并且堆坝同时仍可进行放矿，不影响正常生产。

9.3.4　模袋法扩容工程实施效果

该尾矿库三期模袋堆坝加高扩容工程于2014年9月实施，2015年3月下旬完成第一级坝。图9-4为模袋坝实施过程中设计的加筋措施铺设照片，在距坝脚前30m处铺设了水平及竖直向排水盲沟，导水管连接盲沟将渗水排出。

截至2015年3月，南侧模袋坝体高9m，北侧模袋坝体高3m，坝顶标高达到+1111.2m。坝体渗水通过导水管排至坝面排水沟，图9-5为实施过程中导水管出水照片及模袋坝体。

排水管排出清水，表明模袋坝体内采用排渗措施有效，坝体内渗水排出，有利于坝体稳定性。模袋堆坝整体效果图如图9-6所示。

图 9-4　土工格栅铺设

图 9-5　导水管排出渗水

图 9-6　模袋堆坝整体效果

9.4　稳定性

9.4.1　计算剖面的选取

沿坝轴线选取 2-2 剖面作为计算剖面，剖面的平面位置如图 9-7 所示，计算所选用的库内尾砂分区参数见表 9-4。

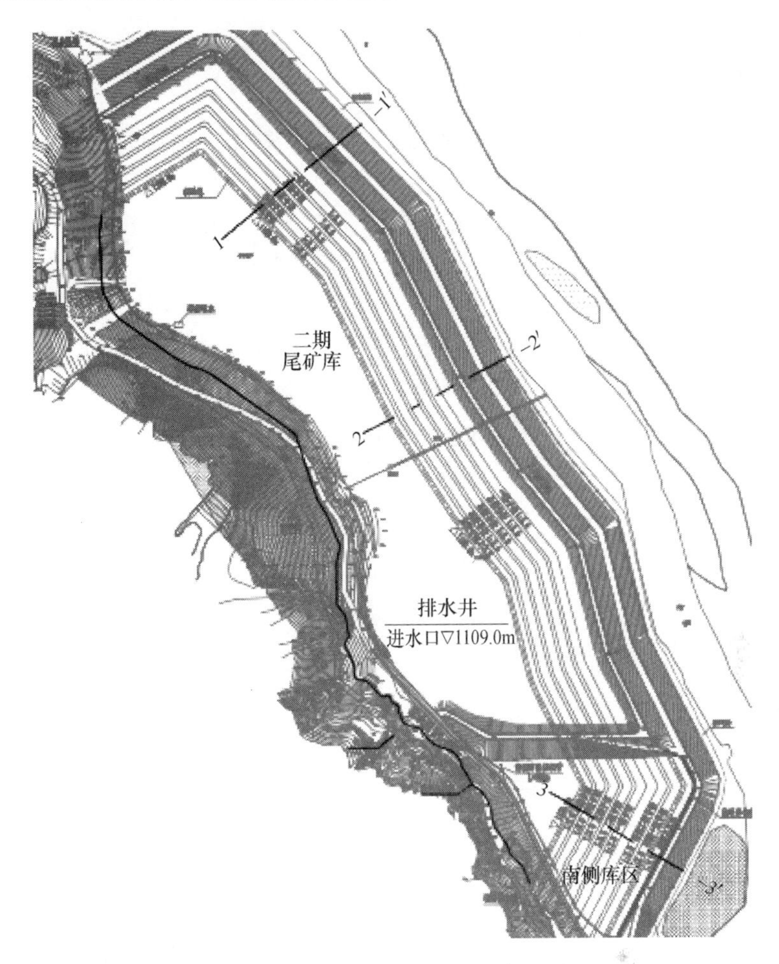

图 9-7 坝体典型剖面平面布置图

表 9-4 各分区物理力学参数表

土层名称	重力密度 γ/kN · m^{-3}	内摩擦角 φ/(°)	黏聚力 c/kPa
初期坝体	23.0	35.5	75.0
块石层	24.0	55.0	100.0
复合地基	24.0	35.0	65.0
尾粉砂	18.0	20.8	44.9
尾粉土	20.0	22.7	33.4
粉质黏土	19.2	15.5	35.0
粉土	19.6	15.0	44.0
粉砂	20.4	13.5	41.2
粗砂	20.5	30.0	10.0

9.4.2　不同堆坝高度下坝体稳定性

该尾矿库三期加高坝体 14m，本次按实际排渗措施布置方式模拟浸润线效果，选取 2—2 剖面作为典型剖面对设计终期坝体稳定性进行计算分析。计算选取的物理力学参数见表 9-4，采用刚体极限平衡法，根据规范要求，选择简化毕肖普法及瑞典圆弧法。考虑正常、洪水及地震三种计算工况。

计算结果见表 9-5。

通过计算显示：各典型剖面坝体稳定性能够满足规范要求的最小坝体稳定性安全系数，该尾矿库各工况下坝体稳定性有保障。

表 9-5　2—2 剖面不同运行工况及计算方法下的稳定性系数

计算方法	坝的级别 / 运行条件	四　等	规范最小安全系数
简化毕肖普法	正常运行	1.973	1.25
	洪水运行	1.915	1.15
	特殊运行	1.140	1.10
瑞典圆弧法	正常运行	1.738	1.15
	洪水运行	1.677	1.05
	特殊运行	1.016	1.00

9.4.3　动力稳定性时程分析

目前对于地震条件下尾矿坝体稳定性分析方法可分为拟静力法及非线性有限元动力分析方法。本次计算采用动力有限元分析方法。因无法提供坝址处实测地震时程曲线，计算中采用人工合成地震波，由当前较常用的人工地震波合成方法——三角级数法生成。尾矿坝抗震设计烈度为 9 度，峰值加速度为 0.4g。由工堪单位提供的勘察报告场地为Ⅲ类场地，取特征周期 $T_g = 0.55s$，反应谱的最大代表值 $\beta_{max} = 2.0$。

与静力计算相同，选择 2-2 剖面为坝体的典型代表剖面，二期坝以上采用模袋法筑坝，利用加拿大 Geo-slope 岩土计算软件，采用不排水有效应力动力有限单元法对尾矿堆积坝进行动力稳定性计算，计算工况为正常运行条件下，考虑坝体自重、浸润线影响、水的渗透压力和地震荷载。

计算得到坝体在 9 度地震作用下液化区如图 9-8 所示。

从以上计算结果可看出，液化区主要集中在两部分：库内水面线以下和下游坝坡脚处。因此，严格控制库内干滩长度及运行水位、及时排出坝体内渗水，降低浸润线，对于高地震烈度区尾矿库的安全显得尤为重要，必须严格遵守设计中对于干滩长度控制和运行水位的要求。

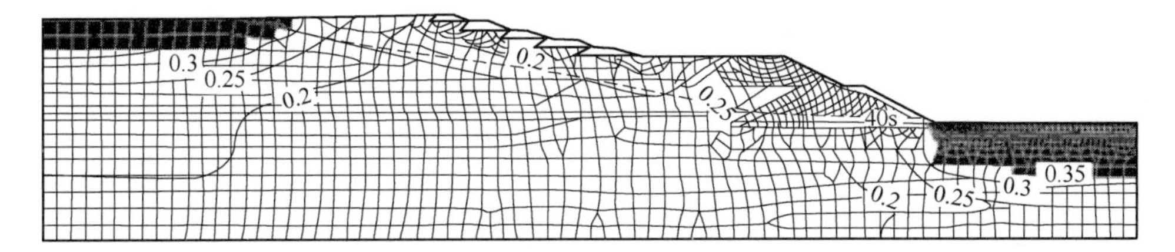

图9-8　正常运行+地震工况下液化区图
（等值线为剪应力比，图中黑色区域为液化区）

采用动力有限元计算下游坝坡的最小安全系数见表9-6。

表9-6　稳定动力计算结果

地震输入（9度）		人工波
下游坝坡	最小安全系数	1.005
	安全系数小于1.0的累积时间	

由表9-6可见，在9度人工地震波作用下，下游坝坡的最小安全系数为1.005，大于1.0。可见尾矿坝在地震过程中是稳定的。下游坡面最小安全系数时程曲线如图9-9所示。

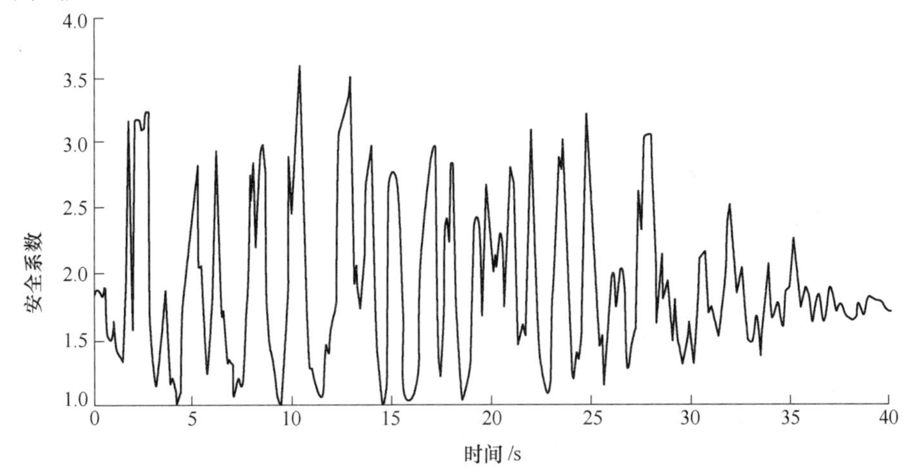

图9-9　9度人工地震波作用下游坝坡抗滑稳定最小安全系数时程曲线

以上对坝体现状及静力稳定性进行分析，动力稳定性分析中，地震时程曲线采用的人工合成曲线，尾砂动力参数为根据相关类似工程选取。结果显示在9度地震输入的条件下，尾矿坝在地震过程中处于稳定状态。